《现代数学基础丛书》编委会

主　编：杨　乐

副主编：姜伯驹　李大潜　马志明

编　委：（以姓氏笔画为序）

　　　　王启华　王诗宬　冯克勤　朱熹平

　　　　严加安　张伟平　张继平　陈木法

　　　　陈志明　陈叔平　洪家兴　袁亚湘

　　　　葛力明　程崇庆

现代数学基础丛书 157

双周期弹性断裂理论

李 星 路见可 著

科学出版社

北 京

内 容 简 介

本书共3部分10章,第一部分3章,主要介绍了双周期函数的定义、几何意义及其性质;特别给出了椭圆函数一般表达式的构造,为求解双周期Riemann边值问题、双周期或双准周期核奇异积分方程提供了有效的方法;分别研究了封闭曲线、开口弧段上双周期、加法双准周期Riemann边值问题的提法和解法,特别是给出了双周期Riemann边值问题的样条逼近解;分别讨论了双周期、双准周期函数核的奇异积分方程的解的存在唯一性等,为后两部分的研究奠定数学理论基础. 第二部分3章,主要研究了具双周期孔洞、裂纹与孔洞平面弹性第一、第二基本问题以及具双周期孔洞不同材料弹性平面焊接第一、第二基本问题. 第三部分4章,主要研究了三维弹性断裂的全平面应变问题,包括具双周期裂纹非均匀弹性体的全平面应变第一、第二基本问题,具双周期孔洞非均匀弹性体的全平面应变混合边值问题,具相对位移的双周期全平面应变变态第二基本问题的三种提法和解法,特别是最后一章给出了几种特别情况的解析解或封闭解,这在国内外其他文献中尚未见到.

本书可以作为数学、力学、材料科学、工程技术等学科的研究生、高年级本科生的选修教材或专业基础课教材,也可作为相关领域的科研人员和工程技术人员的参考书和工具书.

图书在版编目(CIP)数据

双周期弹性断裂理论/李星,路见可著. —北京:科学出版社,2015.6
(现代数学基础丛书; 157)
ISBN 978-7-03-045015-9

Ⅰ. ①双… Ⅱ. ①李… ②路… Ⅲ. ①弹性–断裂–研究 Ⅳ. ①O343

中国版本图书馆 CIP 数据核字(2015) 第 130798 号

责任编辑:李 欣 / 责任校对:张凤琴
责任印制:吴兆东 / 封面设计:陈 敬

科学出版社 出版
北京东黄城根北街 16 号
邮政编码:100717
http://www.sciencep.com

北京厚诚则铭印刷科技有限公司 印刷
科学出版社发行 各地新华书店经销

*

2015 年 6 月第 一 版　开本:720×1000 1/16
2024 年 2 月第四次印刷　印张:12 1/2
字数:252 000
定价: 78.00 元
(如有印装质量问题,我社负责调换)

《现代数学基础丛书》序

对于数学研究与培养青年数学人才而言，书籍与期刊起着特殊重要的作用．许多成就卓越的数学家在青年时代都曾钻研或参考过一些优秀书籍，从中汲取营养，获得教益．

20 世纪 70 年代后期，我国的数学研究与数学书刊的出版由于文化大革命的浩劫已经破坏与中断了 10 余年，而在这期间国际上数学研究却在迅猛地发展着．1978 年以后，我国青年学子重新获得了学习、钻研与深造的机会．当时他们的参考书籍大多还是 50 年代甚至更早期的著述．据此，科学出版社陆续推出了多套数学丛书，其中《纯粹数学与应用数学专著》丛书与《现代数学基础丛书》更为突出，前者出版约 40 卷，后者则逾 80 卷．它们质量甚高，影响颇大，对我国数学研究、交流与人才培养发挥了显著效用．

《现代数学基础丛书》的宗旨是面向大学数学专业的高年级学生、研究生以及青年学者，针对一些重要的数学领域与研究方向，作较系统的介绍．既注意该领域的基础知识，又反映其新发展，力求深入浅出，简明扼要，注重创新．

近年来，数学在各门科学、高新技术、经济、管理等方面取得了更加广泛与深入的应用，还形成了一些交叉学科．我们希望这套丛书的内容由基础数学拓展到应用数学、计算数学以及数学交叉学科的各个领域．

这套丛书得到了许多数学家长期的大力支持，编辑人员也为其付出了艰辛的劳动．它获得了广大读者的喜爱．我们诚挚地希望大家更加关心与支持它的发展，使它越办越好，为我国数学研究与教育水平的进一步提高做出贡献．

杨　乐

2003 年 8 月

前　　言

在弹性理论、断裂力学中, 人们通常集中注意力于有限平面或无限平面上有有限个孔洞或裂纹的非周期问题, 由于周期问题在实际工程中经常遇到, 所以单周期问题 (如图 1, 是作者研究压电材料周期裂纹问题的沿 x 轴方向单周期分布无穷多条裂纹问题的几何模型)国际上已有许多研究. 但双周期问题同单周期问题一样, 在弹性、断裂等领域, 如在岩石力学、混凝土力学、纤维丛理论等中经常遇到 (如图 2, 是作者研究功能梯度压电材料双周期圆柱夹杂问题的几何模型, 单周期是沿一个方向周期分布无穷条裂纹或孔洞, 双周期是沿无穷个方向都是周期分布无穷条裂纹或孔洞的, 所以是一个无穷裂纹阵或无穷夹杂阵等), 但由于其研究需要构造双周期的或双准周期的复杂的椭圆函数, 尤其是双周期边值问题转化的双周期或双准周期核 (也称其为 Weierstrass ζ 核, $\zeta(z)$ 函数定义为 $\zeta(z) = \dfrac{1}{z} + \sum\limits_{m,n}{}' \left(\dfrac{1}{z - \Omega_{mn}} + \dfrac{1}{\Omega_{mn}} + \dfrac{z}{\Omega_{mn}^2} \right)$, 这里 $\Omega_{mn} = 2m\omega_1 + 2m\omega_2$, 其中 $2m\omega_1, 2m\omega_2$ 是双周期问题的两个基本周期) 的奇异积分方程的数值解法难度大, 所以研究者不多.

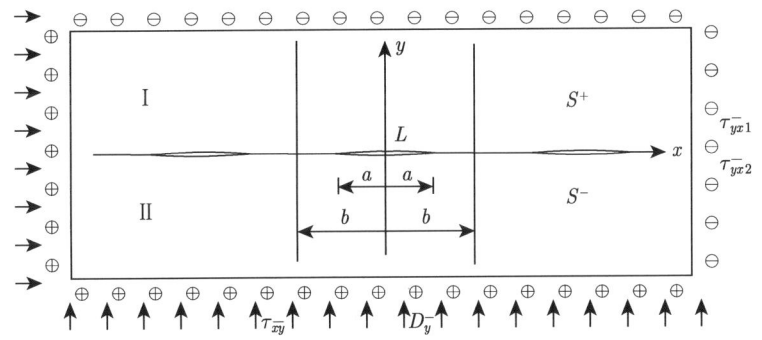

图 1　压电材料中周期共线裂纹几何模型图

本书第一作者坚持不懈, 20 多年来不间断地作了一系列研究. 从最基本的广义胡克定律出发, 在数学上严格证明了当应力是双周期分布时位移是双准周期分布的, 澄清了长期以来不少学者文章中出现的误区, 即认为"当应力是双周期分布时位移也是双周期分布的"(对于单周期情况的确是这样, 但对双周期情况位移一般都是加法双准周期分布的, 只有某些特殊情况才是双周期的); 利用函数论方法对于多连通区域如多孔洞、多裂纹等问题 (此类问题的应力函数一般是多值复函数, 而多值

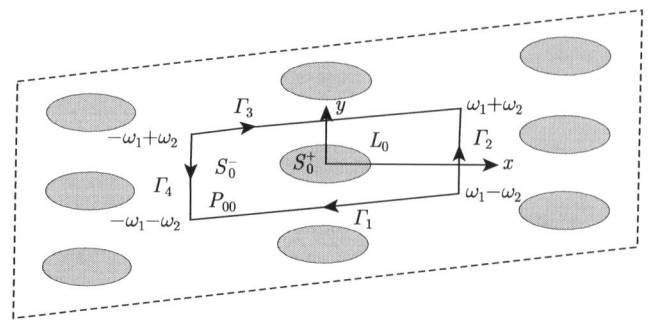

图 2　双周期圆柱形夹杂几何模型

性的处理是难点, 再加上保持双周期性等更为复杂) 首先构造了既能分出多值部分又能保证双准周期性的复应力函数, 然后通过构造满足特定要求的辅助椭圆函数而构造出了双准周期核的 Sherman 积分变换, 即将通常 Cauchy 型积分的 Cauchy 核 $1/(t-z)$ 用同样具有一阶奇异性的 Weierstrass $\zeta(t-z)$ 核代替, 进而将问题转化为 Weierstrass ζ 核 (双准周期核) 的奇异积分方程, 使得问题的求解既有理论保证又是构造性方法便于解析解或数值解的求出. 该方面的成果引起同行专家的重视, 关于双周期弹性问题的相关结果被力学专家在 *Mechanics of Materials*,《力学学报》《固体力学学报》等期刊上直接引用和推广. 特别是《力学学报》一文 (徐耀玲等, 2003) 在序言中介绍 "中国学者在双周期弹性问题 … 方面作出了重要贡献." 在文章中直接应用我们求得的数学解成功解决其力学问题; 北京大学力学专家王敏中教授及其合作者在《力学学报》一文 (彭南陵等, 2005) 中引用我们关于双周期文章多达 7 篇等.

　　本书开拓运用解析函数边值问题和奇异积分方程的理论研究全平面应变问题. 通常该理论主要适用于二维平面问题, 对复合材料全平面应变问题 (特殊三维问题) 的应用研究仅有寥寥无几的初步结果, 主要原因是该研究在数学上有相当的困难, 因而很少有人问津, 目前仅见美国和俄罗斯的学者有数篇论文从数学理论上进行了研究和探讨, 但直接得出封闭解或通过计算机得出数值结果的研究几乎空白, 在我国更加薄弱, 但全平面应变问题 (特殊三维问题) 比经典问题 (二维问题) 更切合实际模型, 因此其研究更有实际意义. 作者从力学叠加原理出发, 将三维应力系统巧妙地分解为两组线性独立的二维应力系统, 然后构造出复 Airy 函数用于推广 Sherman 方法, 将寻求复应力函数的问题归结为求解正则型的奇异积分方程, 并证明了其解的存在唯一性. 由于所用方法是构造性的, 故有利于数值计算. 对于一些全平面应变问题得到了封闭解析解, 或通过奇异积分方程的数值求解得到了原问题的数值结果. 开拓运用解析函数边值问题和奇异积分方程的理论成功求解了几类全平面应变问题, 拓广了复变函数在力学中的应用范围.

前言

本书推广运用解析函数双准周期边值问题的结果来研究了几类双周期全平面应变问题, 尤其是以 Weierstrass σ 函数 (σ 函数定义为 $\sigma(z) = z\prod_{m,n}{}' \left(1 - \dfrac{z}{\Omega_{mn}}\right)$ $\cdot \exp\left(\dfrac{z}{\Omega_{mn}} + \dfrac{z^2}{2\Omega_{mn}}\right)$) 和 ζ 函数为基础构造了一系列复杂的辅助椭圆函数, 在国际上首次得到了某些情况下双周期弹性问题的解析解 (特别地, 该解析解在一些具体算例中当一个周期 $\omega_1 \to \infty$ 另一个周期 $\omega_2 = a\pi$ 时结果与经典的单周期为 $a\pi$ 的结果完全一致, 当两个周期 $\omega_1 \to \infty, \omega_2 \to \infty$ 时结果与 Muskhelishivili(非周期) 经典结果完全一致). 而且此解近几年开始被力学专家认可并直接成功运用于求解其他力学问题, 如刊发于*Mechanics of Materials* 上的一文 (Jiang et al., 2004) 主要利用我们的方法进行求解, 并认为 "基于这种优美的双准周期 Riemann 边值问题理论 $\cdots$" (based the elegant theory of doubly quasi-periodic Riemann boundary problems$\cdots$) 和《力学学报》(徐耀玲等, 2003, 2004) 以及*International Journal of Solids and Structures* (Xu et al., 2007) 等, 特别是后一文中主要利用我们的方法求解其问题, 并认为我们的方法为 "一种优美的解析方法" (an elegant analytical method)(路见可, 2009; Li X, 2001a).

本书共 3 部分 10 章, 第一部分 3 章, 主要介绍了双周期函数的定义、几何意义及其性质; 特别给出了椭圆函数一般表达式的构造, 为求解双周期 Riemann 边值问题、双周期或双准周期核奇异积分方程提供了有效的方法; 分别研究了封闭曲线、开口弧段上双周期、加法双准周期 Riemann 边值问题的提法和解法, 特别是给出了双周期 Riemann 边值问题的样条逼近解; 分别讨论了双周期、双准周期函数核的奇异积分方程的解的存在唯一性等, 为后两部分的研究奠定数学理论基础. 第二部分 3 章, 主要研究了具双周期孔洞、裂纹与孔洞平面弹性第一、第二基本问题以及具双周期孔洞不同材料弹性平面焊接第一、第二基本问题. 第三部分 4 章, 主要研究了三维弹性断裂的全平面应变问题, 包括具双周期裂纹非均匀弹性体的全平面应变第一、第二基本问题, 具双周期孔洞非均匀弹性体的全平面应变混合边值问题, 具相对位移的双周期全平面应变变态第二基本问题的三种提法和解法, 特别是最后一章给出了几种特别情况的解析解或封闭解, 这在国内外其他文献中尚未见到. 近年来, 作者的研究团队又在新材料双周期弹性、断裂问题方面作了一些探索性工作, 如压电复合材料、压电压磁复合材料中双周期圆柱形夹杂的反平面问题, 压电材料中双周期裂纹的反平面应变问题和具双周期裂纹的一维六方准晶电弹性全平面应变基本问题等, 但尚未形成系统成果, 所以没有列入本书, 有兴趣的读者可查阅相关论文 (常莉红等, 2006, 2011, 2013; Li et al., 2013; 崔江彦等, 2014; 时朋朋等, 2014).

感谢各位师长、同行和同事的鼓励和帮助; 感谢曾试用过本书或部分内容的第一作者在上海交通大学和宁夏大学指导的多届博士、硕士研究生, 他们的意见和建议对本书的形成起到了积极的作用, 感谢博士生苗福生组织了本书大部分书稿的录入和排版工作; 本书形成经过 20 余年漫长的过程, 感谢国家自然科学基金 (10161009, 10661009, 10962008, 51061015, 11362018), 高等学校博士学科点专项科研基金资助课题 (博导类, 20116401110002) 以及 "973 计划" 前期研究专项 (2008CB617613) 的慷慨资助; 本书的出版得到了宁夏大学应用数学创新团队经费的大力支持; 感谢科学出版社的李欣编辑的热情联系和大力帮助.

本书付梓之际, 恰逢宁夏师范学院四十华诞, 忝膺校长之职, 谨以此书铭记!

当代自然科学日新月异, 新的研究成果层出不穷, 限于作者水平, 书中难免有不妥之处, 谨请同行和读者不吝指正. 作者希望本书能对数学、力学、材料科学、工程技术等学科的研究生、高年级本科生和相关领域的科研人员和工程技术人员有所帮助和裨益.

李 星

2015 年 3 月 11 日

目 录

《现代数学基础丛书》序
前言

第 1 部分　双周期函数、双周期 Riemann 边值问题和双周期核奇异积分方程

第 1 章　双周期函数 ··· 3
1.1　双周期函数的一般问题 ··· 3
1.1.1　双周期函数的定义 ··· 3
1.1.2　双周期函数的几何意义 ··· 4
1.1.3　双周期函数、椭圆函数的性质 ··· 5
1.2　椭圆函数 ··· 7
1.2.1　二阶椭圆函数 ——Weierstrass 椭圆函数 $\mathscr{P}(z)$ ··· 7
1.2.2　Weierstrass 加法准椭圆函数 $\zeta(z)$ ··· 10
1.2.3　Weierstrass σ 函数 ··· 12
1.2.4　椭圆函数的一般表达式的构造 ··· 13
1.2.5　给定加数或乘数的加、乘法椭圆函数及广义加、乘法椭圆函数的构造 ··· 15

第 2 章　双周期 Riemann 边值问题 ··· 17
2.1　关于 Weierstrass ζ 核积分的推广 Plemelj 公式 ··· 17
2.2　封闭曲线上的双周期 Riemann 边值问题 ··· 20
2.2.1　双周期 Riemann 边值跳跃问题的提法和解法 ··· 21
2.2.2　封闭曲线上的双周期 Riemann 边值问题的解法 ··· 23
2.3　封闭曲线上的加法双准周期 Riemann 边值问题 ··· 26
2.4　开口弧段上的双周期 Riemann 边值问题 ··· 28
2.5　开口弧段上的加法双准周期 Riemann 边值问题 ··· 36
2.6　双周期 Riemann 边值问题的样条逼近解 ··· 40
2.6.1　双周期 Riemann 边值跳跃问题的逼近解 ··· 40
2.6.2　双周期非齐次 Riemann 边值问题的逼近解 ··· 45

第 3 章　双周期、双准周期函数核的奇异积分方程 ··· 49
3.1　封闭曲线上的双周期、双准周期函数核奇异积分方程 ··· 49

3.1.1 封闭曲线上的双周期核奇异积分方程 ································ 49
3.1.2 封闭曲线上的加法双准周期核奇异积分方程 ······················· 51
3.2 开口弧段上的双周期核、双准周期核奇异积分方程 ··················· 53
3.2.1 开口弧段上的双周期核奇异积分方程 ······························· 53
3.2.2 开口弧段上的双准周期核奇异积分方程 ···························· 54

第 2 部分 双周期平面弹性理论

第 4 章 具双周期孔洞平面弹性基本问题 ······································ 59
4.1 复应力函数表达式 ·· 59
4.2 具双周期孔洞平面弹性第一基本问题 ······································· 61
4.3 具双周期孔洞平面弹性第二基本问题 ······································· 68

第 5 章 具双周期裂纹与孔洞平面弹性基本问题 ···························· 72
5.1 引言与说明 ··· 72
5.2 复应力函数的一般表达式 ··· 73
5.3 具有双周期裂纹与孔洞平面弹性第一基本问题 ··························· 76
5.3.1 第一基本问题的解的构造 ·· 78
5.3.2 第一基本问题的解的存在唯一性 ····································· 81
5.4 具双周期裂纹与孔洞平面弹性第二基本问题 ······························· 81

第 6 章 具双周期孔洞不同材料弹性平面焊接基本问题 ··················· 86
6.1 具双周期孔洞不同材料弹性平面焊接第一基本问题 ····················· 86
6.1.1 一般说明 ··· 86
6.1.2 复应力函数的一般表达式 ·· 87
6.1.3 第一基本问题的提法 ·· 88
6.1.4 第一基本问题化为第二型 Fredholm 方程 ························· 88
6.1.5 第一基本问题解的存在与唯一性 ····································· 91
6.2 具双周期孔洞不同材料弹性平面焊接第二基本问题 ····················· 95
6.2.1 引言与说明 ·· 95
6.2.2 第二基本问题的提法 ·· 96
6.2.3 第二基本问题的解法 ·· 97
6.2.4 第二基本问题解的存在唯一性 ······································· 101

第 3 部分 双周期弹性体全平面应变理论

第 7 章 具双周期裂纹的非均匀弹性体全平面应变基本问题 ··········· 105
7.1 具双周期裂纹的非均匀弹性体全平面应变第一基本问题 ············ 106
7.1.1 定义和引理 ·· 106

	7.1.2 Kolosov 函数	114
	7.1.3 全平面应变第一基本问题的提法	116
	7.1.4 第一基本问题的解法	117
	7.1.5 第一基本问题的可解唯一性	122
7.2	具双周期裂纹的非均匀弹性体全平面应变第二基本问题	126
	7.2.1 全平面应变第二基本问题的提法和解法	126
	7.2.2 第二基本问题的可解唯一性	131

第 8 章　具双周期孔洞的非均匀弹性体全平面应变混合边值问题 … 133
8.1　Kolosov 函数 … 133
8.2　全平面应变混合边值问题的提法 … 135
8.3　混合边值问题的解法 … 136
8.4　混合边值问题的可解唯一性 … 141

第 9 章　具相对位移的双周期全平面应变的变态第二基本问题 … 147
9.1　变态第二基本问题的三种提法 … 147
9.2　变态第二基本问题的解法 … 150

第 10 章　几类特别情况的封闭解 … 157
10.1　双周期拼接平面弹性问题的解析解 … 157
10.2　双周期均匀柱体镶嵌对裂纹影响的全平面应变问题 … 164
10.3　双周期非均匀柱体镶嵌的全平面应变问题 … 168

参考文献 … 173
索引 … 179
《现代数学基础丛书》已出版书目 … 182

第1部分

双周期函数、双周期 Riemann 边值问题和双周期核奇异积分方程

第 1 章 双周期函数

1.1 双周期函数的一般问题

1.1.1 双周期函数的定义

定义 1.1.1 如果单值解析函数有两个基本周期 $2\omega_1$ 和 $2\omega_2$, 并假定满足

$$\mathrm{Im}\left(\frac{\omega_2}{\omega_1}\right) > 0$$

和

$$f(z+2\omega_1) = f(z), \quad f(z+2\omega_2) = f(z), \tag{1.1.1}$$

则称 $f(z)$ 为**双周期函数**.

双周期函数一般表示为

$$f(z+2m\omega_1+2n\omega_2) = f(z), \quad m,n \in Z. \tag{1.1.2}$$

通常将点 $z' = z+2m\omega_1+2n\omega_2$ 称为与 z **周期合同**的点, 记为 $z' \equiv z(\mathrm{mod}2\omega_j)$ ($j=1,2$).

注 1.1.1 这里我们假定了它的基本周期的比值 $\tau = \frac{\omega_2}{\omega_1}$ 是一个虚数, 且不妨设 $\mathrm{Im}\left(\frac{\omega_2}{\omega_1}\right) > 0$, 即 τ 的虚数部分的系数是正的, 这是因为只要我们改变基本周期之一的符号就可得到.

定义 1.1.1 中的双周期函数 $f(z)$ 只可以有一些极点时称为**椭圆函数**.

定义 1.1.2 定义 1.1.1 中的 (1.1.1) 式替换为

$$f(z+2\omega_1) = f(z)+\alpha_1, \quad f(z+2\omega_2) = f(z)+\alpha_2, \tag{1.1.1}'$$

则称 $f(z)$ 为**加法双准周期函数**, 其中 α_1,α_2 称为它的**加数**. 如果该 $f(z)$ 只可以有一些极点, 则称之为**加法准椭圆函数**.

定义 1.1.3 定义 1.1.1 中的 (1.1.1) 式替换为

$$f(z+2\omega_j) = \beta_j f(z), \quad \beta_j \neq 0, \quad j=1,2, \tag{1.1.1}''$$

则称 $f(z)$ 为**乘法双准周期函数**, 其中 β_1,β_2 称为其**乘数**, 如果该 $f(z)$ 只可以有一些极点, 则称其为**乘法准椭圆函数**.

也可将加法、乘法双准周期函数的概念进行推广.

定义 1.1.4 定义 1.1.1 中的 (1.1.1) 式替换为

$$f(z+2\omega_j) = f(z) + \alpha_j(z), \quad j=1,2, \qquad (1.1.1)'''$$

其中 $\alpha_j(z)(j=1,2)$, 分别是以 $\omega_j(j=1,2)$ 为周期的双周期函数, 则称 $f(z)$ 为**广义加法双准周期函数**.

如果该 $f(z)$ 只可以有一些极点, 则称其为**广义加法准椭圆函数**.

定义 1.1.5 定义 1.1.1 中的 (1.1.1) 式替换为

$$f(z+2\omega_j) = \beta_j(z)f(z), \quad j=1,2, \qquad (1.1.1)''''$$

其中 $\beta_j(z)(j=1,2)$, 分别是以 $2\omega_j(j=1,2)$ 为周期的双周期函数, 则称 $f(z)$ 为**广义乘法双准周期函数**.

如果该 $f(z)$ 只可以有一些极点, 则称其为**广义乘法准椭圆函数**.

1.1.2 双周期函数的几何意义

我们来考虑复平面上的四个点

$$z_0, \quad z_0+2\omega_1, \quad z_0+2\omega_1+2\omega_2, \quad z_0+2\omega_2,$$

其中 z_0 是任意一个复数.

因为比值 $\tau = \dfrac{\omega_2}{\omega_1}$ 是虚数, 所以这四个点代表一个平行四边形的顶点 (通常称为基本平行四边形或基本胞腔), 记为 P_{00} 或 P.

令 z_0 的周期合同点

$$z_0' = z_0 + 2m\omega_1 + 2n\omega_2.$$

于是, 下列四点

$$z_0', \quad z_0'+2\omega_1, \quad z_0'+2\omega_1+2\omega_2, \quad z_0'+2\omega_2$$

是一个平行四边形 P_{mn} 的顶点, 这个平行四边形 P_{mn} 可以由基本平行四边形 $P = P_{00}$ 经过平移来得到. 给 m 与 n 以一切可能的整数值, 便可得到一组平行四边形 P_{mn}, 它们彼此全等, 形成覆盖全平面的平行四边形的网格 (图 1.1.1).

要想使组内任何两个平行四边形都没有公共点, 我们算作每一个平行四边形 P_{mn} 只有一部分边界, 即边线 $\overparen{z_0', z_0'+2\omega_1}$, $\overparen{z_0', z_0'+2\omega_2}$, 端点 $z_0'+2\omega_1$ 与 $z_0'+2\omega_2$ 也都除外. 至于平行四边形 P_{mn} 的另外两边, 我们把它们看作是属于与 P_{mn} 紧邻的平行四边形. 这样, 平面上任何一点就属于一个且仅只属于一个平行四边形.

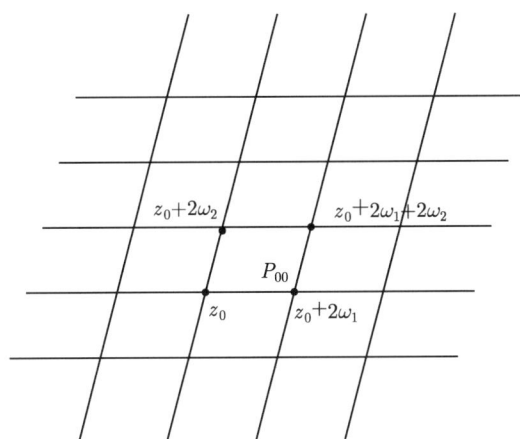

图 1.1.1　双周期函数基本胞腔图

因此, 平面上的任一点只与基本胞腔上唯一的一个点周期合同. 于是关系式 (1.1.2) 表明: 函数 $f(z)$ 在所有的周期合同点上的函数值相等. 因此, 在基本胞腔上来研究双周期函数就足够知道它在整个复平面上的性质.

1.1.3　双周期函数、椭圆函数的性质

双周期函数 (非常数) 的一个重要性质是在其基本胞腔上必有奇点.

定理 1.1.1　没有奇点的双周期函数是一个常数.

证明　如果双周期函数在基本胞腔上没有奇点, 则其绝对值应恒小于某正数 M, 根据函数的双周期性, 可知在全平面上都如此. 由 Liouville 定理知该函数为常数.

由此可见, 不是常数的双周期函数一定有奇点.

定义 1.1.6　只以极点为其奇点的双周期函数 (也称为**双周期亚纯函数**) 叫作**椭圆函数**.

椭圆函数在其基本胞腔内的极点的个数 (一个 m 阶 (重) 极点当作 m 个极点计算) 称作椭圆函数的**阶**. 如果基本胞腔的顶点是一个极点, 则只算四个顶点中的一个; 如果在基本胞腔边上有极点, 也只算相对两边中的一个. 有时也可以将基本胞腔略作平移, 使所有极点都在内部, 以便计算极点的个数.

椭圆函数的系列性质:

定理 1.1.2　椭圆函数的导数仍为具有相同周期的椭圆函数.

证明　以 $2\omega_1, 2\omega_2$ 为周期的椭圆函数的一般表示为式 (1.1.2), 对 (1.1.2) 式求导得

$$f'(z + 2\omega_1 + 2\omega_2) = f'(z),$$

$$f''(z+2\omega_1+2\omega_2) = f''(z),$$
$$\vdots$$
$$f^{(n)}(z+2\omega_1+2\omega_2) = f^{(n)}(z).$$

即 $f^{(n)}(z)$ 也是以 $2\omega_1, 2\omega_2$ 为周期的椭圆函数.

定理 1.1.3 椭圆函数在其基本胞腔内所有极点的留数之和等于零.

证明 取任意点 z_0 为基本胞腔 P 的顶点使得函数的极点在 P 内, 则函数沿 P 的周界线 ∂P 的积分为

$$\int_{\partial P} f(z)\mathrm{d}z = \int_{z_0}^{z_0+2\omega_1} f(z)\mathrm{d}z + \int_{z_0+2\omega_1}^{z_0+2\omega_1+2\omega_2} f(z)\mathrm{d}z$$
$$+ \int_{z_0+2\omega_1+2\omega_2}^{z_0+2\omega_2} f(z)\mathrm{d}z + \int_{z_0+2\omega_2}^{z_0} f(z)\mathrm{d}z.$$

在上式第三项积分中令 $z = t + 2\omega_2$, 由周期性知 $f(t+2\omega_2) = f(t)$, 于是

$$\int_{z_0+2\omega_1+2\omega_2}^{z_0+2\omega_2} f(z)\mathrm{d}z = \int_{z_0+2\omega_1}^{z_0} f(t+2\omega_2)\mathrm{d}t = \int_{z_0+2\omega_1}^{z_0} f(t)\mathrm{d}t = -\int_{z_0}^{z_0+2\omega_1} f(t)\mathrm{d}t.$$

故第三项积分与第一项积分相互抵消, 同理可知第二项积分与第四项积分相互抵消, 故

$$\int_{\partial P} f(z)\mathrm{d}z = 0.$$

由留数定理知 $f(z)$ 在基本胞腔 P 内各留数之和等于 0.

根据这个定理, 椭圆函数在基本胞腔 P 内不可能仅仅只有一个极点, 它至少有两个极点, 而极点的数目就是椭圆函数的阶. 于是有

推论 1.1.1 椭圆函数的阶数不少于 2, 即不存在一阶椭圆函数.

定理 1.1.4 椭圆函数在基本胞腔 P 内的零点的数目等于极点的数目, 即等于这个椭圆函数的阶.

证明 设 $f(z)$ 为椭圆函数, 于是函数 $\phi(z) = \dfrac{f'(z)}{f(z)}$ 也是椭圆函数, 而 $\dfrac{f'(z)}{f(z)}$ 在其基本胞腔 P 内的留数之和等于 $f(z)$ 的零点与极点数之差 (证明可参阅文献 (路见可, 2007) 的定理 5.4(辐角原理)), 再由定理 1.1.3 知, 该留数之和等于零, 即 $f(z)$ 的零点数等于极点数.

定理 1.1.5 椭圆函数在其基本胞腔 P 内所有零点之和减去所有极点之和等于该函数的一个周期.

证明 设椭圆函数 $f(z)$ 为 n 阶, 其零点为 a_j, 极点为 b_j, 可由留数定理证明关系式

$$\frac{1}{2\pi\mathrm{i}} \int_{\partial P} z\frac{f'(z)}{f(z)}\mathrm{d}z = \sum_{j=1}^n a_j - \sum_{j=1}^n b_j \qquad (1.1.3)$$

成立, 这里积分是沿基本胞腔 P 的周界 ∂P 进行的, 已设周界上无极点和零点.

先考虑沿基本胞腔两平行边的积分值

$$\int_{z_0}^{z_0+2\omega_1} z\frac{f'(z)}{f(z)}\mathrm{d}z + \int_{z_0+2\omega_1+2\omega_2}^{z_0+2\omega_2} z\frac{f'(z)}{f(z)}\mathrm{d}z.$$

以 $z+2\omega_2$ 代替第二个积分中的 z, 则得

$$\int_{z_0}^{z_0+2\omega_1} z\frac{f'(z)}{f(z)}\mathrm{d}z + \int_{z_0+2\omega_1}^{z_0} (z+2\omega_2)\frac{f'(z+2\omega_2)}{f(z+2\omega_2)}\mathrm{d}z$$

$$= -\int_{z_0}^{z_0+2\omega_1} 2\omega_2 \frac{f'(z)}{f(z)}\mathrm{d}z = -2\omega_2[\ln f(z)]\Big|_{z_0}^{z_0+2\omega_1}. \tag{1.1.4}$$

因为 $f(z_0) = f(z_0+2\omega_1)$, 所以 $\ln f(z)$ 的改变等于 $\arg f(z)$ 的改变, 其值为 $2\pi\mathrm{i}$ 的整数倍, 即 $-n\pi\mathrm{i}$ (因为顺时针向). 因此由 (1.1.4) 式知沿此二平行边积分之和等于 $2n\omega_2$, 同理沿另两个平行边上积分值等于 $2m\omega_1$, 故由 (1.1.3) 式得

$$\sum_{j=1}^n (a_j - b_j) = 2m\omega_1 + 2n\omega_2. \tag{1.1.5}$$

对于椭圆函数, 结合定理 1.1.1 可得两个推论.

推论 1.1.2 如果周期相同的两个椭圆函数在基本胞腔上具有同样的极点并且有相等的主部, 则它们仅仅相差一个常数.

证明 设 $f_1(z)$ 与 $f_2(z)$ 是具有相同周期 $2\omega_1$ 与 $2\omega_2$ 且在基本胞腔上具有相同极点和相等的主部的两个椭圆函数, 则它们的差 $f_1(z) - f_2(z)$ 就是一个以 $2\omega_1$ 与 $2\omega_2$ 为周期的没有极点的双周期函数, 由定理 1.1.1 知, $f_1(z) - f_2(z) = C_1$.

推论 1.1.3 如果两个周期相同的椭圆函数在基本胞腔上具有相同的, 而且是同阶的零点和极点, 则它们仅仅相差一个常数因子.

证明 设 $f_1(z)$ 与 $f_2(z)$ 具有相同周期 $2\omega_1$ 与 $2\omega_2$, 且在基本胞腔上有相同的而且是同阶的零点与极点的两个椭圆函数.

于是, 它们的比值 $\dfrac{f_1(z)}{f_2(z)}$ 是一个以 $2\omega_1$ 与 $2\omega_2$ 为周期的无极点的双周期函数, 由定理 1.1.1 知, $\dfrac{f_1(z)}{f_2(z)} = C_2$, 即 $f_1(z) = C_2 f_2(z)$.

1.2 椭圆函数

1.2.1 二阶椭圆函数——Weierstrass 椭圆函数 $\mathscr{P}(z)$

由上节推论 1.1.1 知椭圆函数至少是二阶的, 通常二阶椭圆函数有两种情形, 一种是基本胞腔内有两个不同的一阶极点, 这叫作 Jacobi 椭圆函数; 另一种是

基本胞腔内只有一个二阶极点, 叫作 **Weierstrass 椭圆函数**, 这个极点可以选为 $z = \Omega_{mn} = 2m\omega_1 + 2n\omega_2$. 由于留数之和等于零, 所以该函数在极点附近的主部为 $\dfrac{1}{(z-\Omega_{mn})^2}$, 于是, 可构造出**Weierstrass 椭圆函数** $\mathscr{P}(z)$,

$$\mathscr{P}(z) = \frac{1}{z^2} + {\sum}' \left[\frac{1}{(z-\Omega_{mn})^2} - \frac{1}{\Omega_{mn}^2}\right], \tag{1.2.1}$$

其中 $\sum'$ 表示在对整数 m 和 n 求和时, 必须删去 $m=n=0$ 这一项. 上式级数中减去 Ω_{mn}^{-2} 一项是为了使级数收敛. 该级数收敛的证明见文献 (王竹溪等, 1965).

不难证明 Weierstrass 椭圆函数 $\mathscr{P}(z)$ 具有下列性质:

1. $\mathscr{P}(z)$ 是以 $2\omega_1$ 与 $2\omega_2$ 为周期的双周期函数;
2. $\mathscr{P}(z)$ 以 Ω_{mn} 为其仅有的二重极点;
3. $\mathscr{P}(z)$ 在 $z=0$ 处的主部为 $\dfrac{1}{z^2}$;
4. $\lim\limits_{z\to 0}\left[\mathscr{P}(z) - \dfrac{1}{z^2}\right] = 0$;
5. $\mathscr{P}(z)$ 是偶函数, 即 $\mathscr{P}(z) = \mathscr{P}(-z)$;
6. $\mathscr{P}'(z)$ 是奇函数, 即 $\mathscr{P}'(-z) = -\mathscr{P}'(z)$;
7. $\mathscr{P}(z)$ 的导函数仍为椭圆函数;
8. 对于任意复数 $\lambda \neq 0$, 有

$$\mathscr{P}(\lambda z; 2\lambda\omega_1, 2\lambda\omega_2) = \lambda^{-2}\mathscr{P}(z; 2\omega_1, 2\omega_2).$$

定理 1.2.1 (加法定理 (Chandra, 1985)) 如果 z_1 与 z_2 不是周期合同点, 记为 $z_1 \not\equiv z_2 (\mathrm{mod}\, 2\omega_1, 2\omega_2)$, 则

$$\mathscr{P}(z_1+z_2) = \frac{1}{4}\left[\frac{\mathscr{P}'(z_1)-\mathscr{P}'(z_2)}{\mathscr{P}(z_1)-\mathscr{P}(z_2)}\right] - \mathscr{P}(z_1) - \mathscr{P}(z_2). \tag{1.2.2}$$

证明 取 z_2 使得 $\mathscr{P}'(z_2) \neq 0$ 且有限, 令 $z_1 = z$ 是一个变量, 设

$$\phi(z) = \mathscr{P}(z+z_2) + \mathscr{P}(z) + \mathscr{P}(z_2) - \frac{1}{4}\left[\frac{\mathscr{P}'(z)-\mathscr{P}'(z_2)}{\mathscr{P}(z)-\mathscr{P}(z_2)}\right]^2,$$

则 $\phi(z)$ 是一个椭圆函数, 在基本胞腔内它可能仅有的极点是 $z=0$ 或 $z=-z_2$(已假设 $z \neq z_2$), 但在 $z=0$ 附近, 有

$$\mathscr{P}(z) = \frac{1}{z^2} + b_1 z^2 + \cdots,$$

$$\mathscr{P}'(z) = -\frac{2}{z^3} + 2b_1 z + \cdots,$$

且

$$\frac{1}{4}\left[\frac{\mathscr{P}'(z)-\mathscr{P}'(z_2)}{\mathscr{P}(z)-\mathscr{P}(z_2)}\right]-\mathscr{P}(z)$$

$$=\frac{1}{z^2}\left[\frac{1+\frac{1}{2}\mathscr{P}'(z_2)z^3-b_1z^4+\cdots}{1-\mathscr{P}(z_2)z^2+b_1z^4+\cdots}\right]^2-\frac{1}{z^2}-b_1z^2-\cdots$$

$$=2\mathscr{P}(z_2)+\cdots,$$

于是 $\phi(z)$ 在 $z=0$ 全纯且 $\phi(0)=0$, 在 $z=-z_2$ 附近, 有

$$\mathscr{P}(z+z_2)=\frac{1}{(z+z_2)^2}+\cdots,$$

且

$$\frac{1}{4}\left[\frac{\mathscr{P}'(z)-\mathscr{P}'(z_2)}{\mathscr{P}(z)-\mathscr{P}(z_2)}\right]^2=\left[\frac{\mathscr{P}'(z_2)-\frac{1}{2}\mathscr{P}''(z_2)(z+z_2)+\cdots}{\mathscr{P}'(z_2)(z+z_1)-\frac{1}{2}\mathscr{P}''(z_2)(z+z_2)^2+\cdots}\right]^2$$

$$=\frac{1}{(z+z_2)^2}-\cdots,$$

于是 $\phi(z)$ 在 $z=-z_2$ 时也全纯, 故 $\phi(z)=0$, 这是因为无极点的椭圆函数为常数, 且因 $\phi(0)=0$.

定理 1.2.1 证毕.

现在考虑当周期 ω_1 固定, 而 $\omega_2\to\infty$ 时 $\mathscr{P}(z)$ 的极限形式, 此时, $\tau=\dfrac{\omega_2}{\omega_1}$ 总是在区域: $\mathrm{Im}\,\tau>0, |\tau|\geqslant 1, |\mathrm{Re}\,\tau|\leqslant\dfrac{1}{2}$ 中, 由于所定义的 $\mathscr{P}(z)$ 级数的一致收敛性, 此时有

$$\mathscr{P}(z)\to\frac{1}{z^2}+\sum_{n\neq 0}\left[\frac{1}{(z-2n\omega_1)^2}-\frac{1}{(2n\omega_1)^2}\right].$$

由于

$$\frac{\pi^2}{\sin^2\pi z}=\sum_{n=-\infty}^{\infty}\frac{1}{(z-n)^2},\qquad \sum_{n=1}^{\infty}\frac{1}{n^2}=\frac{\pi^2}{6},$$

于是

$$\mathscr{P}(z)\to\left(\frac{\pi}{2\omega_1}\right)^2\frac{1}{\sin^2\left(\dfrac{\pi z}{2\omega_1}\right)}-\frac{1}{3}\left(\frac{\pi}{2\omega_1}\right)^2=\frac{1}{4}\left(\frac{\pi}{\omega_1}\right)^2\left[\frac{1}{\sin^2\left(\dfrac{\pi z}{2\omega_1}\right)}-\frac{1}{3}\right]. \quad (1.2.3)$$

类似地,

$$\mathscr{P}'(z)\to -2\left(\frac{\pi}{2\omega_1}\right)^3\frac{1}{\sin^3\left(\dfrac{\pi z}{2\omega_1}\right)}\cos\left(\frac{\pi z}{2\omega_1}\right)=-\frac{1}{4}\left(\frac{\pi}{\omega_1}\right)^3\frac{\cot\left(\dfrac{\pi z}{2\omega_1}\right)}{\sin^2\left(\dfrac{\pi z}{2\omega_1}\right)}. \quad (1.2.4)$$

1.2.2 Weierstrass 加法准椭圆函数 $\zeta(z)$

为了表示椭圆函数的积分, 需要引进 $\zeta(z)$(不同于 Riemann ζ 函数). 对 $\mathscr{P}(z) - \dfrac{1}{z}$ 沿着从原点起不经过极点的任意路径求积分得

$$\int_0^z \left[\mathscr{P}(z) - \frac{1}{z^2}\right] \mathrm{d}z = -{\sum_{m,n}}' \left(\frac{1}{z - \Omega_{mn}} + \frac{1}{\Omega_{mn}} + \frac{z}{\Omega_{mn}^2}\right).$$

可以证明上式右端的级数收敛, 且是以 $z = \Omega_{mn}$ 为一阶极点的亚纯函数.

令 $\zeta(z)$ 的定义为

$$\zeta(z) = \frac{1}{z} + {\sum_{m,n}}' \left(\frac{1}{z - \Omega_{mn}} + \frac{1}{\Omega_{mn}} + \frac{z}{\Omega_{mn}^2}\right), \tag{1.2.5}$$

称为**Weierstrass ζ 函数**.

它与 $\mathscr{P}(z)$ 的关系为

$$\int_0^z \left[\mathscr{P}(z) - \frac{1}{z^2}\right] \mathrm{d}z = -\zeta(z) + \frac{1}{z}, \tag{1.2.6}$$

两端对 z 求导得

$$\zeta'(z) = -\mathscr{P}(z). \tag{1.2.7}$$

从这些式子看出 $\zeta(z)$ 是奇函数, 即

$$\zeta(-z) = -\zeta(z).$$

利用 $\mathscr{P}(z)$ 在原点的展开式求积分得 $\zeta(z)$ 在原点附近的展开式

$$\zeta(z) = \frac{1}{z} - \frac{c_2}{3}z^3 - \frac{c_3}{5}z^5 - \cdots - \frac{c_q}{2q-1}z^{2q-1} - \cdots. \tag{1.2.8}$$

由于在基本胞腔 P 内 $\zeta(z)$ 只有一个一阶极点, 它不可能是椭圆函数, 也不具备双周期性. 但 $\zeta(z + \Omega_{mn})$ 和 $\zeta(z)$ 有相同的导函数 $-\mathscr{P}(z)$, 所以两者只能相差一个常数, 即 $\zeta(z)$ 是一个**加法双准周期函数**. 该常数称为**双准周期加数**. 又由于奇点只有单极点 Ω_{mn}(包括 $m = n = 0$), 故也为加法准椭圆函数.

现在来求这个常数. 引进基本常数 η_1 和 η_2,

$$\zeta(z + 2\omega_1) = \zeta(z) + 2\eta_1, \quad \zeta(z + 2\omega_2) = \zeta(z) + 2\eta_2. \tag{1.2.9}$$

分别令 $z = -\omega_1$ 和 $z = -\omega_2$ 代入上式并考虑到 $\zeta(z)$ 是奇函数得

$$\eta_1 = \zeta(\omega_1), \quad \eta_2 = \zeta(\omega_2). \tag{1.2.10}$$

由 (1.2.9) 式还可得一般式:

$$\zeta(z + 2m\omega_1 + 2n\omega_2) = \zeta(z) + 2m\eta_1 + 2n\eta_2. \tag{1.2.11}$$

四个常数 $\omega_1, \omega_2, \eta_1, \eta_2$ 之间有一形式十分简洁的关系, 这可由 $\zeta(z)$ 沿着基本胞腔 P 的边界 ∂P 求积分推出. 因 $\zeta(z)$ 在 P 内只有一个一阶极点, 由 (1.2.5) 式知它的留数为 1. 假设 $\operatorname{Im}\left(\dfrac{\omega_2}{\omega_1}\right) > 0$, 则得

$$2\pi i = \int_{\partial P} \zeta(z) \mathrm{d}z. \tag{1.2.12}$$

因积分沿逆时针向, 先考虑沿 $\overparen{z_0, z_0 + 2\omega_1}$ 和 $\overparen{z_0 + 2\omega_1 + 2\omega_2, z_0 + 2\omega_2}$ 两段积分之和为

$$\int_{z_0}^{z_0 + 2\omega_1} \zeta(z)\mathrm{d}z + \int_{z_0 + 2\omega_1 + 2\omega_2}^{z_0 + 2\omega_2} \zeta(z)\mathrm{d}z = \int_{z_0}^{z_0 + 2\omega_1} [\zeta(z) - \zeta(z + 2\omega_2)]\mathrm{d}z$$
$$= -\int_{z_0}^{z_0 + 2\omega_1} 2\eta_2 \mathrm{d}z = -4\omega_1 \eta_2.$$

类似地可以算出沿 $\overparen{z_0, z_0 + 2\omega_2}$ 和 $\overparen{z_0 + 2\omega_2, z_0}$ 两段积分之和为 $4\omega_2 \eta_1$. 于是由 (1.2.12) 式知

$$2\pi i = 4\omega_2 \eta_1 - 4\omega_1 \eta_2,$$

所以有

$$\omega_2 \eta_1 - \omega_1 \eta_2 = \frac{\pi i}{2}. \tag{1.2.13}$$

如果假设 $\operatorname{Im}\left(\dfrac{\omega_2}{\omega_1}\right) < 0$, 则沿 ∂P 的方向是顺时针方向, 其结果是

$$\omega_1 \eta_2 - \omega_2 \eta_2 = \frac{\pi i}{2}. \tag{1.2.14}$$

当 λ 是非零复数时, $\zeta(z)$ 有性质

$$\zeta(\lambda z; 2\lambda \omega_1, 2\lambda \omega_1) = \frac{1}{\lambda}\zeta(z; 2\omega_1, 2\omega_1). \tag{1.2.15}$$

当周期 ω_1 固定, $\omega_2 \to \infty$ 时由 $\wp(z)$ 的渐近表示式可得 $\zeta(z)$ 渐近表示式

$$\zeta(z) \to \frac{1}{3}\left(\frac{\pi}{2\omega_1}\right)^2 z + \frac{\pi}{2\omega_1} \cot\left(\frac{\pi z}{2\omega_1}\right). \tag{1.2.16}$$

当周期 $\omega_1 \to \infty, \omega_2 \to \infty$ 时,

$$\zeta(z) \to \frac{1}{z}. \tag{1.2.17}$$

1.2.3 Weierstrass σ 函数

对 $\zeta(z) - \dfrac{1}{z}$ 沿原点而不经过极点的任意路径求积分得

$$\int_0^z \left[\zeta(z) - \frac{1}{z}\right] \mathrm{d}z = {\sum}' \left[\ln\left(1 - \frac{z}{\Omega_{mn}}\right) + \frac{z}{\Omega_{mn}} + \frac{z^2}{2\Omega_{mn}^2}\right]. \tag{1.2.18}$$

令 (1.2.18) 式右端为 $\ln \dfrac{\sigma(z)}{z}$，则

$$\int_0^z \left[\zeta(z) - \frac{1}{z}\right] \mathrm{d}z = \ln \frac{\sigma(z)}{z}. \tag{1.2.19}$$

代入 (1.2.18) 式得

$$\sigma(z) = z {\prod}' \left[\left(1 - \frac{z}{\Omega_{mn}}\right) \exp\left(\frac{z}{\Omega_{mn}} + \frac{z^2}{2\Omega_{mn}^2}\right)\right], \tag{1.2.20}$$

其中 $\prod'$ 表示除 $m = n = 0$ 外的无穷乘积, 它是一个整函数, 在有限复平面上无奇点, 而以 $z = \Omega_{mn}$ 为仅有的单零点.

在 (1.2.19) 式两端对 z 求导得

$$\zeta(z) = \frac{\sigma'(z)}{\sigma(z)}. \tag{1.2.21}$$

由上式可以看出通过求导消除了 $\ln \sigma(z)$ 的多值性. 由式 (1.2.20) 看出 $\sigma(z)$ 是奇函数, 即 $\sigma(-z) = -\sigma(z)$.

当 λ 是非零的复数时, $\sigma(z)$ 有性质:

$$\sigma(\lambda z; 2\lambda\omega_1, 2\lambda\omega_2) = \lambda\sigma(z; 2\omega_1, 2\omega_2). \tag{1.2.22}$$

通过对关系式 (1.2.9) 第 1 式积分, 得 $\sigma(z + 2\omega_1) = C\mathrm{e}^{2\eta_1 z}\sigma(z)$, 令 $z = -\omega_1$, 则得 $\sigma(\omega_1) = -C\mathrm{e}^{-2\eta_1\omega_1}\sigma(\omega_1)$, 因此, $C = -\mathrm{e}^{2\eta_1\omega_1}$, 从而

$$\sigma(z + 2\omega_1) = -\sigma(z)\mathrm{e}^{2\eta_1(z+\omega_1)}. \tag{1.2.23}$$

类似地,

$$\sigma(z + 2\omega_2) = -\sigma(z)\mathrm{e}^{2\eta_2(z+\omega_2)}. \tag{1.2.24}$$

当 ω_1 固定, $\omega_2 \to \infty$ 时, $\sigma(z)$ 也有渐近表示式

$$\sigma(z) \to \frac{2\omega_1}{\pi} \sin\left(\frac{\pi z}{2\omega_1}\right) \mathrm{e}^{\frac{1}{6}\left(\frac{\pi z}{2\omega_1}\right)^2}. \tag{1.2.25}$$

当 $\omega_1 \to \infty, \omega_2 \to \infty$ 时,

$$\sigma(z) \to z. \tag{1.2.26}$$

1.2.4 椭圆函数的一般表达式的构造

任意一个椭圆函数都可以通过 $\sigma(z)$, 或 $\zeta(z)$, 或 $\mathscr{P}(z)$ 构造出来. 限于篇幅和常用性, 本部分考虑前二者的构造方法, 后者的构造方法参阅文献 (王竹溪等, 1965).

A. 利用 σ 函数构造椭圆函数

设 $f(z)$ 为一 n 阶椭圆函数 $(n \geqslant 2)$, 在基本胞腔 P 中以 $\alpha_1, \alpha_2, \cdots, \alpha_n$ 为零点, 以 $\beta_1, \beta_2, \cdots, \beta_n$ 为极点 (诸 α_k 或 β_k 可有重者).

由 1.1.1 节定理 1.1.5 的 (1.1.5) 式知

$$\sum_{k=1}^{n} \alpha_k - \sum_{k=1}^{n} \beta_k = 2m_1\omega_1 + 2m_2\omega_2 = \Omega_{m_1,m_2}, \quad m_1, m_2 \in Z. \tag{1.2.27}$$

构造函数

$$\phi(z) = \frac{\sigma(z-\alpha_1)\cdots\sigma(z-\alpha_n)}{\sigma(z-\beta_1)\cdots\sigma(z-\beta_{n-1})\sigma(z-\beta_n-\Omega_{m_1,m_2})}.$$

该函数与所要求的函数 $f(z)$ 有相同的零点和极点, 因为 $z=0$ 是 $\sigma(z)$ 的一阶零点. 考察 $\phi(z)$ 的双周期性, 把 z 换为 $z+2\omega_1$, 则 $\phi(z)$ 的分子和分母将分别乘以下列两个因子

$$(-1)^n \exp\left[2\eta_1(nz + n\omega_1 - \alpha_1 - \alpha_2 \cdots - \alpha_n)\right],$$

$$(-1)^n \exp\left[2\eta_1(nz + n\omega_1 - \beta_1 - \beta_2 \cdots - \beta_n - \Omega_{m_1,m_2})\right].$$

由 (1.2.27) 式看出这两个因子相等, 所以 $\phi(z)$ 具有周期 $2\omega_1$, 同理可证明 $\phi(z)$ 具有周期 $2\omega_2$. 因此, $\phi(z)$ 与 $f(z)$ 是具有相同的周期, 相同的零点和相同的极点的椭圆函数, 由 1.1.1 节推论 1.1.3 知 $\dfrac{f(z)}{\phi(z)} = C$, C 为常数.

于是

$$f(z) = C \frac{\sigma(z-\alpha_1)\cdots\sigma(z-\alpha_n)}{\sigma(z-\beta_1)\cdots\sigma(z-\beta_{n-1})\sigma(z-\beta_n-\Omega_{m_1,m_2})} \tag{1.2.28}$$

便是我们要构造的函数, 常数 C 可由某一非零点非极点处 $f(z)$ 的值来确定.

B. 利用 ζ 函数构造椭圆函数

设椭圆函数 $f(z)$ 的 r 个极点 β_k 在一般情形下是 P_k 阶的, 在极点 β_k 附近的主部已知为

$$\frac{B_{k,1}}{z-\beta_k} + \frac{B_{k,2}}{(z-\beta_k)^2} + \cdots + \frac{B_{k,p_k}}{(z-\beta_k)^{p_k}}. \tag{1.2.29}$$

构造下列函数

$$\phi(z) = \sum_{k=1}^{r}\left[B_{k,1}\zeta(z-\beta_k) - B_{k,2}\zeta'(z-\beta_k) \right.$$
$$\left. + \cdots + (-1)^{p_k-1}\frac{B_{k,p_k}}{(p_k-1)!}\zeta^{(p_k-1)}(z-\beta_k)\right].$$

由于 $z=0$ 是 $\zeta(z)$ 的一阶极点, 该函数与所要求的函数 $f(z)$ 有相同的极点和相同的主部. 考察 $\phi(z)$ 的双周期性, 将 z 换成 $z+2\omega_1$, $\phi(z)$ 将增加 $2\eta_1\sum_{k=1}^{r}B_{k,1}$, 但 $\sum_{k=1}^{r}B_{k,1}$, 是 $f(z)$ 的极点在基本胞腔内的留数之和, 由 1.1.1 节定理 1.1.3 知 $\sum_{k=1}^{r}B_{k,1}=0$, 所以 $\phi(z)$ 具有周期 $2\omega_1$, 同理可证明 $\phi(z)$ 具有周期 $2\omega_2$. 因此 $f(z)$ 与 $\phi(z)$ 之差是一个没有奇点的双周期函数. 由 1.1.1 节的推论 1.1.2 知 $f(z)-\phi(z)=\mathrm{C}$, 于是

$$f(z)=\mathrm{C}+\sum_{k=1}^{r}\sum_{q=1}^{P_k}\frac{(-1)^{q-1}B_{k,q}}{(q-1)!}\zeta^{q-1}(z-\beta_k). \tag{1.2.30}$$

椭圆函数 $f(z)$ 的阶等于 $n=\sum_{k=1}^{r}P_k$.

现在讨论椭圆函数 $\mathscr{P}$ 与 σ 函数和 ζ 函数的一些关系式.

定理 1.2.2 我们有下列关系式

$$\mathscr{P}(u)-\mathscr{P}(v)=-\frac{\sigma(u+v)\sigma(u-v)}{\sigma^2(u)\sigma^2(v)}, \tag{1.2.31}$$

$$-\frac{\mathscr{P}'(v)}{\mathscr{P}(u)-\mathscr{P}(v)}=\zeta(u+v)-\zeta(u-v)-2\zeta(v) \tag{1.2.32}$$

和

$$\frac{1}{2}\frac{\mathscr{P}'(u)-\mathscr{P}'(v)}{\mathscr{P}(u)-\mathscr{P}(v)}=\zeta(u+v)-\zeta(u)-\zeta(v). \tag{1.2.33}$$

证明 固定变量 v(不等于周期), 则 $\mathscr{P}(u)-\mathscr{P}(v)$ 便是关于变量 u 的椭圆函数, 由上节利用 σ 函数构造椭圆函数的公式, 此时 $\alpha_1=v, \alpha_2=-v, \beta_1=0, \beta_2=0$, 有

$$\frac{\sigma(u+v)\sigma(u-v)}{\sigma^2(u)}$$

是一个与 $\mathscr{P}(u)-\mathscr{P}(v)$ 具有相同零点, 相同极点和相同周期的椭圆函数, 因此,

$$\mathscr{P}(u)-\mathscr{P}(v)=\mathrm{C}\frac{\sigma(u+v)\sigma(u-v)}{\sigma^2(u)}.$$

比较上式两端的主部, 推出 $1=-\mathrm{C}\sigma^2(v)$, 即 $\mathrm{C}=-\frac{1}{\sigma^2(v)}$, 从而 (1.2.31) 式成立.

对 (1.2.31) 式取对数并对 u 求导, 得

$$\frac{\mathscr{P}'(u)}{\mathscr{P}(u)-\mathscr{P}(v)}=\zeta(u+v)+\zeta(u-v)-2\zeta(u).$$

交换 u 和 v 的次序得 (1.2.32) 式, 再把上式与 (1.2.32) 式相加后便得 (1.2.33) 式.

定理 1.2.2 证毕.

1.2.5 给定加数或乘数的加、乘法椭圆函数及广义加、乘法椭圆函数的构造

1. 给定双准周期加数 α_1, α_2 的加法准椭圆函数的构造举例.

设 z_0 为一阶准椭圆函数 $f(z)$ 的单极点, 令

$$\lambda = \frac{1}{\pi \mathrm{i}}(\alpha_2 \eta_1 - \alpha_1 \eta_2), \quad \mu = \frac{1}{\pi \mathrm{i}}(\omega_2 \alpha_1 - \omega_1 \alpha_2).$$

构造函数

$$f(z) = \mathrm{C} + \lambda z + \mu \zeta(z - z_0), \quad \mathrm{C}\ \text{为常数}, \tag{1.2.34}$$

则易验证 $f(z)$ 是以 α_1, α_2 为加数, 以 z_0 为一阶单极点的加法椭圆函数.

一般地, 可构造以 $z = z_0$ 为其一奇点的加数为 α_1, α_2 的加法双准周期函数

$$f(z) = \lambda z + \mu \zeta(z - z_0) + D(z), \tag{1.2.35}$$

其中 $D(z)$ 为一双周期解析函数.

2. 构造以给定的 β_1, β_2 为乘数, 以 z_0 为 n 阶零点, 以 $z_0, \cdots, z_n$ 为极点的 n 阶乘法准椭圆函数

$$f(z) = \frac{\sigma^n(z - z_0)}{\displaystyle\prod_{k=1}^{n} \sigma(z - z_k)} \mathrm{e}^{\lambda z}, \tag{1.2.36}$$

其中 $\lambda = \dfrac{1}{\pi \mathrm{i}}[(\log \beta_2)\eta_1 - (\log \beta_1)\eta_2]$.

对数分别任取定一枝

$$z_0 = \frac{1}{n\pi \mathrm{i}}(\eta_2 \omega_1 - \eta_1 \omega_2) + \frac{1}{n}\sum_{k=1}^{n} z_k,$$

则易验证 $f(z)$ 为以 β_1, β_2 为乘数, 以 z_0 为 n 阶零点, 以 $z_1, \cdots, z_n$ 为极点的 n 阶乘法准椭圆函数.

一般地, 可构造以 $z = 0$ 为奇点乘数为 β_1, β_2 的乘法双准周期函数

$$f(z) = D(z)\mathrm{e}^{\lambda z + \mu \zeta(z)}, \tag{1.2.37}$$

其中$D(z)$为双周期函数, $\lambda = \dfrac{1}{\pi \mathrm{i}}[(\log \beta_2)\eta_1 - (\log \beta_1)\eta_2]$, $\mu = \dfrac{1}{\pi \mathrm{i}}[\omega_2 (\log \beta_1) - \omega_1 (\log \beta_2)]$.

3. 构造以 $\alpha_1(z), \alpha_2(z)$ 为加数的广义加法双准周期函数.

令

$$\lambda(z) = \frac{1}{\pi \mathrm{i}}[\alpha_2(z)\eta_1 - \alpha_1(z)\eta_2], \quad \mu(z) = \frac{1}{\pi \mathrm{i}}[\alpha_1(z)\omega_2 - \alpha_2(z)\omega_1].$$

构造函数
$$f(z) = \lambda(z)z + \mu(z)\zeta(z - z_0) + D(z), \tag{1.2.38}$$

其中 $D(z)$ 为双周期函数, 显然, $\lambda(z), \mu(z)$ 也是双周期函数. 则 $f(z)$ 便是一个加数为 $\alpha_j(z)(j=1,2)$ 的广义加法双准周期函数.

4. 构造以 $D_1(z), D_2(z)$ 为乘数的广义乘法双准周期函数.

给定以 $D_1(z), D_2(z)$ 为有限阶椭圆函数, 即在基本胞腔 P 内只有有限个零点和极点, 因而可求 $\log D_j(z)$ 的单值解析分支, 任取定一枝, 令 $\alpha_j(z) = \log D_j(z)$(仍为双周期的), 构造以 $\alpha_j(z)$ 为加数的广义加法双准周期函数 $g(z)$, 再构造函数

$$f(z) = e^{g(z)}, \tag{1.2.39}$$

则 $f(z)$ 便是乘数为 $D_j(z)$ 的广义乘法双准周期函数.

第 2 章 双周期 Riemann 边值问题

2.1 关于 Weierstrass ζ 核积分的推广 Plemelj 公式

设 L_0 为一包含原点在内的简单封闭光滑曲线, 记 $\mathcal{L} \equiv L \pmod{2\omega_1, 2\omega_2}$ 为 L_0 的双周期合同曲线 (互不相交) 的并集, 这里设基本周期为 $2\omega_1, 2\omega_2$, 且 $\text{Im}\left(\dfrac{\omega_2}{\omega_1}\right) > 0$. 在 L_0 的双周期合同曲线外的多连通域记为 S^+, L_0 所围内域记为 S, L_0 所有双周期合同曲线所围的互不相接的内域的并集记为 S^-.

定义 Weierstrass ζ 核积分为

$$F(z) = \frac{1}{2\pi i} \int_{L_0} f(t)\zeta(t-z)\mathrm{d}t, \quad z \notin L_0. \tag{2.1.1}$$

这里 ζ 是以 $2\omega_1, 2\omega_2$ 为周期的 Weierstrass ζ 函数, $f(t)$ 是在 L_0 上可积的函数, L_0 的正向通常取为使 S^+ 位于 L_0 的左边的方向.

(2.1.1) 式定义的 $F(z)$, 在 S^+ 是一个分区全纯函数, 即单值解析函数 $F^+(z)$, 在 S^- 是一个分区全纯函数 $F^-(z)$, 由于 Weierstrass ζ 的加法双准周期性, 则

$$F^{\pm}(z+2\omega_1) - F^{\pm}(z) = 2\alpha_1, \quad F^{\pm}(z+2\omega_2) - F^{\pm}(z) = 2\alpha_2, \tag{2.1.2}$$

即 $F^+(z), F^-(z)$ 都是加法双准周期函数, 这里

$$2\alpha_1 = -\frac{\eta_1}{\pi i}\int_{L_0} f(t)\mathrm{d}t, \quad 2\alpha_2 = -\frac{\eta_2}{\pi i}\int_{L_0} f(t)\mathrm{d}t. \tag{2.1.3}$$

由 (2.1.3) 可得 $F^+(z)$ 和 $F^-(z)$ 是双周期函数的充要条件是

$$\int_{L_0} f(t)\mathrm{d}t = 0. \tag{2.1.4}$$

为了研究当 z 从 S^+ 或 S^- 侧趋于 L_0 上一点 t_0 时 $F(z)$ 的极限值, 即

$$\lim_{z \to t_0} F(z) = \lim_{z \to t_0} \frac{1}{2\pi i}\int_{L_0} f(t)\zeta(t-z)\mathrm{d}t, \quad t_0 \in L_0 \tag{2.1.5}$$

是否存在的问题. 由于 (2.1.1) 式中的 $\zeta(t-z)$ 可写为

$$\zeta(t-z) = \frac{1}{t-z} + \left[\zeta(t-z) - \frac{1}{t-z}\right], \tag{2.1.6}$$

由 $\zeta(z)$ 的定义并由 (2.1.5) 式知上式第二项当 z 在 L_0 上时保持正侧, 因此 (2.1.5) 的极限值是否存在直接依赖于 **Cauchy 主值积分**

$$\frac{1}{2\pi i}\int_{L_0}\frac{f(t)}{(t-t_0)}dt,\quad t_0\in L_0$$

是否存在. Cauchy 主值积分一般并不是在任何条件下都存在的, 为了保证 Cauchy 主值积分存在, 必须要求其核密度函数 $f(t)$ 满足某种条件, 通常最常用最方便的就是 **Hölder 条件**, 即

$$|f(t)-f(t_0)|\leqslant C|t-t_0|^\alpha,\quad t,t_0\in L_0, \tag{2.1.7}$$

这里 C 是一个正常数, $0<\alpha\leqslant 1$, t, t_0 是 L_0 上任意两点.

通常记 $f(t)$ 满足 Hölder 条件 (2.1.7) 为 $f(t)\in H^\alpha$.

由经典理论 (李星, 2008; 路见可, 2009; Muskhelishvili, 1992; Gakhov, 1990) 知, 当 $f(t)\in H^\alpha$, 则以 $f(t)$ 为核密度的 Cauchy 主值积分一定存在, 且成立 Plemelj 公式. 考虑到 (2.1.6) 再由 (2.1.1) 知

$$F(z)=\frac{1}{2\pi i}\int_{L_0}\frac{f(t)}{t-z}dt+\frac{1}{2\pi i}\int_{L_0}f(t)\left[\zeta(t-z)-\frac{1}{t-z}\right]dt.$$

从而由 (2.1.5) 式和经典的 Plemelj 公式我们得到关于 Weierstrass ζ 核积分的推广 Plemelj 公式

$$F^+(t_0)=\frac{1}{2}f(t_0)+\frac{1}{2\pi i}\int_{L_0}f(t)\zeta(t-t_0)dt, \tag{2.1.8}$$

$$F^-(t_0)=-\frac{1}{2}f(t_0)+\frac{1}{2\pi i}\int_{L_0}f(t)\zeta(t-t_0)dt. \tag{2.1.9}$$

该推广公式也称为**双准周期核积分的 Plemelj 公式**.

由 (2.1.1) 式的加法准周期性和其加数 (2.1.3) 式知, 上述推广的 Plemelj 公式对于 L_0 的合同曲线 $L_k\equiv L_0(\mathrm{mod}\,2\omega_1,2\omega_2)$ 上的点 $t_k\equiv t_0(\mathrm{mod}\,2\omega_1,2\omega_2)$ 依然成立, 只需在 (2.1.8), (2.1.9) 式中将 t_0 换为 t_k 便可得 $F^+(t_k)$, $F^-(t_k)$ 的表达式.

在许多应用中并不要求 L_0 是光滑封闭简单曲线, 如果 L_0 是分段光滑曲线, 即由有限条光滑弧组成的曲线, 公式 (2.1.8), (2.1.9) 仍然成立.

如果封闭曲线 L_0(以反时针向为正向) 有一角点 t_0, 在 t_0 处两条单侧切线间面向 L_0 所围内域的夹角为 θ_0(图 2.1.1). 由文献 (路见可, 2009) 关于曲线上有角点的 Cauchy 型积分的 Plemelj 公式我们类似 (2.1.8), (2.1.9) 式的推导可得如下定理.

2.1 关于 Weierstrass ζ 核积分的推广 Plemelj 公式

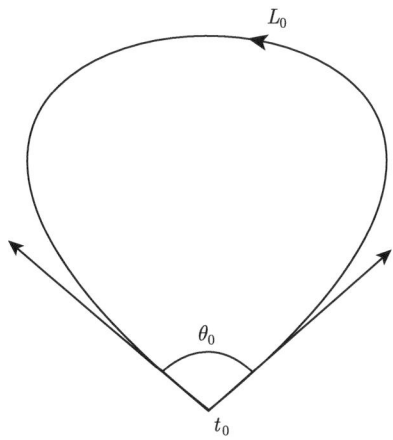

图 2.1.1 封闭曲线 L_0 有一角点 t_0

定理 2.1.1 设 L_0(及其周期合同曲线 L_k) 是分段光滑曲线, $f(t) \in H^{\alpha}$, 对任何 $t_0 \in L_0(t_k \in L_k$, 开口曲线时 t_0 不为端点), Weierstrass ζ 积分 (2.1.1) 的边值存在, 且有下列**广义的 Plemelj 公式**

$$F^+(t_0) = \left(1 - \frac{\theta_0}{2\pi}\right)f(t_0) + \frac{1}{2\pi i}\int_{L_0} f(t)\zeta(t-t_0)dt, \qquad (2.1.10)$$

$$F^-(t_0) = -\frac{\theta_0}{2\pi}f(t_0) + \frac{1}{2\pi i}\int_{L_0} f(t)\zeta(t-t_0)dt, \qquad (2.1.11)$$

其中 $F^+(t_0)$ 与 $F^-(t_0)$ 表示 (2.1.1) 式中的 $F(z)$ 当 z 分别从 L_0 的正侧与负侧趋于 t_0 时的极限值, 而 θ_0 是 L_0 在 t_0 处的两单侧切线在 L_0 正侧所张的角 ($0 \leqslant \theta_0 \leqslant 2\pi$).

注意, 即使 t_0 处有一尖角或 t_0 为一尖点 ($\theta_0 = 0$ 或 2π), 上述公式仍成立.

$$F(z) = \frac{1}{2\pi i}\int_{L_0} f(t)[\zeta(t-z) - \zeta(z)]dt, \quad z \notin L_0. \qquad (2.1.1)'$$

通常在实际应用中还经常用到双周期核积分的 Plemelj 公式, 由于双准周期函数 $\zeta(t-z)$ 加上 $\zeta(z)$ 后的函数 $\zeta(t-z) + \zeta(z)$ 便是一个关于变量 z 的双周期函数, 用积分 $(2.1.1)'$ 代替积分 (2.1.1), 类似上述过程, 相应于双准周期核积分的 Plemelj 公式 $(2.1.8)\sim(2.1.11)$, 可以得到**双周期核积分的 Plemelj 公式**:

$$F^+(t_0) = \frac{1}{2}f(t_0) + \frac{1}{2\pi i}\int_{L_0} f(t)[\zeta(t-t_0) + \zeta(t_0)]dt, \qquad (2.1.12)$$

$$F^-(t_0) = -\frac{1}{2}f(t_0) + \frac{1}{2\pi i}\int_{L_0} f(t)[\zeta(t-t_0) + \zeta(t_0)]dt. \qquad (2.1.13)$$

当 t_0 点是角点时, **双周期核积分的推广 Plemelj 公式**为

$$F^+(t_0) = \left(1 - \frac{\theta_0}{2\pi}\right)f(t_0) + \frac{1}{2\pi i}\int_{L_0} f(t)[\zeta(t-t_0) + \zeta(t_0)]dt, \qquad (2.1.14)$$

$$F^-(t_0) = -\frac{\theta_0}{2\pi}f(t_0) + \frac{1}{2\pi i}\int_{L_0} f(t)[\zeta(t-t_0) + \zeta(t_0)]dt, \quad (2.1.15)$$

其中 θ_0 是 L_0 在角点 t_0 处的两单侧切线在 L_0 正侧所张的角 $(0 \leqslant \theta_0 \leqslant 2\pi)$.

2.2 封闭曲线上的双周期 Riemann 边值问题

设 L_0 为基本胞腔 P_{00} 内部的一条光滑封闭曲线, 且已取定逆时针向为其正向 (图 2.2.1).

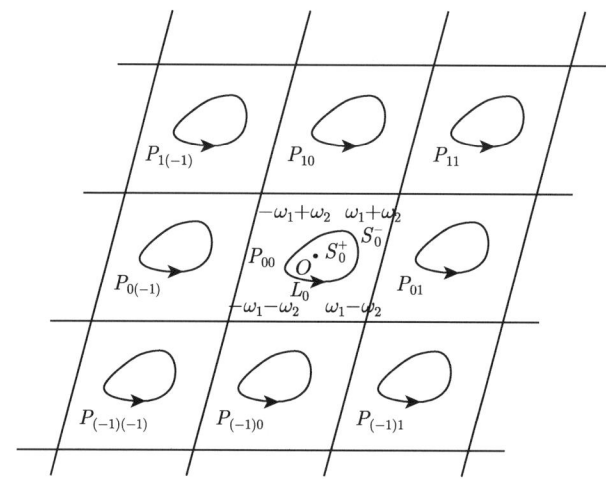

图 2.2.1 双周期分布光滑封闭曲线

设原点 O 位于 L_0 所围内域 S_0^+ 中, 并记 $S_0^- = P_{00} - \overline{S_0^+}$, S_0^+ 及其周期合同区域的并集记为 S^+, L_0 及其同周期合同曲线的并集记为 L, $\overline{S^+}$ 的余集记为 S^-.

双周期 Riemann 边值问题的提法是寻求一双周期分区解析函数 $\Phi(z)$, 以 L 为跳跃曲线, 满足

$$\Phi^+(t) = G(t)\Phi^-(t) + g(t), \quad t \in L, \quad (2.2.1)$$

这里 $G(t) \in H$, $g(t) \in H$, 都是 L 上的双周期函数. 当 $G(t) \neq 0$ 时称为正则型的, 当 $G(t)$ 有零点时称为非正则型的. 通常情况主要研究正则型的, 关于**非正则型双周期 Riemann 边值问题**的提法和解法见文献 (林玉波, 1986; 郑可, 1987).

更一般, 当 $G(t), g(t)$ 在 L_0 上的 $C_k(k=1,2,\cdots,n)$ 处具有间断点的情况, 即**具有间断系数的双周期 Riemann 边值问题**的提法和解法见文献 (李星, 1988a).

另外, 还可推广 Li(1997) 的方法研究某种类型的**双周期 Reimann 边值逆 (反) 问题**.

2.2.1 双周期 Riemann 边值跳跃问题的提法和解法

为求解正则型双周期 Riemann 边值问题, 先求解实际应用中经常遇到的**双周期 Riemann 边值跳跃问题**, 即边值条件 (2.2.1) 简化为

$$\Phi^+(t) = \Phi^-(t) + g(t), \quad t \in L. \tag{2.2.2}$$

与经典的 Riemann 边值跳跃问题的求解过程对照, 此时关键是要有相当于 Cauchy 核的双周期核, 它应与 $\dfrac{1}{t-z}$ 相类似, 在 $t=z$ 处有一阶极点且留数为 1. 函数 $\zeta(t-z)$ 有此性质, 但只是双准周期而不是双周期的, 而函数 $\zeta(t-z)+\zeta(z)$ 在 $t=z$ 处有一阶极点, 留数为 1, 且关于变量 z 是双周期, 满足了我们求解双周期 Riemann 边值跳跃问题的要求, 只是又在 $z=0$ 处出现了单极点, 但这在求解过程中不难处理.

通常将允许 $\Phi(z)$ 在 $z=0$ 处至多有 m 阶称为在 R_m 中求解. 分 $m>0, m=0, m<0$ 三种情况讨论.

① 当 $m>0$ 时, 令

$$\Psi(z) = \frac{1}{2\pi i} \int_{L_0} g(t)[\zeta(t-z)+\zeta(z)] dt, \quad z \notin L, \tag{2.2.3}$$

由关于双周期核积分的 Plemelj 公式 (2.1.12), (2.1.13) 知

$$\Psi^\pm(t_0) = \pm\frac{1}{2}g(t_0) + \frac{1}{2\pi i}\int_{L_0} g(t)[\zeta(t-t_0)+\zeta(t_0)]dt, \quad t_0 \in L, \tag{2.2.4}$$

从而

$$\Psi^+(t) = \Psi^-(t) + g(t), \quad t \in L. \tag{2.2.5}$$

对照 (2.2.2) 和 (2.2.5) 式, 令

$$F(z) = \Phi(z) - \Psi(z), \tag{2.2.6}$$

于是 $F(z)$ 是一双周期解析函数, 不再以 L 为跳跃曲线. 由于 $\Psi(z)$ 在 $z=0$ 处最多有一阶极点, 而 $m>0$, 故 $F(z)$ 是一个至多为 m 阶的椭圆函数, 且在 P_{00} 中只有 $z=c$ 为极点. 当 $m=1$ 时由第 1 章定理 1.1.1, $F(z)$ 退化为常数. 当 $m>1$ 时, 由 (1.2.30) 式知 $F(z)$ 必有形式

$$F(z) = C_0 + C_1 \zeta'(z) + \cdots + C_{m-1} \zeta^{(m-1)}(z), \tag{2.2.7}$$

这里 $C_0, C_1, \cdots, C_{m-1}$ 是任意 (负) 常数.

综上, 当 $m=1$ 时, 满足边值条件 (2.2.2) 的双周期 Riemann 边值跳跃问题的一般解为

$$\Phi(z) = \frac{1}{2\pi i} \int_{L_0} g(t)[\zeta(t-z) + \zeta(z)]dt + C_0. \tag{2.2.8}$$

当 $m>1$ 时, 满足边值条件 (2.2.2) 的双周期 Riemann 边值跳跃问题的一般解为

$$\Phi(z) = \frac{1}{2\pi i} \int_{L_0} g(t)[\zeta(t-z) + \zeta(z)]dt + C_0 + C_1\zeta'(z) + \cdots + C_{m-1}\zeta^{(m-1)}(z). \tag{2.2.9}$$

② 当 $m=0$ 时, 这时 $F(z)$ 在 $z=0$ 处至多有一阶极点, 又由第 1 章定理 1.1.1 知 $F(z)=$C, 于是由 (2.2.6) 式知, 此时的一般解为

$$\Phi(z) = \frac{1}{2\pi i} \int_{L_0} g(t)[\zeta(t-z) + \zeta(z)]dt + C_0. \tag{2.2.10}$$

但我们要求在 R_0 中求解, 即要求 $\Phi(0)$ 有限, 于是必须要求

$$\frac{1}{2\pi i} \int_{L_0} g(t)dt = 0. \tag{2.2.11}$$

事实上 (2.2.11) 也是充分条件.

综上, 当 $m=0$ 时, 双周期 Riemann 边值跳跃问题当且仅当 (2.2.11) 满足时才可解, 且一般解为

$$\Phi(z) = \frac{1}{2\pi i} \int_{L_0} g(t)\zeta(t-z)dt + C_0. \tag{2.2.12}$$

③ 当 $m<0$ 时, 条件 (2.2.11) 仍为可解的必有条件, 但为了保证 $\Phi(z)$ 在 $z=0$ 处至少有 $-m$ 阶零点即至少一阶零点, 还必须满足 $\Phi(0)=0$, 即

$$C_0 = -\frac{1}{2\pi i} \int_{L_0} g(t)dt. \tag{2.2.13}$$

当 $m<-1$ 时, 还必须满足

$$\frac{1}{2\pi i} \int_{L_0} g(t)\zeta^k(t)dt = 0, \quad k=1,2,\cdots,-m-1. \tag{2.2.14}$$

综上, 当 $m=-1$ 时, 当且仅当可解条件 (2.2.11) 和 (2.2.13) 满足时才有解, 且有唯一解

$$\Phi(z) = \frac{1}{2\pi i} \int_{L_0} g(t)[\zeta(t-z) - \zeta(z)]dt. \tag{2.2.15}$$

当 $m<-1$ 时, 还要满足可解条件 (2.2.14) 才有解, 且有唯一解 (2.2.15).

2.2.2 封闭曲线上的双周期 Riemann 边值问题的解法

我们在 R_m 中求解满足边值条件 (2.2.1) 的封闭曲线上的双周期 Riemann 边值问题. 类似求解经典的非周期 Riemann 边值问题, 定义 (路见可, 2009; Gakhov, 1990; Muskhelishvili, 1992)

$$\kappa = \mathrm{Ind}_{L_0} G(t) = \frac{1}{2\pi}[\arg G(t)]_{L_0} \tag{2.2.16}$$

为问题的指标. 为了保证双周期性, 此时构造二阶椭圆函数

$$\mu(z) = \frac{\sigma(z)\sigma(z-\omega_1-\omega_2)}{\sigma(z-\omega_1)\sigma(z-\omega_2)}, \tag{2.2.17}$$

其在 S_0^+ 内有唯一的一阶零点 $z=0$ 而无极点, 故 $\mathrm{Ind}_{L_0}\mu(t) = 1$. 令

$$G_*(t) = G(t)\mu^{-\kappa}(t), \tag{2.2.18}$$

则 $\mathrm{Ind}_{L_0} G_*(t) = 0$. 于是可令

$$\Phi_*(z) = \begin{cases} \Phi(z)\mu^{-\kappa}(z), & z \in S^+, \\ \Phi(z), & z \in S^-, \end{cases} \tag{2.2.19}$$

则 $\Phi_*(z)$ 便是分区解析的双周期函数, 此时在 $z=0$ 处至多有 $\kappa + m$ 阶. 由 $\Phi(z)$ 满足的边值条件 (2.2.1) 可得 $\Phi_*(z)$ 满足的边值条件

$$\Phi_*^+(t) = G_*(t)\Phi^-(t) + g_*(t), \quad t \in L, \tag{2.2.20}$$

其中 $g_*(t) = g(t)\mu^{-\kappa}(t)$.

类似求解经典 Riemann 边值问题, 此时需设法构造出双周期的类似典则函数. 首先, 令

$$\varGamma(z) = \frac{1}{2\pi\mathrm{i}}\int_{l_0}[\log G_*(t)]\zeta(t-z)\mathrm{d}t, \quad z \notin L, \tag{2.2.21}$$

$$X_*(z) = \mathrm{e}^{\varGamma(z)}, \tag{2.2.22}$$

则

$$X_*^+(t) = G_*(t)X_*^-(t).$$

但遗憾的是 $X_*(t)$ 一般不是双周期的, 而仅是乘法双准周期的, 即

$$X_* = (z + 2w_j) = \mathrm{e}^{-2\eta_j \mathrm{G}_*} X_*(z), \quad j = 1, 2,$$

这里已令

$$\mathrm{G}_* = \frac{1}{2\pi\mathrm{i}}\int_{L_0}\log G_*(t)\mathrm{d}t. \tag{2.2.23}$$

构造函数
$$h(z) = \frac{\sigma(z)}{\sigma(z - G_*)}, \qquad (2.2.24)$$

易验证
$$h(z + 2w_j) = e^{2\eta_j G_*} h(z), \quad j = 1, 2.$$

于是构造出新函数
$$X_1(z) = h(z) X_*(z)$$

便是双周期的, 且仍满足边界条件
$$X_1^+(t) = G_*(t) X_1^-(t).$$

因此, 边值条件 (2.2.1) 便定义为
$$\frac{\Phi_*^+(t)}{X_1^+(t)} = \frac{\Phi_*^-(t)}{X_1^-(t)} + \frac{g_*(t)}{X_1^+(t)}. \qquad (2.2.25)$$

不失一般性, 可设 G_* 不在 L 上, 但需分以下两种情况讨论.

1. 设 G_* 等于某个周期, 即
$$G_* = 2k_1\omega_1 + 2k_2\omega_2,$$

其中 k_1, k_2 为某二整数. 这时 (可能相差一常数非零因子)
$$h(z) = \exp\{2(k_1\eta_1 + k_2\eta_2)z\}.$$

而 $X_1(z)$ 在 $z = 0$ 处至多为零阶, 所以函数 $\dfrac{\Phi_*(z)}{X_1(z)}$ 是分区解析的双周期函数, 在 $z = 0$ 处至多为 $\kappa + m$ 阶, 于是由上小节双周期 Riemann 边值问题的解可知:

当 $\kappa + m > 0$ 时, 满足边值条件的 Riemann 边值问题的一般解为
$$\Phi_*(z) = \frac{X_1(z)}{2\pi i} \int_{L_0} \frac{g_*(t)}{X_1^+(t)} [\zeta(t - z) + \zeta(z)] dt$$
$$+ X_1(z)[C_0 + C_1 \zeta'(z) + \cdots + C_{\kappa+m-1} \zeta^{(\kappa+m-1)}(z)],$$

此处记 $\zeta^0(z) = 1, C_0, C_1, \cdots, C_{\kappa+m-1}$ 为任意常数.

返回到满足边值条件 (2.2.1) 的 Riemann 边值问题, 则其一般解表示为
$$\Phi(z) = \frac{X(z)}{2\pi i} \int_{L_0} \frac{g(t)}{X^+(t)} [\zeta(t - z) + \zeta(z)] dt$$
$$+ X(z)[C_0 + C_1 \zeta'(z) + \cdots + C_{\kappa+m-1} \zeta^{(\kappa+m-1)}(z)], \qquad (2.2.26)$$

2.2 封闭曲线上的双周期 Riemann 边值问题

其中已定义

$$X(z) = \begin{cases} \mu^\kappa(z) h(z) e^{\Gamma(z)}, & z \in S^+, \\ h(z) e^{\Gamma(z)}, & z \in S^-. \end{cases} \tag{2.2.27}$$

当 $\kappa + m = 0$ 时, 可解条件为

$$\frac{1}{2\pi i} \int_{L_0} \frac{g(t)}{X^+(t)} = 0, \tag{2.2.28}$$

一般解为

$$\Phi(z) = \frac{X(z)}{2\pi i} \int_{L_0} \frac{g(t)}{X^+(t)} \zeta(t-z) \mathrm{d}t + \mathrm{C} X(z), \tag{2.2.29}$$

其中 C 为任意常数.

当 $\kappa + m = -1$ 时, 可解条件仍为 (2.2.28), 此时有唯一解

$$\Phi(z) = \frac{X(z)}{2\pi i} \int_{L_0} \frac{g(t)}{X^+(t)} [\zeta(t-z) - \zeta(t)] \mathrm{d}t. \tag{2.2.30}$$

当 $\kappa + m < -1$ 时, 可解条件除 (2.2.28) 外, 还有

$$\frac{1}{2\pi i} \int_{L_0} \frac{g(t)}{X^+(t)} \zeta^{(k)}(t) \mathrm{d}t = 0, \quad k = 1, 2, \cdots, -\kappa - m - 1, \tag{2.2.31}$$

此时有唯一解 (2.2.30).

2. 设 G_* 不等于任何周期.

令 G_0 是位于周期基本胞腔 P_{00} 中与 G_* 周期合同者, 即

$$G_0 \equiv G_* \pmod{2\omega_1, 2\omega_2}.$$

所以 $G_0 \neq 0$. 由 (2.2.24) 知 $h(z)$ 在 P_{00} 中有唯一的一阶零点 $z = 0$ 与唯一的一阶极点 $z = G_0$. 此时 $X_1(z)$, 仍为双周期的, 其零点与极点在 P_{00} 中与 $h(z)$ 相同, 于是满足边值条件 (2.2.1) 的问题仍然成为满足边值条件 (2.2.25) 的问题, 只不过此时函数 $\dfrac{\Phi_*(z)}{X_1(z)}$ 在 $z = 0$ 处至多为 $\kappa + m + 1$ 阶, 且以 $z = G_*, z = G_0$ 为零点.

仍以 (2.2.27) 定义 $X(z)$, 则满足边值条件 (2.2.1) 的双周期 Riemann 边值问题的一般解:

当 $\kappa + m + 1 > 0$ 时,

$$\Phi(z) = \frac{X(z)}{2\pi i} \int_{L_0} \frac{g(t)}{X^+(t)} [\zeta(t-z) + \zeta(z)] \mathrm{d}t + X(z)[C_0 + C_1 \zeta'(z) + \cdots + C_{\kappa+m} \zeta^{(\kappa+m)}(z)],$$

但为了保证 $\dfrac{\varPhi_*(z)}{X_1(z)}$ 以 G_0 为零点, 即 $\varPhi(G_0)$ 有限, 必须且只须

$$\frac{1}{2\pi\mathrm{i}}\int_{L_0}\frac{g(t)}{X^+(t)}[\zeta(t-G_0)+\zeta(G_0)]\mathrm{d}t+C_0+C_1\zeta'(G_0)+\cdots+C_{\kappa+m}\zeta^{(\kappa+m)}(G_0)=0.$$

于是原问题的一般解为

$$\begin{aligned}\varPhi(z)=&\frac{X(z)}{2\pi\mathrm{i}}\int_{L_0}\frac{g(t)}{X^+(t)}[\zeta(t-z)+\zeta(z)-\zeta(t-G_0)-\zeta(G_0)]\mathrm{d}t\\&+X(z)\{C_1[\zeta'(z)-\zeta'z(G_0)]+\cdots+C_{\kappa+m}[\zeta^{(\kappa+m)}(z)-\zeta^{(\kappa+m)}(G_0)]\},\end{aligned}$$
(2.2.32)

这里 $C_0,C_1,\cdots,C_{\kappa+m}$ 为任意常数.

当 $\kappa+m+1=0$ 时, 可解条件仍为 (2.2.28), 只是为了保证 $\varPhi(G_0)$ 有限, 还须满足

$$\frac{1}{2\pi\mathrm{i}}\int_{L_0}\frac{g(t)}{X^+(t)}\zeta(t-G_0)\mathrm{d}t+\mathrm{C}=0,$$

从而, 此时有唯一解

$$\varPhi(z)=\frac{X(z)}{2\pi\mathrm{i}}\int_{L_0}\frac{g(t)}{X^+(t)}[\zeta(t-z)-\zeta(t-G_0)]\mathrm{d}t. \tag{2.2.33}$$

当 $\kappa+m=-1$ 时, 即 $\kappa+m=-2$ 时, 可解条件 (2.2.28) 仍为必要, 而且连续,

$$\frac{1}{2\pi\mathrm{i}}\int_{L_0}\frac{g(t)}{X^+(t)}[\zeta(t-G_0)-\zeta(t)]\mathrm{d}t=0 \tag{2.2.34}$$

才能保证 $\varPhi(G_0)$ 有限. 当可解条件 (2.2.28) 和 (2.2.34) 满足时, 原问题有唯一解 (2.2.33).

当 $\kappa+m+1<-1$ 时, 即 $\kappa+m<-2$ 时, 除 (2.2.28), (2.2.34) 外, 可解条件还有

$$\frac{1}{2\pi\mathrm{i}}\int_{L_0}\frac{g(t)}{X^+(t)}\zeta^{(k)}(t)\mathrm{d}t=0,\quad k=1,2,\cdots,-\kappa-m-2. \tag{2.2.35}$$

这三个可解条件都满足时, 原问题有唯一解 (2.2.33).

综上, 我们在各种情况下完全求解了封闭曲线上的双周期 Riemann 边值问题. 还可研究**带位移的双周期 Riemann 边值问题**(利特温秋克, 1982; 郑可, 1986).

2.3 封闭曲线上的加法双准周期 Riemann 边值问题

区域、边界及其记号等同于 2.2 节, 于是**双准周期 Riemann 边值问题**的提法是: 寻求一双准周期分区解析函数 $\varPhi(z)$, 以 L 为跳跃曲线, 且满足

$$\varPhi^+(t)=G(t)\varPhi^-(t)+g(t),\quad t\in L, \tag{2.3.1}$$

2.3 封闭曲线上的加法双准周期 Riemann 边值问题

这里 $G(t), g(t)$ 为 L 上已知的双准周期函数, 满足 Hölder 条件.

由于本书后续部分只用到加法双准周期 Riemann 边值问题, 而未用到乘法双准周期 Riemann 边值问题, 所以本节主要讨论前者的解法, 后者的解法见文献 (路见可, 1981, 1986). 由边界条件 (2.3.1) 易见, 对于加法双准周期 Riemann 边值问题而言, 除平凡情况 (加数 $g_1 = g_2 = 0$, 即双周期情况) 外, $G(t) = $ G 只能是一个常数, 即边界条件 (2.3.1) 只能是

$$\Phi^+(t) = G\Phi^-(t) + g(t), \quad t \in L, \tag{2.3.2}$$

其中常数 G$\neq 0, g(t) \in H$ 为加法双准周期函数, 加数为 g_1, g_2. 此时, 要求 $\Phi(z)$ 是加法双准周期的, 并且分区全纯. 为讨论简便, 不妨只在 R_0 中求解, 即要求 $\Phi(z)$, 在 $S^\pm$ 内均无奇点.

不失一般性, 对于边界条件 (2.3.2), 可认为常数 G$= 1$, 否则, 可将 $G\Phi^-(z)$ 令为新的 $\Phi^-(z)$ (因为 $\Phi^+(z)$ 的加数可与 $\Phi^-(z)$ 的加数不一样).

用记号 $[z]_0$ 表示 z 关于模 $2\omega_1, 2\omega_2$ 在周期胞腔 P 中的合同点, 并记 $g([t]_0) = g_0(t)$, 则 $g_0(t)$ 为双周期的.

又若令

$$\Phi_0(z) = \begin{cases} \Phi_0^+(z) - mg_1 - ng_2, & z \in [z]_0 + 2m\omega_1 + 2n\omega_2 \in S^+, \\ \Phi_0^-(z), & z \in S^-, \end{cases}$$

则有

$$\Phi^+_0(t) = \Phi^-_0(t) + g_0(t), \quad t \in L, \tag{2.3.3}$$

且 $\Phi_0(z)$ 仍分区全纯, 是加法双准周期的, 这时 $\Phi_0^\pm(z)$ 的加数相同.

由关于 Weierstrass ζ 核积分的推广 Plemelj 公式 (2.1.8), (2.1.9) 知

$$G_0(z) = \frac{1}{2\pi i} \int_{L_0} g_0(t)\zeta(t-z)\mathrm{d}t, \quad z \notin L \tag{2.3.4}$$

满足

$$G_0^+(t) = G_0^-(t) + g_0(t), \quad t \in L. \tag{2.3.5}$$

由 (2.3.3) 和 (2.3.4) 两式相减得

$$\Phi_0^+(t) - G_0^+(t) = \Phi_0^-(t) - G_0^-(t).$$

于是函数

$$\Psi_0(z) = \Phi_0(z) - G_0(z) \tag{2.3.6}$$

不再以 L 为跳跃, 且无奇点, 仍为加法双准周期的, 由第 1 章知

$$\Psi_0(z) = C_0 + C_1 z,$$

其中 C_0, C_1 为任意常数, 于是由 (2.3.6), 并考虑到 (2.3.4) 知

$$\Phi_0(z) = C_0 + C_1 z + \frac{1}{2\pi i} \int_{L_0} g(t)\zeta(t-z)\mathrm{d}t, \quad z \notin L.$$

最后得其在 R_0 中的解为

$$\Phi(z) = \begin{cases} C_0 + mg_1 + ng_2 + C_1 z + \dfrac{1}{2\pi i} \displaystyle\int_{L_0} g(t)\ \zeta(t-z)\mathrm{d}t, \\ \qquad\qquad\qquad\qquad\qquad z = [z]_0 + 2m\omega_1 + 2n\omega_2 \in S^+, \\ C_0 + C_1 z + \dfrac{1}{2\pi i} \int_{L_0} g(t)\zeta(t-z)\mathrm{d}t, \quad z \in S^-. \end{cases}$$

(2.3.7)

还可推广到具有**间断系数的双准周期 Riemann 边值问题**的研究 (李星, 1988a).

关于**正则型和非正则型乘法双准周期 Riemann 边值问题**的提法和解法见文献 (林玉波, 1986, 1987). 另外还可推广到**加乘法双准周期 Riemann 边值问题**(张红星, 1993).

2.4 开口弧段上的双周期 Riemann 边值问题

2.3 节讨论了封闭曲线上的双周期 Riemann 边值问题, 本节给出开口弧段上的双周期 Riemann 边值问题的提法和解法, 其他记号同 2.3 节, 只是将封闭光滑曲线 L_0 换为开口弧段 $L_0 = \overset{\frown}{ab}$, L_0 的正方向取定自 a 到 b 的方向为正向. 基本胞腔 P_{00} 除去 L_0 后的区域记为 S_0, L_0 及其所有同期合同曲线的并集记为 L, 全平面除去 L 后的区域记为 S.

开口弧段上的双周期 Riemann 边值问题就是寻求以 L 为跳跃曲线的双周期解析函数 $\Phi(z)$, 使其满足边值条件

$$\Phi^+(t) = G(t)\Phi^-(t) + g(t), \quad t \in L, \tag{2.4.1}$$

其中在 L 上 $G(t) \in H$, $g(t) \in H$, 都是已知的双周期函数, $G(t) \neq 0$; 在 L_0 的端点附近要求

$$|\Phi(z)| \leqslant K|z-c|^{-\mu}, \quad 0 \leqslant \mu < 1, \quad K > 0, \quad c = a \text{ 或 } b, \tag{2.4.2}$$

即在 h_0 解类中求解; 也可类似地考虑解类 $h_2 = h(a,b)$, 即要求在 $z = a$ 与 b 附近都有界, 或解类 $h(a)$, 即要求在 $z = a$ 附件有界, 在 $z = b$ 附件允许无界但有可积

2.4 开口弧段上的双周期 Riemann 边值问题

奇异性, 或解类 $h(b)$, 即要求在 $z = b$ 附件有界, 在 $z = a$ 附件允许无界但有可积奇异性. 此外, 还要求: 或者 $\Phi(z)$ 在 S 中处处正则, 记为问题 R_0, 若允许 $\Phi(z)$ 在 $z = 0$ 处可以有一阶极点, 则记为 R_1, 也可类似考虑更一般的情况 $R_m(m > 1)$.

不失一般性, 我们假定 $0 \notin L_0$. 设 $\log G(t)$ 已取定一支, 使

$$-\frac{1}{2\pi i}\log G(a) = \alpha_a + i\beta_a, \quad -1 < \alpha_a \leqslant 0,$$

并设

$$\frac{1}{2\pi i}\log G(b) = \alpha_b + i\beta_b,$$

则取使得 $-1 < \alpha_b - \kappa \leqslant 0$ 成立的唯一整数 κ 为问题在 h_0 解类中指标.

若记

$$\gamma(z) = \frac{1}{2\pi i}\int_{L_0}\log G(t)\zeta(t-z)\mathrm{d}t, \quad z \notin L, \tag{2.4.3}$$

则在端点 c (或为 a 或为 b) 附近

$$\mathrm{e}^{\gamma(z)} = (z-c)^{\alpha_c + i\beta_c}\Omega_c(z),$$

其中 α_c 或为 α_a 或为 α_b, β_c 类似, $\Omega_c(z)$ 在 $z = c$ 用 L_0 剖开后的邻域内全纯. 且 $\Omega_c(z) \neq 0$, 于是

$$|\mathrm{e}^{\gamma(t)}| \leqslant M|z-c|^{\alpha_c}.$$

由于

$$\mathrm{e}^{\gamma(z+2w_j)} = \mathrm{e}^{-2\eta_j G}\mathrm{e}^{\gamma(z)}, \quad j = 1,2,$$

其中, $G = \frac{1}{2\pi i}\int_{L_0}\log G(t)\mathrm{d}t$, 所以 $\mathrm{e}^{\gamma(t)}$ 一般情况下是乘法双准周期的, 当且仅当

$$\eta_j G = k_j \pi i, \quad k_j 为整数, \quad j = 1,2 \tag{2.4.4}$$

时才是双周期的.

利用关系式 (1.2.13) 可以证明

引理 2.4.1 当且仅当

$$\frac{\eta_1}{\eta_2} = \frac{k_1}{k_2}, \quad G = 2k_1\omega_2 - 2k_2\omega_1$$

时 (2.4.4) 成立, 即 $\mathrm{e}^{\gamma(t)}$ 是双周期的; 又若 $G = 2L_2\omega_1 + 2L_1\omega_2$, 而 $\eta_j G = k_j\pi i$, 则必 $L_1 = k_1, L_2 = -k_2$, 其中 $k_j, L_j(j=1,2)$ 都为整数.

积分

$$\Psi(z) = \int_{L_0}(t-c)^r\phi(t)\zeta(t-z)\mathrm{d}t, \quad z \notin L \tag{2.4.5}$$

以后会遇到, 其中 $\Phi(t) \in H, c = a$ 或 b, γ 为一正整数, 给出关于它的引理.

引理 2.4.2 由 (2.4.5) 定义的 $\Psi(z)$, 当且仅当

$$\int_{L_0} (t-c)^r \phi(t)\zeta^{(s)}(t-c)\mathrm{d}t = 0, \quad s=0,1,\cdots,r-1 \tag{2.4.6}$$

成立时, $\Psi(z)$ 在 $z=c$ 处至少有几乎 r 阶的零点 (即在 $z=c$ 附近, $\Psi(z) = (z-c)^{r-\epsilon}\widetilde{\Psi}(z)$, 其中 $\epsilon > 0$ 可任意小, $\widetilde{\Psi}(z)$ 有界).

如果 $c \in L_0$ 不是端点, 则 $\Psi(z)$ 在 $z=c$ 处至少有 r 阶零点.

该引理的证明见文献 (路见可, 1980). 类似地有引理

引理 2.4.3 函数

$$\Phi(z) = \int_{L_0} (t-c)^r \phi(t)[\zeta(t-z) + \zeta(z)]\mathrm{d}t \tag{2.4.7}$$

在 $z=c$ 处至少有几乎 r 阶零点, 当且仅当

$$\int_{L_0} (t-c)^r \phi(t)\zeta^{(s)}(t-c)\mathrm{d}t = (-1)^{s+1}\zeta^{(s)}(c)\int_{L_0}(t-c)^r\phi(t)\mathrm{d}t, \quad s=0,1,\cdots,r-1. \tag{2.4.8}$$

如果 $c \in L_0$ 不是端点, 则 $\Phi(z)$ 在 $z=c$ 处至少有 r 阶零点.

我们首先考虑开口弧段上的**双周期齐次 Riemann 边值问题**的求解, 即满足边值条件

$$\Phi^+(t) = G(t)\Phi^-(t), \quad t \in L \tag{2.4.9}$$

的齐次问题的求解.

1. 设 (2.4.4) 成立, 由引理 2.4.1 知

$$G \equiv 0(\mathrm{mod}\, 2\omega_1, 2\omega_2). \tag{2.4.10}$$

设 $\Phi(z)$ 为满足条件 (2.4.9) 的双周期解, 则 $\Phi(z)\mathrm{e}^{-\gamma(z)}$ 不再以 L 为跳跃曲线. 考虑到 $\mathrm{e}^{\gamma(z)}$ 在 $z=a$ 处有不到一阶的奇异性, 而在 $z=b$ 处有 $(z-b)^{-\alpha_b}$ 的因子. 可分几种情况讨论.

① 设 $\kappa = 0$. 此时 $\Phi(z)\mathrm{e}^{-\gamma(z)}$ 在 a,b 处不含有达到一阶的奇异性. 由椭圆函数性质知, 满足边值条件 (2.4.9) 的齐次问题在 R_0 或 R_1 中都有一般解

$$\Phi(z) = C\mathrm{e}^{\gamma(z)}, \tag{2.4.11}$$

其中 C 为任意常数.

② 设 $\kappa = 1$. 在 R_0 中求解时, $\Phi(z)\mathrm{e}^{-\gamma(z)}$ 在 a,b 处也不含有达到一阶的奇异性, 其一般解仍为 (2.4.11). 但在 R_1 中求解时, $\Phi(z)\mathrm{e}^{-\gamma(z)}$ 在 $z=0$ 与 $z=b$ 处有单极点, 故其一般解为

$$\Phi(z) = \mathrm{e}^{\gamma(z)}\{C_0 - C_1[\zeta(z) + \zeta(z-b)]\}. \tag{2.4.12}$$

③ 设 $\kappa > 1$. 此时 $\Phi(z)\mathrm{e}^{-\gamma(z)}$ 在 $z = b$ 处可以有 κ 阶奇异性, 则满足边值条件 (2.4.9) 的双周期齐次 Riemann 边值问题在 R_0 中有一般解

$$\Phi(z) = \mathrm{e}^{\gamma(z)}[C_0 + C_1\zeta'(z-b) + \cdots + C_{\kappa-1}\zeta^{(\kappa-1)}(z-b)]. \tag{2.4.13}$$

而在 R_1 中有一般解

$$\Phi(z) = \mathrm{e}^{\gamma(z)}\{C_0 + C_1[\zeta(z-b) - \zeta(z)] + C_2\zeta'(z-b) + \cdots + C_\kappa\zeta^{(\kappa-1)}(z-b)\}. \tag{2.4.14}$$

④ 设 $\kappa < 0$. 此时 $\Phi(z)\mathrm{e}^{-\gamma(z)}$ 至多只有一个单极点, 且以 $z = b$ 为零点, 所以在 R_0 或 R_1 中都只有零解.

2. 设 (2.4.4) 不成立, 由引理 2.4.1 知 $G \neq 0$.

① 设 $\kappa = 0$. 当 $G \equiv 0 (\mathrm{mod}\, 2\omega_1, 2\omega_1)$ 时, 令

$$h(z) = \frac{\sigma(z)}{\sigma(z - G)}, \quad X(z) = h(z)\mathrm{e}^{\gamma(z)}. \tag{2.4.15}$$

$X(z)$ 可起典则函数的作用, 只是在 $z = a, b$ 处分别有不到一阶的奇异性. $h(z)$ 是一整函数, 忽略一个非零常数因子后,

$$h(z) = \exp\{2(L_1\eta_1 + L_2\eta_2)z\}, \tag{2.4.16}$$

其中 L_1, L_2 由 $G = 2L_1\omega_1 + 2L_2\omega_2$ 决定. 因此满足边值条件 (2.4.4) 的双周期齐次 Riemann 边值问题在 R_0 或 R_1 中都有一般解

$$\Phi(z) = Ch(z)\mathrm{e}^{\gamma(z)}. \tag{2.4.17}$$

当 $G \neq 0$. 先考虑在 R_1 中求解, 此时用

$$\widetilde{h(z)} = \frac{\sigma(z+G)}{\sigma(z)}, \quad \widetilde{X(z)} = \widetilde{h(z)}\mathrm{e}^{\gamma(z)} \tag{2.4.18}$$

代替 (2.4.15) 式. 于是 $\Phi(z)/\widetilde{X(z)}$ 就是至多以 $z = -G$ 为一阶极点的椭圆函数, 由椭圆函数性质知只能是常数, 所以该问题在 R_1 中有一般解

$$\Phi(z) = C\mathrm{e}^{\gamma(z)}\frac{\sigma(z+G)}{\sigma(z)}. \tag{2.4.19}$$

由于 R_0 中的解必在 R_1 中, 由上式可知, 此时只有零解.

② 设 $\kappa \neq 0$. 此时可令

$$h_d(z) = \frac{\sigma(z-d)}{\sigma(z-b)}, \quad d = b - \frac{G}{\kappa}, \tag{2.4.20}$$
$$X_d(z) = [h_d(z)]^\kappa \mathrm{e}^{\gamma(z)}.$$

当 $d \not\equiv b$ 即 $\dfrac{G}{\kappa} \not\equiv 0$ 时, 可分别考虑 κ 的几种取值情况.

1) 设 $\kappa = 1$. 当 $d \not\equiv 0$, 在 R_1 中求解时, $\Phi(z)/X_d(z)$ 在 $z = 0$ 和 $z = d$ 处都有一阶极点, 所以该问题在 R_1 中有一般解

$$\Phi(z) = e^{\gamma(z)}\{C_0 + C_1[\zeta(z) - \zeta(z-d)]\}\frac{\sigma(z-d)}{\sigma(z-b)}. \tag{2.4.21}$$

当 $d \equiv 0$ 或在 R_1 求解时, 其一般解为

$$\Phi(z) = e^{\gamma(z)}[C_0 + C_1\zeta'(z)]\frac{\sigma(z-d)}{\sigma(z-b)}. \tag{2.4.22}$$

而当 $d \equiv 0$ 或 $d \not\equiv 0$ 在 R_0 求解时, 其一般解为

$$\Phi(z) = Ce^{\gamma(z)}\frac{\sigma(z-d)}{\sigma(z-b)}. \tag{2.4.23}$$

2) 设 $\kappa > 1$. 类似地, 当 $d \not\equiv 0$ 在 R_1 中求解时, 其一般解为

$$\begin{aligned}\Phi(z) = e^{\gamma(z)}[&C_0 - C_1\zeta(z) + C_1\zeta(z-d) + C_2\zeta'(z-d) + \cdots \\ &+ C_\kappa\zeta^{(\kappa-1)}(z-d)]\frac{\sigma^\kappa(z-d)}{\sigma^\kappa(z-b)}.\end{aligned} \tag{2.4.24}$$

当 $d \equiv 0$ 在 R_1 中求解时, 其一般解为

$$\Phi(z) = e^{\gamma(z)}\left[C_0 + C_1\zeta'(z) + \cdots + C_\kappa\zeta^{(\kappa)}(z)\right]\frac{\sigma^\kappa(z-d)}{\sigma^\kappa(z-b)}. \tag{2.4.25}$$

当 $d \equiv 0$ 或 $d \not\equiv 0$ 在 R_0 中求解时, 其一般解为

$$\Phi(z) = e^{\gamma(z)}\left[C_0 + C_1\zeta'(z-d) + \cdots + C_{\kappa-1}\zeta^{(\kappa-1)}(z-d)\right]\frac{\sigma^\kappa(z-d)}{\sigma^\kappa(z-b)}. \tag{2.4.26}$$

3) 设 $\kappa < 0$. 不论在 R_1 或 R_0 中求解都只有零解.

当 $d \equiv b$, 即 $\dfrac{G}{\kappa} \equiv 0$. 此时必然 $d \not\equiv a$, 由 (2.4.20) 定义的 $h_d(z)$ 是关于变量 z 的指数函数, 所以 $X_d(z)$ 在 $z = a, b$ 处的形状同 $e^{\gamma(z)}$. 所以上段所述结果仍然成立.

综上, 得定理:

定理 2.4.1 满足边值条件 (2.4.9) 的双周期齐次 Riemann 边值问题在 R_0 中当 $\kappa \geqslant 1$ 时有 κ 个 (线性无关的) 解, 当 $\kappa < 0$ 时只有零解, 当 $\kappa = 0$ 时, 如果 $G \not\equiv 0$ 只有零解, 当 $G \equiv 0$ 时就有一个非零解; 在 R_1 中当 $\kappa \geqslant 0$ 时有 $\kappa + 1$ 个解, 当 $\kappa < 0$ 时只有零解.

2.4 开口弧段上的双周期 Riemann 边值问题

现在求解满足边值条件 (2.4.1) 的双周期非齐次 Riemann 边值问题.
1. 设 (2.4.4) 式成立.
① 当 $\kappa = 0$ 时, 由于 $g(t)\mathrm{e}^{-\gamma^+(t)}$ 在 $t = a, b$ 处有界, 所以

$$\Psi(z) = \frac{\mathrm{e}^{\gamma(z)}}{2\pi\mathrm{i}} \int_{L_0} g(t)\mathrm{e}^{-\gamma^+(t)} [\zeta(t-z) + \zeta(z)] \mathrm{d}t \qquad (2.4.27)$$

是该非齐次问题在 R_1 中的一个特解. 而在 R_0 中求解, 则当且仅当

$$\int_{L_0} g(t)\mathrm{e}^{-\gamma^+(t)} \mathrm{d}t = 0 \qquad (2.4.28)$$

成立时 (2.4.1) 才有解, 且其一个特解为

$$\Psi(z) = \frac{\mathrm{e}^{\gamma(z)}}{2\pi\mathrm{i}} \int_{L_0} g(t)\mathrm{e}^{-\gamma^+(t)} \zeta(t-z) \mathrm{d}t. \qquad (2.4.29)$$

② 当 $\kappa \geqslant 1$ 时, $\dfrac{\mathrm{e}^{\gamma(z)}}{\sigma^\kappa(z-b)}$ 在 $z = b$ 处有不到一阶的奇异性, 为保证双周期特解, 可考虑构造以 $t \in L$ 为参数在 $z = t$ 处留数为 1, 故具有 Cauchy 核性质的椭圆函数

$$\frac{\sigma^\kappa(z)\sigma(t-z+\kappa b)}{\sigma(t-z)\sigma^\kappa(z-b)} \cdot \frac{\sigma^\kappa(t-b)}{\sigma^\kappa(t)\sigma(\kappa b)}.$$

这里不失一般性已假定 $\kappa b \not\equiv 0$, 否则只需要将坐标原点作适当平移.

可直接验证下式就是该非奇次问题在 R_0 或 R_1 中的一个特解.

$$\Psi(z) = \frac{\sigma^\kappa(z)\mathrm{e}^{\gamma(z)}}{\sigma(\kappa b)\sigma^\kappa(z-b)} \cdot \frac{1}{2\pi\mathrm{i}} \int_{L_0} \frac{\sigma^\kappa(t-b)}{\sigma^\kappa(t)\mathrm{e}^{\gamma^+(t)}} \frac{\sigma(t-z+\kappa b)}{\sigma(t-z)} g(t) \mathrm{d}t. \qquad (2.4.30)$$

③ 当 $\kappa < 0$ 时, 由于 $\alpha_b \leqslant \kappa$, 在 R_1 中 $\Phi(z)\mathrm{e}^{-\gamma(z)}$ 至多只在 $z = 0$ 处有一阶极点, 故若该非奇次问题有解, 则必唯一, 且其具有 (2.4.27) 的形式. 为了它在 $z = b$ 处有不到一阶奇异性, 就应要求 (2.4.27) 中的积分在 $z = b$ 处至少有几乎 $-\kappa$ 阶零点. 但因 $\mathrm{e}^{-\gamma^+(t)}$ 在 $t = b$ 处已知有 $-\kappa$ 阶零点, 故由引理 2.4.3, 当且仅当

$$\begin{aligned}&\int_{L_0} g(t)\mathrm{e}^{-\gamma^+(t)} \zeta^{(s)}(t-b) \mathrm{d}t \\&= (-1)^{s+1} \zeta^{(s)}(b) \int_{L_0} g(t)\mathrm{e}^{-\gamma^+(t)} \mathrm{d}t, \quad s = 0, 1, \cdots, -\kappa - 1.\end{aligned} \qquad (2.4.31)$$

则满足边值条件 (2.4.1) 的双周期非其次 Riemann 边值问题在 R_1 中有唯一解 (2.4.27). (2.4.31) 式是该非奇次问题在 R_1 中的可解条件.

如果在 R_0 中求解, 则可解条件就是 (2.4.28) 以及

$$\int_{L_0} g(t)\mathrm{e}^{-\gamma^+(t)} \zeta^{(s)}(t-b) \mathrm{d}t = 0, \quad s = 0, 1, \cdots, -\kappa - 1. \qquad (2.4.32)$$

当它们满足时, 非齐次问题有唯一解 (2.4.29).

2. 设 (2.4.4) 不成立.

① 设 $\kappa = 0$.

当 $G \equiv 0$ 时, 考虑到上段关于齐次问题的此种情况的内容满足边值条件 (2.4.1) 的双周期 Riemann 边值问题在 R_1 中有特解

$$\Psi(z) = \frac{h(z)\mathrm{e}^{\gamma(z)}}{2\pi\mathrm{i}} \int_{L_0} \frac{g(t)}{h(t)\mathrm{e}^{\gamma^+(t)}} [\zeta(t-z) + \zeta(z)]\mathrm{d}t, \qquad (2.4.33)$$

其中 $h(z)$ 由 (2.4.15) 给出.

如果要求在 R_0 中求解, 则

$$\int_{L_0} \frac{g(t)}{h(t)\gamma^+(t)}\mathrm{d}t = 0 \qquad (2.4.34)$$

为可解条件.

当 (2.4.34) 成立时, 该非齐次问题有唯一解

$$\Phi(z) = \frac{h(z)\mathrm{e}^{\gamma(z)}}{2\pi\mathrm{i}} \int_{L_0} \frac{g(t)}{h(t)\mathrm{e}^{\gamma^+(t)}} \zeta(t-z)\mathrm{d}t. \qquad (2.4.35)$$

当 $G \not\equiv 0$ 时该非齐次问题在 R_0 中无条件可解, 且有唯一解

$$\Phi(z) = \frac{h(z)\mathrm{e}^{\gamma(z)}}{2\pi\mathrm{i}} \int_{L_0} \frac{g(t)}{h(t)\mathrm{e}^{\gamma^+(t)}} [\zeta(t-z) + \zeta(z) - \zeta(t-G) - \zeta(G)]\mathrm{d}t, \qquad (2.4.36)$$

其中 $h(z)$ 具体形式为 (2.4.16).

也可将特解 (2.4.36) 改写为

$$\Phi(z) = \frac{\mathrm{e}^{\gamma(t)}}{\sigma(G)} \frac{1}{2\pi\mathrm{i}} \int_{L_0} \frac{g(t)}{\mathrm{e}^{\gamma^+(t)}} \frac{\sigma(z-t+G)}{\sigma(t-z)}\mathrm{d}t. \qquad (2.4.37)$$

② 设 $\kappa \geqslant 1$. 此时由于

$$\mathrm{e}^{\gamma(z)} \frac{\sigma^\kappa(z-d)}{\sigma^\kappa(z-b)}$$

已是双周期的, 所以

当 $d \notin L$ 时, 该非奇次问题在 R_0 或 R_1 中有特解

$$\Psi(z) = \frac{\sigma^\kappa(z-d)\mathrm{e}^{\gamma(z)}}{\sigma^\kappa(z-b)} \cdot \frac{1}{2\pi\mathrm{i}} \int_{L_0} \frac{\sigma^\kappa(t-b)g(t)}{\sigma^\kappa(t-d)\mathrm{e}^{\gamma^+(t)}} [\zeta(t-z) + \zeta(z-d)]\mathrm{d}t. \qquad (2.4.38)$$

当 $d \in L$ 时, 则 (2.4.38) 中的积分当 $\kappa = 1$ (且 $d \neq a$) 时, 在 Cauchy 主值意义下仍可用; 但当 $\kappa \geqslant 2$ 时它已发散, 当然如果 $g(t)$ 有属于 H 的直到 $\kappa - 1$ 阶导

2.4 开口弧段上的双周期 Riemann 边值问题

数, 则在 Hadamard 主值意义下仍可用. 不过下面采用更直观的方法. 构造一个在 $z = t$ 处留数为 -1 的 $\kappa + 1$ 阶椭圆函数. 例如, 当 $\kappa d \not\equiv 0$ 时, 可用

$$\frac{\sigma^\kappa(z)\,\sigma(z-t-\kappa d)}{\sigma(t-z)\,\sigma^\kappa(z-d)} \frac{\sigma^\kappa(t-d)}{\sigma^\kappa(t)\,\sigma(-\kappa d)}. \tag{2.4.39}$$

于是该非齐次问题在 R_0 或 R_1 中有一特解

$$\Psi(z) = \frac{\sigma^\kappa(z)\mathrm{e}^{\gamma(z)}}{\sigma^\kappa(\kappa d)\,\sigma^\kappa(z-d)} \cdot \frac{1}{2\pi\mathrm{i}} \int_{L_0} \frac{\sigma^\kappa(t-b)\,\sigma(t)}{\sigma^\kappa(t)\,\mathrm{e}^{\gamma^+(t)}} \frac{\sigma(t-z+\kappa d)}{\sigma(t-z)} \mathrm{d}t. \tag{2.4.40}$$

当 $\kappa d \equiv 0$ 时, 任取一点 $c \notin l$, 且 $\kappa(c-d) \not\equiv 0$, 用

$$\frac{\sigma^\kappa(z-c)\,\sigma[z-t+\kappa(c-d)]}{\sigma(t-z)\,\sigma^\kappa(z-d)} \frac{\sigma^\kappa(t-d)}{\sigma^\kappa(t-c)\,\sigma[\kappa(c-d)]}$$

代替 (2.4.39), 则在 R_0 或 R_1 中有特解

$$\Psi(z) = \frac{\sigma^\kappa(z-c)\mathrm{e}^{\gamma(z)}}{\sigma[\kappa(c-d)]\,\sigma^\kappa(z-d)} \cdot \frac{1}{2\pi\mathrm{i}} \int_{L_0} \frac{\sigma^\kappa(t-d)\,g(t)}{\sigma^\kappa(t-c)\,\mathrm{e}^{\gamma^+(t)}} \frac{\sigma[z-t+\kappa(c-d)]}{\sigma(t-z)} \mathrm{d}t. \tag{2.4.41}$$

③ 设 $\kappa < 0$. 先假定 $d \not\equiv b$, 即 $\dfrac{G}{\kappa} \not\equiv 0$. 此时如果在 R_1 中有解, 则必唯一, 且有形式

$$\Phi(z) = \frac{\sigma^{-\kappa}(z-b)\mathrm{e}^{\gamma(z)}}{\sigma^{-\kappa}(z-d)} \cdot \frac{1}{2\pi\mathrm{i}} \int \frac{\sigma^{-\kappa}(t-d)\,g(t)}{\sigma^{-\kappa}(t-b)\,\mathrm{e}^{\gamma^+(t)}} [\zeta(t-z) + \zeta(z)] \mathrm{d}t. \tag{2.4.42}$$

因为它可能在 $z = d$ 处有 $-\kappa$ 阶奇异性 (当 $d \not\equiv a$ 时) 或者有不到 $-\kappa + 1$ 阶的奇异性 (当 $d \equiv a$ 时). 为了使它在 $z = d$ 处有界 (当 $d \not\equiv a$ 时) 或者有不到一阶的奇异性 (当 $d \equiv a$ 时), 须且必须 (2.4.42) 右边的积分在 $z = d$ 处直到 $-\kappa - 1$ 阶的导数为零. 由引理 (2.4.3) 知

$$\int_{L_0} \frac{\sigma^{-\kappa}(t-d)\,g(t)}{\sigma^{-\kappa}(t-b)\,\mathrm{e}^{\gamma^+(t)}} \zeta^{(s)}(t-d)\,\mathrm{d}t = (-1)^{s+1}\zeta^{(s)}(d) \int_{L_0} \frac{\sigma^{-\kappa}(t-d)\,g(t)}{\sigma^{-\kappa}(t-b)\,\mathrm{e}^{\gamma^+(t)}} \mathrm{d}t,$$
$$s = 0, 1, \cdots, -\kappa - 1 \tag{2.4.43}$$

成立时, (2.4.42) 就是 R_1 中的唯一解. 如果在 R_0 中求解, 则可解条件为

$$\int_{L_0} \frac{\sigma^{-\kappa}(t-d)\,g(t)}{\sigma^{-\kappa}(t-b)\,\mathrm{e}^{\gamma^+(t)}} \mathrm{d}t = 0, \tag{2.4.44}$$

$$\int_{L_0} \frac{\sigma^{-\kappa}(t-d)\,g(t)}{\sigma^{-\kappa}(t-b)\,\mathrm{e}^{\gamma^+(t)}} \zeta^{(s)}(t-d)\mathrm{d}t = 0, \quad s = 0, 1, \cdots, -\kappa - 1. \tag{2.4.45}$$

当它们都满足时, 在 R_0 中有唯一解

$$\Phi(z) = \frac{\sigma^{-\kappa}(z-b)\mathrm{e}^{\gamma(z)}}{\sigma^{-\kappa}(z-d)} \frac{1}{2\pi\mathrm{i}} \int_{L_0} \frac{\sigma^{-\kappa}(t-d)\,g(t)}{\sigma^{-\kappa}(t-b)\mathrm{e}^{\gamma^+(t)}} \zeta(t-z)\,\mathrm{d}t. \qquad (2.4.46)$$

同上段齐次问题情况, 设 $d \equiv b$ 即 $\dfrac{\mathrm{G}}{\kappa} \equiv 0$, 此时 $\sigma^{-\kappa}(z-b)/\sigma^{-\kappa}(z-b)$ 是 z 的指数函数, 从而以上的结果仍成立.

综上我们有定理:

定理 2.4.2 满足边值条件 (2.4.1) 的双周期 (非齐次)Riemann 边值问题, 在 R_0 中求解时, 当 $\kappa \geqslant 1$ 时无条件可解; 当 $\kappa < 0$ 时, 有 $-\kappa+1$ 个可解条件; 当 $\kappa = 0$ 时, 若 G $\not\equiv 0$ 则无条件可解, 若 G $\equiv 0$ 则有一个可解条件. 如果在 R_1 中求解, 当 $\kappa \geqslant 0$ 时无条件可解, 当 $\kappa < 0$ 时有 $-\kappa$ 个可解条件.

本节已设 L_0 的全部在基本胞腔内, 当 L_0 的两端在基本胞腔边界上的两合同点处而其余部分则全在其内, 参考文献 (路见可, 1980) 可类似求解.

2.5 开口弧段上的加法双准周期 Riemann 边值问题

本节是将 2.3 节中讨论的加法双准周期 Riemann 边值问题推广到开口弧段的情况. 此时 $L_0 = \widehat{ab}$ 是 S_0 中一开口光滑弧段, 正方向取自 a 至 b, 不妨设 $0 \notin L_0$. 为方便仍只在 R_0 中求解.

问题就是求解加法双准周期分区全纯函数 $\Phi(z)$ 满足

$$\Phi^+(t) = \mathrm{G}\Phi^-(t) + g(t), \quad t \in L, \qquad (2.5.1)$$

其中 G $\neq 0$ 为常数, $g(t) \in H$ 为加法双准周期的, 并以 g_1, g_2 为加数均为已知, 为确定起见, 并设在 h_0 类中求解. 即允许 $\Phi(z)$ 在 $z = a, b$ 处可以有不到一阶的奇异性.

设 $\Phi(z)$ 的加数为 $\Phi_j, j = 1, 2$, 则有

$$\Phi_j = \mathrm{G}\Phi_j + g_j, \quad j = 1, 2. \qquad (2.5.2)$$

如果 G$= 1$, 则必 $g_j = 0$, 即 $g(t)$ 是双周期的, 于是立得

$$\Phi(z) = C_0 + C_1 z + \frac{1}{2\pi\mathrm{i}} \int_{L_0} g(t)\zeta(t-z)\,\mathrm{d}t. \qquad (2.5.3)$$

如果 G$\neq 1$, 由 (2.5.2) 知 $\Phi(z)$ 的双准周期加数

$$\Phi_j = \frac{g_i}{1-\mathrm{G}}, \quad j = 1, 2. \qquad (2.5.4)$$

2.5 开口弧段上的加法双准周期 Riemann 边值问题

构造加法双准周期函数

$$\Psi(z) = \lambda z + \mu \zeta(z), \tag{2.5.5}$$

其中

$$\lambda = \frac{1}{\pi i}(\eta_1 \Phi_2 - \eta_2 \Phi_1), \quad \mu = \frac{1}{\pi i}(\omega_2 \Phi_1 - \omega_1 \Phi_2), \tag{2.5.6}$$

则 $\Phi(z)$ 也以 Φ_1, Φ_2 为双准周期加数,从而令新函数

$$\Phi_0(z) = \Phi(z) - \Psi(z) \tag{2.5.7}$$

便是双周期的.

再令

$$g_0(t) = g(t) - (1 - G)\Psi(t), \tag{2.5.8}$$

则 $g_0(t)$ 也是双周期的,于是满足边界条件 (2.5.1) 的加法双准周期 Riemann 边值问题便化为满足下列边界条件的双周期 Riemann 边值问题

$$\Phi_0^+(t) = G\Phi_0^-(t) + g_0(t), \quad t \in L. \tag{2.5.9}$$

但此时要注意, $\Phi_0(z)$ 在 $z = 0$ 处可有一阶极点 (源自于 $\Psi(z)$ 的表达式 (2.5.5) 中的 $\zeta(z)$),于是满足边界条件 (2.5.1) 的边值问题在 R_0 中的求解,此时变为满足边界条件 (2.5.9) 的边值问题在 R_1 中求解.

如果取定单值支

$$\log G = \log|G| + i\theta, \quad 0 \leqslant \theta \leqslant 2\pi,$$

并记 $G_0 = \dfrac{1}{2\pi i} \log G$,则类似 2.4 节有

$$\alpha_a + i\beta_a = -G_0 = -\frac{\theta}{2\pi} - \frac{1}{2\pi i}\log|G|, \quad -1 < \alpha_a \leqslant 0,$$

$$\alpha_a + i\beta_a = G_0 = \frac{\theta}{2\pi} + \frac{1}{2\pi i}\log|G|, \quad 0 < \alpha_a \leqslant 1,$$

$$G_* = \frac{1}{2\pi i}\int_{L_0} \log G \, dt = G_0(b - a),$$

$$\gamma(z) = \frac{1}{2\pi i}\int_{L_0} \log G \cdot \zeta(t - z) dt = G_0 \frac{\sigma(z - b)}{\sigma(z - a)}.$$

于是

$$e^{\gamma(z)} = \left[\frac{\sigma(z - b)}{\sigma(z - a)}\right]^{G_0},$$

其中等式右边函数应理解为: 以 L 为剖线割开平面后取定任意一单值支 (取不同支只会差一个非零常数因子).

类似 2.4 节,

1. 如果 $\eta_j G_* = k_j \pi_i, k_j$ 为整数, $j = 1, 2$, 即 $\eta_2/\eta_1 = k_2/k_1$, 且 $G_* = 2k_1\omega_2 - 2k_2\omega_1 (k_1, k_2$ 为整实数), 则

① 如果 $G \neq 1$ 是正实数, 则满足边值条件 (2.5.9) 的边值问题的指标 $\kappa = 0$, 从而在 R_1 中无条件可解, 且一般解为

$$\Phi_0(z) = e^{\gamma(z)}\{C + \frac{1}{2\pi i}\int_{L_0}\frac{g_0(t)}{e^{\gamma^+(t)}}[\zeta(t-z) + \zeta(z)]dt\},$$

其中 C 为任意常数, 由 (2.5.7) 得

$$\Phi(z) = e^{\gamma(z)}\left\{C + \frac{1}{2\pi i}\int_{L_0}\frac{g_0(t)}{e^{\gamma^+(t)}}[\zeta(t-z) + \zeta(z)]dt\right\} + \lambda z + \mu\zeta(z). \tag{2.5.10}$$

但实际上 $\Phi(z)$ 不能在 $z = 0$ 处有极点, 因而需满足

$$\mu + \frac{e^{\gamma(0)}}{2\pi i}\int_{L_0}g_0(t)e^{-\gamma^+(t)}dt = 0 \tag{2.5.11}$$

或即

$$\frac{1-G}{2\pi i}\int_{L_0}[\lambda t + \mu\zeta(t)]e^{-\gamma^+(t)}dt - \mu e^{\gamma(0)} = \frac{1}{2\pi i}\int_{L_0}g(t)e^{-\gamma^+(t)}dt. \tag{2.5.12}$$

这时 λ, μ 从而也是 g_1, g_2 的线性方程; 亦即, $g(t)$ 的加数要受一线性约束 (当 g_1, g_2 的系数不同时为零时) 或者 $g(t)$ 在 L_0 上的值要受一积分约束 (当 (2.5.12) 左端恒为零时), 这时一般解为 (2.5.10).

② 如果 G 不是正实数, 则满足边值条件 (2.5.9) 的边值问题的指标 $\kappa = 1$. 此时其在 R_1 中的一般解为

$$\Phi_0(z) = e^{\gamma(z)}[C_0 + C_1\zeta(z) - C_1\zeta(z-b)]$$
$$+ \frac{\sigma(z)e^{\gamma(z)}}{\sigma(b)\sigma(z-b)} \cdot \frac{1}{2\pi i}\int_{L_0}\frac{\sigma(t-b)}{e^{\gamma^+(t)}\sigma(t)}g_0(t)\frac{\sigma(t-z+b)}{\sigma(t-z)}dt.$$

而

$$\Phi(z) = \Phi_0(z) + \lambda z + \mu\zeta(z).$$

为保证其在 $z = 0$ 处无极点, 应取 $C_1 = -\mu e^{\gamma(0)}$. 所以这时满足边值条件 (2.5.1) 的边值问题无条件可解, 且其一般解为

$$\Phi(z) = \lambda z + \mu\zeta(z) + e^{\gamma(z)}\Big\{C_0 - \mu e^{-\gamma(0)}[\zeta(z) - \zeta(z-b)]$$
$$+ \frac{\sigma(z)}{\sigma(b)\sigma(z-b)}\frac{1}{2\pi i}\int_{L_0}\frac{\sigma(t-b)g_0(t)}{\sigma(t)e^{\gamma^+(t)}}\frac{\sigma(t-z+b)}{\sigma(t-z)}dt\Big\}. \tag{2.5.13}$$

2.5 开口弧段上的加法双准周期 Riemann 边值问题

2. 如果 $\eta_j G_* \neq \kappa_j \pi i (j = 1, 2)$, 也分两种情况讨论:

① 如果 G 是正实数, 则满足边值条件 (2.5.9) 的双周期 Riemann 边值问题的指标 $\kappa = 0$.

当 $G_* \equiv 0$ 时, 则其在 R_1 中有解

$$\Phi_0(z) = h_*(z)e^{\gamma(z)}\left\{C + \frac{1}{2\pi i}\int_{L_0}\frac{g_0(t)}{h_*(t)e^{\gamma^+(t)}}[\zeta(t-z) + \zeta(z)]dt\right\}, \quad (2.5.14)$$

其中 $h_*(z) = \exp\{2(L_1\eta_1 + L_2\eta_2)z\}$, 这里已设 $G_* = 2L_1\omega_1 + 2L_2\omega_2$.

于是有

$$\Phi(z) = \lambda z + \mu\zeta(z) + h_*(z)e^{\gamma(z)}\left\{C + \frac{1}{2\pi i}\int_{L_0}\frac{g_0(t)}{h_*(t)e^{\gamma^+(t)}}[\zeta(t-z) + \zeta(z)]dt\right\}. \quad (2.5.15)$$

为保证其在 $z = 0$ 处无极点, 还应要求

$$\mu = -\frac{e^{\gamma(0)}}{2\pi i}\int_{L_0}\frac{g_0(t)}{h_*(t)e^{\gamma^+(t)}}dt. \quad (2.5.16)$$

当 $G \not\equiv 0$, 则可得

$$\Phi(z) = \lambda z + \mu\zeta(z) + C\frac{\sigma(z + G_*)}{\sigma(z)}e^{\gamma(z)}$$

$$+ \frac{e^{\gamma(z)}}{\sigma(G_*)}\frac{1}{2\pi i}\int_{L_0}\frac{g(t)}{e^{\gamma^+(t)}}\frac{\sigma(z - t + G_*)}{\sigma(t - z)}dt. \quad (2.5.17)$$

为保证其在 $z = 0$ 处无极点, 还应要求

$$C = -\frac{\mu}{\sigma(G_*)e^{\gamma(0)}}. \quad (2.5.18)$$

② 如果 G 不是正实数, 则此时指标 $\kappa = 1$.

当 $G_* \equiv 0$, 则 2.4 节中的 $d_0 = b$, 于是

$$\Phi(z) = \lambda z + \mu\zeta(z) + e^{\gamma(z)}[C_0 + C_1\zeta(z) + C_1\zeta(z - b)]$$

$$+ \frac{h_*(z)e^{\gamma(z)}}{2\pi i}\int_{L_0}\frac{g_0(t)}{h_*(t)e^{\gamma^+(t)}}[\zeta(t-z) + \zeta(z - b + G_*)]dt. \quad (2.5.19)$$

为保证其在 $z = 0$ 处无极点, 应取

$$C_1 = -\frac{\mu}{e^{\gamma(0)}}. \quad (2.5.20)$$

当 $G_* \not\equiv 0$, 令 $d = b - G_*$, 由 2.4 节知, 若 $b \neq G_*$, 则

$$\Phi(z) = \lambda z + \mu\zeta(z) + \frac{\sigma(z - b + G_*)e^{\gamma(z)}}{\sigma(z - b)}\{C_0 + C_1\zeta(z) - C_1\zeta(z - b + G_*)\}$$

$$+ \frac{1}{2\pi i}\int_{L_0}\frac{\sigma(t - b)g_0(t)}{\sigma(t - b + G_*)e^{\gamma^+(t)}}[\zeta(t - z) + \zeta(z - b + G_*)]dt. \quad (2.5.21)$$

为保证其在 $z=0$ 处无极点, 应取

$$C_1 = -\frac{\mu\sigma(b)}{\sigma(b-\mathrm{G}_*)\mathrm{e}^{\gamma(0)}}. \tag{2.5.22}$$

若 $b \equiv \mathrm{G}_*$, 则

$$\Phi(z) = \lambda z + \mu\zeta(z) + \frac{\sigma(z)\mathrm{e}^{\gamma(z)}}{\sigma(z-b)}[C_0 + C_1\zeta'(z)] + \frac{\sigma(z-b+\mathrm{G}_*)\mathrm{e}^{\gamma(z)}}{\sigma(z-b)}$$
$$+ \frac{1}{2\pi\mathrm{i}}\int_{L_0} \frac{\sigma(t-b)g_0(t)}{\sigma(t-b+\mathrm{G}_*)\mathrm{e}^{\gamma^+(t)}}[\zeta(t-z)+\zeta(z-b+\mathrm{G}_*)]\mathrm{d}t, \tag{2.5.23}$$

这里应取

$$C_1 = -\frac{-\mu\sigma(b)}{\mathrm{e}^{\gamma(0)}}. \tag{2.5.24}$$

综上, 我们有定理:

定理 2.5.1 对于满足边值条件 (2.5.1) 的加法双准周期 Riemann 边值问题, 当 G= 1 时, 无条件可解, 且一般解中含有两个任意常数. 当 G≠ 1 时, 如果它是正实数, 除例外情况 $\mathrm{G}_* \equiv 0$ 外, 有唯一解; 否则, $g(t)$ 的加数 g_1, g_2 要受一线性约束才可解, 且解中含一个任意常数. 如果 G 不是正实数, 则问题恒可解, 且解中含一个任意常数.

以上方法也适用于 L 是具有结点的逐段光滑曲线的情况 (路见可, 1981).

2.6 双周期 Riemann 边值问题的样条逼近解

解析函数 Riemann 边值问题由于其广泛的应用而被国内外众多学者进行了大量充分的研究, 然而只有极特殊情况下才可求得其解析解, 特别是当已知函数的值只在离散点上给定时解析方法就无法应用. 随着计算技术和计算机的快速发展, 直接求边值问题的逼近解很有意义.

本节讨论封闭光滑曲线上的双周期 Riemann 边值问题的样条逼近解 (Li, 2006b).

双周期 Riemann 边值问题就是寻求双周期分区解析函数 $\Phi(z)$, 以 L 为跳跃曲线, 满足边值条件

$$\Phi^+(t) = G(t)\Phi^-(t) + g(t), \quad t \in L, \tag{2.6.1}$$

$G(t), g(t)$ 是 L 上已知函数且 $G(t), g(t) \in C^{0,\alpha}(0 < \alpha \leqslant 1); G(t) \neq 0, t \in L$. 这里 $L = \bigcup_{i,j=-\infty}^{+\infty} L_{ij}$ (图 2.6.1), L_{ij} $(i,j = 0, \pm1, \pm2, \cdots)$ 是基本胞腔 P_{00} 内封闭曲线 L_0 的双周期合同曲线. 设 $0 \in S_0^+$ (图 2.6.2).

2.6.1 双周期 Riemann 边值跳跃问题的逼近解

所谓双周期 Riemann 边值跳跃问题, 即此时边值条件为

$$\Phi^+(t) = \Phi^-(t) + g(t), \quad t \in L. \tag{2.6.2}$$

2.6 双周期 Riemann 边值问题的样条逼近解

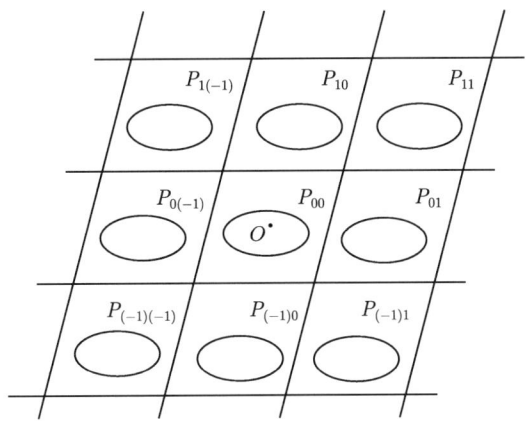

图 2.6.1 双周期分布的光滑封闭曲线

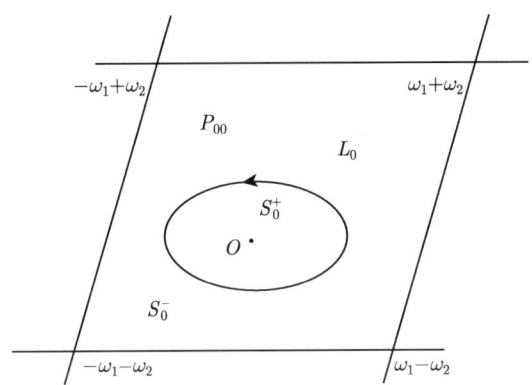

图 2.6.2 双周期基本胞腔模型

我们构造 $g(t)$ 的三次线性样条插值. 令

$$\Delta = \{t_1 \prec t_2 \prec \cdots \prec t_n\}, \quad t_0 = t_n, \quad t_{n+1} = t_1, \quad h_j = t_j - t_{j-1}, \quad L_j = \widehat{t_{j-1}t_j}$$

是 L_0 的有序部分, 且

$$\|\Delta\| = \max_{1 \leqslant j \leqslant n} |h_j|.$$

于是, $g(t)$ 在点 $t_j, (j = 1, 2, \cdots, n)$ 的线性插值样条可写为

$$l_\Delta(g,t) = \sum_{j=1}^{n} g_j \Lambda_j(t) = g_{j-1} + \frac{g_j - g_{j-1}}{h_j}(t - t_{j-1}), \quad t \in L_j, \quad j = 1, 2, \cdots, n, \tag{2.6.3}$$

这里 $g_j = g(t_j)$, 且

$$\Lambda_j(t) = \begin{cases} (t-t_{j-1})/h_j, & t \in L_j, \\ (t_{j+1}-t)h_{j+1}, & t \in L_{j+1}, \\ 0, & t \in L - \widehat{t_{j-1}t_{j+1}} \end{cases} \quad (2.6.4)$$

是一阶 δ 基样条函数.

$g(t)$ 的三次线性样条插值可以表示为

$$U_\Delta(g;t) = \sum_{j=1}^n \alpha_j N_j(t), \quad (2.6.5)$$

这里 $\alpha_1, \cdots, \alpha_n$ 由下式决定

$$\alpha_{j-1}N_{j-1}(t_j) + \alpha_j N_j(t_j) + \alpha_{j+1}N_{j+1}(t_j) = f_j, \quad j=1,2,\cdots,n, \quad (2.6.6)$$

其中 $\alpha_0 = \alpha_n, \alpha_{n+1} = \alpha_1$, $N_j(t)$ 是三次 δ 基样条, 其定义为

$$N_j(x) = (x_{j+2} - t_{j-2})G_j(t), j = 1,2,\cdots,n, \quad (2.6.7)$$

$$G_j(t) = \begin{cases} \omega_{3,j-2}^0 (t - t_{j-2})^3, & t \in L_{j-1}, \\ \omega_{3,j-2}^0 (t - t_{j-2})^3 + \omega_{3,j-2}^1 (t - t_{j-1})^3, & t \in L_j, \\ \omega_{3,j-2}^3 (t_{j+2} - t)^3 + \omega_{3,j-2}^4 (t_{j-2} - t)^3, & t \in L_{j+1}, \\ \omega_{3,j-2}^4 (t_{j+2} - t)^3, & t \in L_{j+2}, \\ 0, & t \in L - \widehat{t_{j-2}t_{j+2}}, \end{cases} \quad (2.6.8)$$

其中

$$\omega_{3,j-2}^k = \prod_{\substack{m=k \\ m \neq 0}} \frac{1}{t_{j-2+k} - t_{j-2+m}}, \quad m = 0,1,\cdots,4, \quad k = 1,2,\cdots,n. \quad (2.6.9)$$

事实上, 当我们记 $M_j = U_\Delta''(g;t_j)$, 则 (2.6.5) 可以重写为

$$U_\Delta(g;t) = \frac{(x_j - x)^3 M_{j-1} + (x - x_j)^3 M_j}{6(x_j - x_{j-1})} + \frac{(x_j - x)g_{j-1} + (x - x_j)g_j}{(x_j - x_{j-1})}$$
$$- \frac{1}{6}(x_j - x_{j-1})[(x_j - x)M_{j-1} + (x - x_{j-1})M_j], \quad x_{j-1} \leqslant x \leqslant x_j, \quad (2.6.10)$$

这里 M_j ($j = 2,3,\cdots,n-1$) 满足下列线性方程组

$$\frac{(x_j - x_{j-1})}{6}M_{j-1} + \frac{(x_{j+1} - x_{j-1})}{3}M_j + \frac{(x_{j-1} - x_j)}{6}M_{j+1}$$
$$= \frac{g_{j+1} - g_j}{x_{j+1} - x_j} - \frac{g_j - g_{j-1}}{x_j - x_{j-1}}, \quad j = 2,3,\cdots,n-1, \quad (2.6.11)$$

且 $M_1 = M_n = 0$. 为方便, 将 $g(t)$ 的线性三次插值样条记为

$$e_\Delta(g;t) = g(t) - S_\Delta(g;t), \tag{2.6.12}$$

是相应的误差函数.

由于经典的非周期 Riemann 边值问题, 单周期 Riemann 边值问题和双周期 Riemann 边值问题分别与 Cauchy 奇异积分算子、Hilbert 奇异积分算子和 Weierstrass 奇异积分算子紧密相联, 因此, 为了求出逼近解, 先介绍几个引理 (Atkinson, 1972; Lu, 1982; Begehr, 2001).

引理 2.6.1 设 L 是一光滑封闭曲线, $S_\Delta(g;t)$ 是 $g(t)$ 的插值样条. 如果 $g(t) \in C^{0,\alpha}\,(0 < \alpha \leqslant 1)$, 则

$$|e_\Delta(g;t)| = |g(t) - S_\Delta(g;t)| \leqslant C\|\Delta\|^\alpha, \tag{2.6.13}$$

$$\|T_L g(t) - T_L S_\Delta(t)\|_\infty \leqslant C_\epsilon \|\Delta\|^{\alpha-\epsilon}, \tag{2.6.14}$$

$$\|H_L g(t) - H_L S_\Delta(t)\|_\infty \leqslant C_\epsilon \|\Delta\|^{\alpha-\epsilon}, \tag{2.6.15}$$

这里 T_L 是 Cauchy 奇异积分算子, 即

$$T_L g(t) = \frac{1}{\pi \mathrm{i}} \int_L \frac{g(\tau)}{\tau - t} \mathrm{d}\tau, \quad t \in L, \tag{2.6.16}$$

H_L 是 Hilbert 奇异积分算子, 即

$$H_L g(t) = \frac{1}{a\pi \mathrm{i}} \int_L g(\tau) \cot \frac{\tau - t}{a} \mathrm{d}\tau, \quad t \in L, \tag{2.6.17}$$

$\epsilon \in (0, \alpha)$ 是给定的常数, C_ϵ 是与 Δ 独立的常数.

引理 2.6.2 设 L 是一光滑封闭曲线, 则 $S_\Delta(g;t)$ 是 $g(t)$ 的插值样条. 如果 $g(t) \in H^\alpha\,(0 < \alpha \leqslant 1)$, 则

$$\|W_L g(t) - W_L S_\Delta(t)\|_\infty \leqslant C_\epsilon \|\Delta\|^{\alpha-\epsilon}, \tag{2.6.18}$$

这里, W_L 是 Weierstrass ζ 函数核的奇异积分算子, 我们可将其称为 Weierstrass 奇异积分算子,

$$W_L g(t) = \frac{1}{a\pi \mathrm{i}} \int_L g(\tau)[\zeta(\tau - t) + \zeta(t)] \mathrm{d}\tau, \quad t \in L. \tag{2.6.19}$$

证明 由于

$$\zeta(t - z) + \zeta(z) = \frac{1}{t - z} + \frac{1}{z} + \zeta_0(t, z), \tag{2.6.20}$$

这里 $\zeta_0(t, z)$ 在双周期基本胞腔内无奇异性, 则由引理 2.6.1, 有

$$|W_Lf - W_L S_\Delta| = \left| T_L f - T_L S_\Delta + \frac{1}{2\pi i} \int_L [g(\tau) - S_\Delta(g;\tau)] \left[\frac{1}{t} + \zeta_0(\tau, t) \right] d\tau \right|$$

$$\leqslant |T_L f - T_L S_\Delta| + \frac{1}{2\pi} \int_L |g(\tau) - S_\Delta(g;\tau)| |\frac{1}{t} + \zeta_0(\tau, t)| d\tau$$

$$\leqslant C_\epsilon \|\Delta\|^{\alpha-\epsilon} + C\|\Delta\|^\alpha. \tag{2.6.21}$$

现在我们考虑边值问题 (2.6.2) 的逼近解, 即

$$\Phi_\Delta^+(t) = \Phi_\Delta^-(t) + S_\Delta(g;t), \quad t \in L. \tag{2.6.22}$$

如果 $\Phi(z)$ 是基本胞腔 P_{00} 内的双周期解, 则其周期延拓, 即 $\Phi(z + 2m\omega_1 + 2n\omega_2) = \Phi(z)$ 是 P_{00} 双周期合同胞腔 $P_{mn} = P_{00} + 2m\omega_1 + 2n\omega_2$ ($m = n = \pm 1, \pm 2, \cdots$) 的解. 因此, 只需求出 P_{00} 中的双周期解.

引入函数

$$\Psi_\Delta(z) = \frac{1}{2\pi i} \int_{L_0} S_\Delta(g;t)[\zeta(t-z) + \zeta(z)] dt, \quad z \notin L_0, \tag{2.6.23}$$

由改进推广的 Plemelj 公式

$$\Psi^\pm(t) = \pm \frac{1}{2} g(t) + \frac{1}{2\pi i} \int_{L_0} g(\tau)[\zeta(\tau-t) + \zeta(t)] d\tau, \quad t \in L_0, \tag{2.6.24}$$

我们有

$$\Psi_\Delta^+(t) = \Psi_\Delta^-(t) + S_\Delta(g;t), \quad t \in L_0. \tag{2.6.25}$$

如果双周期函数 $\Phi(z)$ 允许在 $z=0$ 点有至多 m 阶极点时, 即为 R_m 中求解, 为此, 介绍引理.

引理 2.6.3 在双周期基本胞腔 P_{00} 中有唯一 m 阶极点 $z=0$ 的 $m\,(m \geqslant 2)$ 阶椭圆函数呈如下形式

$$C_0 + C_1 \zeta(z) + \cdots + C_{m-1} \zeta^{m-1}(z),$$

这里 $C_0, C_1, \cdots, C_{m-1}$ 均为复常数.

证明见文献 (Chandra, 1985).

借助此引理我们可以分别求出当 $m > 0, m \leqslant 0$ 时 (2.6.25) 的解.

令

$$F(z) = \Phi_\Delta(z) - \Psi_\Delta(z).$$

① 当 $m > 0$ 时, $F(z)$ 是无跳跃曲线的双周期解析函数, 任何非退化的椭圆函数至少 2 阶, 且 $\Psi(z)$ 最多在 $z=0$ 点有单极点. 因此, 如果 $m=1$, 则 $F(z) = C_0$, 更进一步可得到 (2.6.22) 的解.

$$\Phi_\Delta(z) = \frac{1}{2\pi i} \int_{L_0} S_\Delta(g;t)[\zeta(t-z) + \zeta(z)] dt + C_0. \tag{2.6.26}$$

当 $m > 1$, 则有引理 2.6.3, 我们有

$$F(z) = C_0 + C_1\zeta'(z) + \cdots + C_{m-1}\zeta^{(m-1)}(z),$$

这里 $C_0, \cdots, C_m$ 是任意常数. 于是, 当 $m > 1$ 时我们得到 (2.6.22) 的一般解

$$\Phi_\Delta(z) = \frac{1}{2\pi\mathrm{i}} \int_{L_0} S_\Delta(g;t)[\zeta(t-z) + \zeta(z)]\mathrm{d}t + C_0 + C_1\zeta'(z) + \cdots + C_{m-1}\zeta^{(m-1)}(z). \tag{2.6.27}$$

② 当 $m \leqslant 0$ 时, (2.6.2) 的可解条件为

$$\frac{1}{2\pi\mathrm{i}} \int_{L_0} g(t)\zeta^{(k)}(t)\mathrm{d}t = 0, \quad k = 0, 1, \cdots, -m-1, \tag{2.6.28}$$

这里 $\zeta^{(0)}(z)$ 记为常数 1 而非 $\zeta(z)$.

然而, 一般情况下, 条件 (2.6.28) 当 $g(t)$ 被 $S_\Delta(g;t)$ 代替后不一定满足, 所以我们需要构造 $S_\Delta(g;t)$ 的一个约束样条 $S_*(g;t)$.

$$\int_{L_0} S_*(g;t)\zeta^k(t)\mathrm{d}t = \int_{L_0} S_\Delta(g;t)\zeta^k(t)\mathrm{d}t, \quad k = 0, 1, \cdots, -m-1, \tag{2.6.29}$$

且 $S_*(g;t)$ 满足

$$\|S_*(g;t)\|_\infty \leqslant \|e_\Delta(g;t)\|_\infty.$$

该约束样条的存在性和唯一性的证明参见文献 (王小林, 1992).

作为边值问题 (2.6.22) 的逼近, 我们考虑边值问题

$$\Phi_\Delta^+(t) - \Phi_\Delta^-(t) = S_\Delta(g;t) - S_*(g;t), \quad t \in L_0, \tag{2.6.30}$$

于是, 当 $m = 0$ 时, 我们立即得到其逼近解

$$\Phi_\Delta(z) = \frac{1}{2\pi\mathrm{i}} \int_{L_0} [S_\Delta(g;t) - S_*(g;t)]\zeta(t-z)\mathrm{d}t + C_0. \tag{2.6.31}$$

当 $m < 0$ 时, 我们得其 (唯一) 解

$$\Phi_\Delta(z) = \frac{1}{2\pi\mathrm{i}} \int_{L_0} [S_\Delta(g;t) - S_*(g;t)][\zeta(t-z) + \zeta(t)]\mathrm{d}t. \tag{2.6.32}$$

2.6.2 双周期非齐次 Riemann 边值问题的逼近解

现在, 我们考虑边值问题 (2.6.1) 的逼近解, 定义其指标为

$$\kappa = \mathrm{Ind}_{L_0} G(t) = \frac{1}{2\pi}[\arg G(t)]_{L_0}. \tag{2.6.33}$$

构造函数 $G_0(t) = G(t)\mu^{-\kappa}(t)$, 其中
$$\mu(z) = \frac{\sigma(z)\sigma(z-\omega_1-\omega_2)}{\sigma(z-\omega_1)\sigma(z-\omega_2)},$$

$\sigma(z)$ 是 Weiersrass σ 函数.

于是以 $G_0(t)$ 为系数的边值问题的指标为
$$\text{Ind}_{L_0} G_0(t) = \text{Ind}_{L_0} G(t)\mu^{-\kappa}(t) = 0.$$

由于 $\mu(t)$ 在 S_0^+ 中有唯一单零点 $z=0$ 而无极点, 于是
$$\text{Ind}_{L_0}\mu(t) = 1.$$

首先, 我们给出其典则函数的逼近, 令
$$\widetilde{G(t)} = \log\left[\mu^{-\kappa}(t)G(t)\right],$$

这里对数任取其一单值支.

记
$$\Gamma_\Delta(z) = \frac{1}{2a\pi i}\int_{L_0} S_\Delta(\widetilde{G};t)\zeta(t-z)\mathrm{d}t, \quad z \notin L_0, \tag{2.6.34}$$

其中 $S_\Delta(\widetilde{G};t)$ 是 $\widetilde{G(t)}$ 的幅值样条.

于是我们有该典则函数的逼近
$$X_\Delta(z) = \begin{cases} h(z)\exp\left[\Gamma_\Delta(z)\right], & z \in S_0^+, \\ \mu^{-\kappa}(z)\exp\left[\Gamma_\Delta(z)\right], & z \in S_0^-, \end{cases} \tag{2.6.35}$$

其中
$$h(z) = \frac{\sigma(z)}{\sigma(z-\widetilde{G_0})},$$

且
$$\widetilde{G_0} = \frac{1}{2\pi i}\int_{L_0} S_\Delta(\widetilde{G};t)\mathrm{d}t.$$

这里, 我们可以通过选择适当的 $S_\Delta(\widetilde{G};t)$ 使得 $\widetilde{G_0}$ 不在 L_0 上, 因此, 典则函数的逼近 $X_\Delta(z)$ 是双周期函数.

由引理 (2.6.1) 和 (2.6.2) 我们有下述定理.

定理 2.6.1 当 $\|\Delta\|$ 足够小, 则
(1) $\left\|\Gamma^\pm(t) - \Gamma_\Delta^\pm(t)\right\|_\infty \leqslant C_\epsilon\|\Delta\|^{\alpha-\epsilon}$,
(2) $\left\|X^\pm(t) - X_\Delta^\pm(t)\right\|_\infty \leqslant C_\epsilon\|\Delta\|^{\alpha-\epsilon}$,
(3) $\left\|\frac{X_\Delta^+(t)}{X_\Delta^-(t)} - G(t)\right\|_\infty \leqslant C\|\Delta\|^\alpha$,
(4) $X_\Delta^+(t_j) = G(t)X_\Delta^-(t_j), \quad j=1,2,\cdots,n$.

2.6 双周期 Riemann 边值问题的样条逼近解

由于边值问题 (2.6.1) 等价于下列边值问题

$$\frac{\Phi^+(t)}{X^+(t)} = \frac{\Phi^-(t)}{X^-(t)} + \frac{g(t)}{X^+(t)}, \quad t \in L, \tag{2.6.36}$$

当 $\kappa + m > 0$ 时, 我们考虑边值问题 (2.6.36) 的逼近, 即

$$\frac{\Phi_\Delta^+(t)}{X_\Delta^+(t)} = \frac{\Phi_\Delta^-(t)}{X_\Delta^-(t)} + S_\Delta(\widetilde{g}; t), \quad t \in L, \tag{2.6.37}$$

这里 $S_\Delta(\widetilde{g}; t)$ 是 $\widetilde{g(t)}$ 的插值多项式, 且 $\widetilde{g(t)} = g(t)/X^+(t)$.

如果 $\widetilde{G_0} \equiv 0 (\bmod 2\omega_j)$, 即 $\widetilde{G_0} = 2m\omega_1 + 2n\omega_2$, 则 $h(z) = \exp\{2(m\eta_1 + n\eta_2)z\}$. 我们得到 (2.6.37) 在 R_m 中的一般解

$$\begin{aligned}\Phi_\Delta(z) =& \frac{X_\Delta(z)}{2\pi i} \int_{L_0} S_\Delta(\widetilde{g}; t) [\zeta(t-z) + \zeta(z)] dt \\ &+ X_\Delta(z) \left[C_0 + C_1 \zeta'(z) + \cdots + C_{k+m-1} \zeta^{(k+m-1)}(z) \right], \end{aligned} \tag{2.6.38}$$

这里 $C_0, C_1, \cdots, C_{\kappa+m-1}$ 是任意复常数.

如果 $\widetilde{G_0} \not\equiv 0 (\bmod 2\omega_j)$, 令 G_0 是 $\widetilde{G_0}$ 在 P_{00} 中的双周期合同点, 即 $G_0 \equiv \widetilde{G_0} (\bmod 2\omega_j)$, 于是函数 $h(z)$ 在 P_{00} 内 $z = 0$ 处有唯一单零点, $z = G_0$ 处有唯一单极点. 在 R_m 中 (2.6.37) 的一般解为

$$\begin{aligned}\Phi_\Delta(z) =& \frac{X_\Delta(z)}{2\pi i} \int_{L_0} S_\Delta(\widetilde{g}; t) [\zeta(t-z) + \zeta(z) - \zeta(t-G_0) - \zeta(G_0)] dt \\ &+ X_\Delta(z)\{C_1 [\zeta'(z) - \zeta'(G_0)] + \cdots + C_{\kappa+m}[\zeta^{(\kappa+m)}(z) - \zeta^{(\kappa+m)}(G_0)]\}, \end{aligned} \tag{2.6.39}$$

这里 $C_1, \cdots, C_{\kappa+m}$ 是任意复常数.

当 $\kappa + m \leqslant 0$ 时, 我们考虑边值问题 (2.6.36) 的逼近, 即

$$\frac{\Phi_\Delta^+(t)}{X_\Delta^+(t)} = \frac{\Phi_\Delta^-(t)}{X_\Delta^-(t)} + [S_\Delta(\widetilde{g}; t) - S_*(\widetilde{g}; t)], \quad t \in L, \tag{2.6.40}$$

这里 $S_*(\widetilde{g}; t)$ 是 $S_\Delta(\widetilde{g}; t)$ 的约束样条, 约束条件为

$$\int_{L_0} S_*(\widetilde{g}; t) \zeta^{(k)}(t) dt = \int_{L_0} S_\Delta(\widetilde{g}; t) \zeta^{(k)}(t) dt, \quad k = 1, \cdots, -\kappa - m - 1, \tag{2.6.41}$$

$$\int_{L_0} S_*(\widetilde{g}; t) dt = \int_{L_0} S_\Delta(\widetilde{g}; t) dt, \quad k + m = 0, 1. \tag{2.6.42}$$

当 $\kappa + m = 0$, 如果 $\widetilde{G_0} \equiv 0 (\bmod 2\omega_j)$, 我们有一般解

$$\Phi_\Delta(z) = \frac{X_\Delta(z)}{2\pi i} \int_{L_0} [S_\Delta(\widetilde{g}; t) - S_*(\widetilde{g}; t)] \zeta(t-z) dt + C_0 X_\Delta(z). \tag{2.6.43}$$

如果 $\widetilde{G_0} \not\equiv 0 (\mathrm{mod}\, 2\omega_j)$, 我们有唯一解

$$\Phi_\Delta(z) = \frac{X_\Delta(z)}{2\pi\mathrm{i}} \int_{L_0} [S_\Delta(\widetilde{g};t) - S_*(\widetilde{g};t)] [\zeta(t-z) + \zeta(z) - \zeta(t-G_0) - \zeta(G_0)]\,\mathrm{d}t. \tag{2.6.44}$$

当 $\kappa + m < 0$, 如果 $\widetilde{G_0} \equiv 0(\mathrm{mod}\, 2\omega_j)$, 我们有一般解

$$\Phi_\Delta(z) = \frac{X_\Delta(z)}{2\pi\mathrm{i}} \int_{L_0} [S_\Delta(\widetilde{g};t) - S_*(\widetilde{g};t)] [\zeta(t-z) - \zeta(z)]\,\mathrm{d}t. \tag{2.6.45}$$

如果 $\widetilde{G_0} \not\equiv 0(\mathrm{mod}\, 2\omega_j)$, 当 $\kappa + m = -1$, 我们在 R_m 中有唯一解

$$\Phi_\Delta(z) = \frac{X_\Delta(z)}{2\pi\mathrm{i}} \int_{L_0} [S_\Delta(\widetilde{g};t) - S_*(\widetilde{g};t)] [\zeta(t-z) - \zeta(t-G_0)]\,\mathrm{d}t. \tag{2.6.46}$$

当 $\kappa + m < -1$, 可解条件为

$$\frac{1}{2\pi\mathrm{i}} \int_{L_0} [S_\Delta(\widetilde{g};t) - S_*(\widetilde{g};t)] [\zeta(t-z) - \zeta(t-G_0)]\,\mathrm{d}t = 0. \tag{2.6.47}$$

从而 $\Phi_\Delta(G_0)$ 是有限的, 其解仍然由 (2.6.46) 给出.

由引理 2.6.2 和定理 2.6.1 以及解析函数的最大模原理, 有

定理 2.6.2　当 $\|\Delta\|$ 充分小, 给定的函数均 $\in C^{0,\alpha}(0 < \alpha \leqslant 1)$, 则

$$|\Phi(z) - \Phi_\Delta(z)| \leqslant C_\epsilon \|\Delta\|^{\alpha-\epsilon}, \tag{2.6.48}$$

即精确解 $\Phi(z)$ 和逼近解 $\Phi_\Delta(z)$ 可以任意阶的充分靠近.

由于

$$\zeta(\tau - t) = \frac{1}{\tau - t} + \sum_{m,n}{}' \left\{ \frac{1}{\tau - t - \Omega_{mn}} + \frac{1}{\Omega_{mn}} + \frac{\tau - t}{\Omega^2_{mn}} \right\}, \tag{2.6.49}$$

而点 $t + \Omega_{mn}$ 在 L_0 外部区域内, 则

$$\frac{1}{2\pi\mathrm{i}} \int_{L_0} \zeta(\tau - t)\,\mathrm{d}\tau = 1, \quad t \in L_0, \tag{2.6.50}$$

且

$$\frac{1}{2\pi\mathrm{i}} \int_{L_0} \tau^k \zeta(\tau - t)\,\mathrm{d}\tau = t^k, \quad k > 0, \quad t \in L_0. \tag{2.6.51}$$

这样, 积分

$$\frac{1}{2\pi\mathrm{i}} \int_{L_0} S_\Delta(f;t)\zeta(t-z)\,\mathrm{d}t \tag{2.6.52}$$

借助于 (2.6.50) 和 (2.6.51) 式可以由初等函数精确地求出.

综上, 该方法是双周期 Riemann 边值问题逼近求解的一种直接而有效的方法.

第3章 双周期、双准周期函数核的奇异积分方程

3.1 封闭曲线上的双周期、双准周期函数核奇异积分方程

3.1.1 封闭曲线上的双周期核奇异积分方程

由加法对双准周期 ζ 函数构造的函数

$$\zeta(t-z) + \zeta(z) \tag{3.1.1}$$

已是关于变量 z 的双周期函数, 周期仍为 $2\omega_1, 2\omega_2$, 它在 $z = 0$ 处至多有一阶极点.

考虑封闭曲线的奇异积分方程

$$a(t)\phi(t) + \frac{b(t)}{\pi i} \int_{L_0} \phi(\tau)[\zeta(\tau-t) + \zeta(t)] d\tau = f(t), \quad t \in L_0, \tag{3.1.2}$$

其中 L_0 为双周期基本胞腔 P_{00} 中的一条光滑封闭曲线, 以逆时针向为正向, 所出现的函数均 $\in H$, 且 $a^2 - b^2 \neq 0$, 这是一个关于变量 t 的双周期核的 Cauchy 型奇异积分方程.

该奇异积分方程可借助于 2.2 节封闭曲线上的双周期 Riemann 边值问题的解而求解. 以允许 $\phi(t)$ 在 a, b 处可有不到一阶的奇异性情况为例.

令

$$\Phi(z) = \frac{1}{2\pi i} \int_{L_0} \phi(\tau)[\zeta(\tau-z) + \zeta(z)] d\tau, \quad z \notin L. \tag{3.1.3}$$

它已是双周期的分区全纯函数, 在 $z = 0$ 处至多有一阶极点, 于是由推广的双周期核积分的 Plemelj 公式 (2.1.12), (2.1.13) 可将求解奇异积分方程 (3.1.2) 转化为双周期 Riemann 边值问题 (2.2.1) 在 R_1 中的解. 其中 L 为 L_0 经双周期延拓后的诸合同曲线之并, 而

$$G(t) = \frac{a(t) - b(t)}{a(t) + b(t)}, \quad g(t) = \frac{f(t)}{a(t) + b(t)},$$

这里已设 $a(t), b(t), f(t)$ 均已经双周期延拓. 所以, 如果 $\phi(t)$ 是方程 (3.1.2) 的解, 则由 (3.1.3) 求得的 $\Phi(z)$ 一定是双周期 Riemann 边值问题 (2.2.1) 的解.

反之, 如果 $\Phi(z)$ 是边值问题 (2.2.1) 在 R_1 中的解, 令 $\phi(t) = \Phi^+(t) - \Phi^-(t)$, 并由它经 (3.1.3) 构造出的函数若记为 $\Psi(z)$, 则 $\phi(t) = \Psi^+(t) - \Psi^-(t)$, 于是 $\Phi(z) - \Psi(z)$

是一个椭圆函数, 在双周期基本胞腔 P_{00} 中至多只能有一个单极点 $z = 0$, 由椭圆函数的性质知该椭圆函数只能是一个常数 C, 即

$$\Phi(z) = \frac{1}{2\pi i} \int_{L_0} \phi(t)[\zeta(t-z) + \zeta(z)]dt + C.$$

再由推广的 Plemelj 公式算出 $\Phi(t)$ 要成为 (3.1.2) 的解, 通过直接验算知必 C = 0. 即由 (2.2.1) 在 R_1 中的解 $\Phi(z)$ 求出的

$$\phi(t) = \Phi^+(t) - \Phi^-(t), \quad t \in L_0,$$

当且仅当

$$\Phi(z) = \frac{1}{2\pi i} \int_{L_0} [\Phi^+(t) - \Phi^-(t)][\zeta(t-z) + \zeta(z)]dt, \quad z \notin L \quad (3.1.4)$$

时才是 (3.1.2) 的解. 考虑到 $\Phi^{\pm}(z)$ 和 $\zeta(z)$ 的性质, 可知 (3.1.4) 当 $z \in S_0^+$ 时等价于

$$\frac{1}{2\pi i} \int_{L_0} \Phi^-(t)\zeta(t-z)dt = 0, \quad z \in S_0^+. \quad (3.1.5)$$

又由于

$$\frac{1}{2\pi i} \int_{L_0} \Phi^-(t)[\zeta(t-z) - \zeta(t)]dt = 0, \quad z \in S_0^+,$$

(3.1.5) 可简化为

$$\frac{1}{2\pi i} \int_{L_0} \Phi^-(t)\zeta(t)dt = 0. \quad (3.1.6)$$

当 (3.1.6) 满足时, 可以验证当 $z \in S_0^-$ 时 (3.1.4) 必成立. 如果以 Γ_1, Γ_2 分别记 P_{00} 两邻边 $-\omega_1 - \omega_2$ 到 $\omega_1 - \omega_2$ 和 $\omega_1 - \omega_2$ 到 $\omega_1 + \omega_2$, 则条件 (3.1.6) 又变为形式

$$\eta_1 \int_{\Gamma_2} \Phi^-(t)dt = \eta_2 \int_{\Gamma_1} \Phi^-(t)dt. \quad (3.1.7)$$

于是, 有定理:

定理 3.1.1 封闭曲线上的双周期核奇异积分方程 (3.1.2) 等价于满足边值条件 (2.2.1) 的封闭曲线上的双周期 Riemann 边值问题以及附加条件 (3.1.6) 或 (3.1.7).

下面以双周期核奇异积分方程的特征方程为例给出求解过程.

求解双周期核奇异积分方程

$$\frac{1}{\pi i} \int_{L_0} \phi(\tau)[\zeta(\tau - t) + \zeta(t)]d\tau = f(t), \quad t \in L_0, \quad (3.1.8)$$

其中 $f(t) \in H$ 为已知, $\phi(t) \in H$ 为未知.

此时 $a(t)=0, b(t)=1$, 从而 $G(t)=-1$, 于是 $\kappa=0$. 由 2.2 节知 $G_*=0, h(z)=1$, 因此可令

$$\Gamma(z)=\begin{cases}\pi\mathrm{i}, & z\in S^+,\\ 0, & z\in S^-.\end{cases}$$

进而由 2.2 节知

$$\Phi^\pm(z)=\pm\frac{1}{2\pi\mathrm{i}}\int_{L_0}f(t)[\zeta(t-z)+\zeta(z)]\mathrm{d}t\pm C,$$

其中 C 为一常数. 于是

$$\Phi^-(t)=\frac{1}{2}f(t)-\frac{1}{2\pi\mathrm{i}}\int_{L_0}f(\tau)[\zeta(\tau-t)+\zeta(t)]\mathrm{d}\tau-C, \tag{3.1.9}$$

将 (3.1.9) 代入 (3.1.6) 可得附加条件. 考虑到代入 (3.1.6) 后的积分可以交换次序, 再利用

$$\frac{1}{2\pi\mathrm{i}}\int_{L_0}\zeta(t)\zeta(\tau-t)\mathrm{d}t=\frac{1}{2}\zeta(\tau), \quad \tau\in L_0,$$

以及

$$\frac{1}{2\pi\mathrm{i}}\int_{L_0}\zeta(t)\mathrm{d}t=1,$$

立得 C=0. 于是得到方程 (3.1.8) 的解

$$\phi(t)=\frac{1}{\pi\mathrm{i}}\int_{L_0}f(\tau)[\zeta(\tau-t)+\zeta(t)]\mathrm{d}\tau, \quad t\in L_0. \tag{3.1.10}$$

因此 (3.1.8) 和 (3.1.10) 构成了一对实用的**反演公式**.

进一步还可讨论具有间断系数的双周期核的奇异积分方程, 即允许方程 (3.1.2) 中 $a(t), b(t)$ 在 L_0 上有第二类间断点的情况, 其提法和解法见文献 (李星, 1989).

3.1.2 封闭曲线上的加法双准周期核奇异积分方程

方程

$$a(t)\phi(t)+\frac{b(t)}{\pi\mathrm{i}}\int_{L_0}\phi(\tau)\zeta(\tau-t)\mathrm{d}\tau=f(t), \quad t\in L_0 \tag{3.1.11}$$

类似上段可令积分变换 (3.1.3), 将奇异积分方程 (3.1.11) 转化为满足下列条件的双周期 Riemann 边值问题

$$\Phi^+(t)=\frac{a(t)-b(t)}{a(t)+b(t)}\Phi^-(t)+\frac{f(t)+2\lambda b(t)\zeta(t)}{a(t)+b(t)}, \quad t\in L_0, \tag{3.1.12}$$

其中

$$\lambda=\frac{1}{2\pi\mathrm{i}}\int_{L_0}\phi(t)\mathrm{d}t. \tag{3.1.13}$$

但应注意 $\Phi(z)$ 是双周期的, 在 $z=0$ 处可能有一阶极点, 其留数为 λ.

如果把 $a(t), b(t)$ 作双周期延拓, 而把 $f(t)$ 作如下延拓:

$$f(t+2k_1\omega_1+2k_2\omega_2) = f(t) - 2\lambda b(t)(2k_1\eta_1+2k_2\eta_2), \quad t \in L_0, \tag{3.1.14}$$

于是 (3.1.12) 就成为一个在 R_1 中求解的双周期 Riemann 边值问题.

反之, 设 $\Phi(z)$ 为 (3.1.12) 在 R_1 中的解, λ 暂时看作一个已知常数. 仍令 $\phi(t) = \Phi^+(t) - \Phi^-(t)$, 则显然 (3.1.13) 成立, 类似上段讨论, 可得可解条件 (3.1.6) 或 (3.1.7).

于是, 有定理:

定理 3.1.2 封闭曲线上的加法双准周期核奇异积分方程 (3.1.11) 等价于双周期 Riemann 边值问题经 (3.1.12) 在 R_1 中求解, 其中 $f(t)$ 已如 (3.1.14) 那样延拓, λ 为一待定常数, 恰是 $\Phi(z)$ 在 $z=0$ 处的留数.

作为定理 (3.1.2) 的应用, 我们求解**反演问题**: 给定 $f(t) \in H$, 求解

$$\frac{1}{\pi i}\int_{L_0}\phi(\tau)\zeta(\tau-t)\mathrm{d}\tau = f(t), \quad t \in L_0. \tag{3.1.15}$$

由 (3.1.3) 式知

$$\Phi^{\pm}(z) = \pm\frac{1}{2\pi i}\int_{L_0}[f(t)+2\lambda\zeta(t)][\zeta(t-z)+\zeta(z)]\mathrm{d}t + C,$$

当 $z \in S_0^-$ 时,

$$\frac{1}{2\pi i}\int_{L_0}\zeta(t)\zeta(t-z)\mathrm{d}t = -\zeta(z).$$

同 3.1.1 节中反演问题的求解过程可得 C=0, 因此,

$$\Phi^+(z) = \frac{1}{2\pi i}\int_{L_0}[f(t)+2\lambda\zeta(t)][\zeta(t-z)+\zeta(z)]\mathrm{d}t.$$

注意到此时 $\Phi^+(z)$ 在 $z=0$ 处最多可能有单极点, 其留数为

$$\frac{1}{2\pi i}\int_{L_0}f(t)\mathrm{d}t + 2\lambda,$$

由定理 3.1.2 知

$$\frac{1}{2\pi i}\int_{L_0}f(t)\mathrm{d}t + 2\lambda = \lambda,$$

即

$$\lambda = -\frac{1}{2\pi i}\int_{L_0}f(t)\mathrm{d}t. \tag{3.1.16}$$

于是

$$\begin{aligned}\phi(t) &= \Phi^+(t) - \Phi^-(t)\\
&= \frac{1}{2\pi\mathrm{i}}\int_{L_0}[f(\tau)+2\lambda\zeta(\tau)][\zeta(\tau-t)+\zeta(t)]\mathrm{d}\tau + \frac{1}{2\pi\mathrm{i}}\int_{L_0}f(\tau)\zeta(\tau-t)\mathrm{d}\tau\\
&= \frac{1}{\pi\mathrm{i}}\int_{L_0}f(\tau)[\zeta(\tau-t)+\zeta(t)]\mathrm{d}\tau + \frac{\lambda}{\pi\mathrm{i}}\int_{L_0}\zeta(\tau)\zeta(\tau-t)\mathrm{d}\tau\\
&\quad + \frac{\lambda}{\pi\mathrm{i}}\zeta(t)\int_{L_0}\zeta(\tau)\mathrm{d}\tau - \lambda\zeta(t)\\
&= \frac{1}{\pi\mathrm{i}}\int_{L_0}f(\tau)\zeta(\tau-t)\mathrm{d}t + \frac{\zeta(t)}{\pi\mathrm{i}}\int_{L_0}f(\tau)\mathrm{d}\tau + 2\lambda\zeta(t).\end{aligned}$$

由 (3.1.16) 式知

$$\phi(t) = \frac{1}{\pi\mathrm{i}}\int_{L_0}f(\tau)\zeta(\tau-t)\mathrm{d}\tau, \tag{3.1.17}$$

从而, (3.1.15) 式与 (3.1.17) 式成为一对实用的反演公式.

3.2 开口弧段上的双周期核、双准周期核奇异积分方程

3.2.1 开口弧段上的双周期核奇异积分方程

求解积分方程

$$A(t)\phi(t) + \frac{B(t)}{\pi\mathrm{i}}\int_{L_0}\phi(\tau)[\zeta(\tau-t)+\zeta(t)]\mathrm{d}\tau = f(t), \quad t \in L_0, \tag{3.2.1}$$

其中 $A(t), B(t)$ 和 $f(t) \in H$, 且 $A^2(t) - B^2(t) \neq 0$, 并允许 $\phi(t)$ 在 a, b 处可有不到一阶的奇异性, 即在 h_0 类中求解.

这里 $L_0 = \widehat{ab}$ 为基本胞腔 P_{00} 内的一开口光滑弧段, $0 \notin L_0$, S 依然为全平面除去 L_0 及其周期合同曲线后所得的区域.

为了求解奇异积分方程 (3.2.1), 需引入引理.

引理 3.2.1 设 $\Phi(z)$ 在 S 内双周期解析, 在基本胞腔 P_{00} 内只在 $z = 0$ 处可能有单极点, 且 $\Phi^{\pm}(t) \in H^*$, 因此 $\Phi(z)$ 在 $z = a, b$ 附近可以有不到一阶的奇异性, 则

$$\Phi^+(t) + \Phi^-(t) = \frac{1}{\pi\mathrm{i}}\int_{L_0}[\Phi^+(\tau) - \Phi^-(\tau)][\zeta(\tau-t)+\zeta(t)]\mathrm{d}\tau,$$

当且仅当

$$\int_{\Gamma_0}\Phi(\tau)\zeta(\tau)\mathrm{d}\tau = 0, \tag{3.2.2}$$

或即

$$\eta_1\int_{\gamma_1}\Phi(\tau)\mathrm{d}\tau = \eta_2\int_{\gamma_2}\Phi(\tau)\mathrm{d}\tau \tag{3.2.3}$$

满足时成立. 这里 γ_1 为 P_{00} 边界上 $\omega_1 - \omega_2$ 到 $\omega_1 + \omega_2$ 的线段, γ_2 为 P_{00} 边界上 $-\omega_1 + \omega_2$ 到 $\omega_1 + \omega_2$ 的线段.

该引理的证明见文献 (路见可, 1980).

为求解方程 (3.2.1), 令双周期函数

$$\Phi(z) = \frac{1}{2\pi i} \int_{L_0} \phi(\tau)[\zeta(\tau - z) + \zeta(z)]d\tau, \quad z \in L. \tag{3.2.4}$$

由推广的 Plemelj 公式, 方程 (3.2.1) 变为 R_1(即在 $z = 0$ 处可以有一阶极点) 中 h_0 类中求解双周期 Riemann 边值问题

$$\Phi^+(t) = G(t)\Phi^-(t) + g(t), \quad t \in L, \tag{3.2.5}$$

其中

$$G(t) = \frac{A(t) - B(t)}{A(t) + B(t)}, \quad g(t) = \frac{f(t)}{A(t) + B(t)},$$

且 $G(t), g(t)$ 均已作了 L 上的双周期延拓.

如果方程 (3.2.1) 有解, 则由 (3.2.4) 定义的 $\Phi(z)$ 一定是双周期 Riemann 边值问题 (3.2.5) 在 h_0 类 R_1 中的解.

反之, 如果 $\Phi(z)$ 是边值问题 (3.2.5) 在 h_0 类 R_1 中的解, 则由下式求出的

$$\phi(t) = \Phi^+(t) - \Phi^-(t) \tag{3.2.6}$$

如果是方程 (3.2.1) 在 h_0 类的解, 当且仅当

$$A(t)[\Phi^+(t) - \Phi^-(t)] + \frac{B(t)}{\pi i} \int_{L_0} [\Phi^+(\tau) - \Phi^-(\tau)][\zeta(\tau - t) + \zeta(t)]d\tau = f(t), \quad t \in L_0.$$

由引理 3.2.1, 当且仅当 (3.2.2) 或即 (3.2.3) 成立.

于是, 我们有定理:

定理 3.2.1 双周期核奇异积分方程 (3.2.1) 在 h_0 类中求解等价于双周期 Riemann 边值问题 (3.2.5) 在 h_0 类 R_1 中求解, 并要求满足附加条件 (3.2.2) 或即 (3.2.3); 当此附加条件满足时, 解由 (3.2.6) 式给出.

本节所论可推广到 L_0 由若干段开口光滑弧构成的情况, 甚至带有若干节点的情况.

3.2.2 开口弧段上的双准周期核奇异积分方程

求解双准周期核奇异积分方程

$$A(t)\phi(t) + \frac{B(t)}{\pi i} \int_{L_0} \phi(\tau)\zeta(\tau - t)d\tau = f(t), \quad t \in L_0. \tag{3.2.7}$$

3.2 开口弧段上的双周期核、双准周期核奇异积分方程

将其变形为

$$A(t)\phi(t) + \frac{B(t)}{\pi i} \int_{L_0} \phi(\tau)[\zeta(\tau-t) + \zeta(t)]\mathrm{d}\tau = f(t) + \lambda B(t)\zeta(t), \quad t \in L_0, \quad (3.2.8)$$

这里

$$\lambda = \frac{1}{\pi i} \int_{L_0} \phi(\tau)\mathrm{d}\tau. \quad (3.2.9)$$

方程 (3.2.8) 已是一个双周期核奇异积分方程.

如果 $\phi(t)$ 是双准周期核奇异积分方程 (3.2.7) 的解, 则由 (3.2.9) 求出 λ 后, $\phi(t)$ 一定是双周期核奇异积分方程 (3.2.8) 的解. 反之, 如果方程 (3.2.8) 可解, 其中 λ 待定, 若选取 λ 使其满足 (3.2.9), 便可求得方程 (3.2.7) 的解, 即此时 (3.2.9) 是一个可解条件.

综上, 我们有定理:

定理 3.2.2 双准周期核奇异积分方程 (3.2.7) 等价于双周期核奇异积分方程 (3.2.8) 以及可解条件 (3.2.9).

当 L_0 由若干段开口光滑弧组成, 甚至有若干节点时, 本节所论仍然成立.

关于双周期核或双准周期核的奇异积分方程的数值解法至今未见到成熟有效的结果 (李星, 1995), 这是一个很值得研究的领域.

第 2 部分

双周期平面弹性理论

第 4 章 具双周期孔洞平面弹性基本问题

4.1 复应力函数表达式

如图 4.1.1, P 是周期为 $2\omega_1, 2\omega_2$(不妨设 $\mathrm{Im}\frac{\omega_1}{\omega_2}>0$) 的基本胞腔, 其边界为 $\Gamma = \sum_{k=1}^{4}\Gamma_k$, 以反时针向为正向. P 中有 $m+1$ 个洞 $S_j^-, j=0,1,\cdots,m$. 它们的边界为充分光滑的封闭曲线 $L_j, j=0,1,\cdots,m$. 记 $L=\sum_{j=0}^{m}L_j$, 取定顺时针向为正向. $z_j, j=1,\cdots,m$ 是 S_j^- 中适当选取的点, 设坐标原点 $O\in S_0^-$, 取 $z_0=0$. 弹性体的所有洞为上述诸洞及其周期合同现象. 除去所有洞及其边界的整个无限弹性平面记作 S^+.

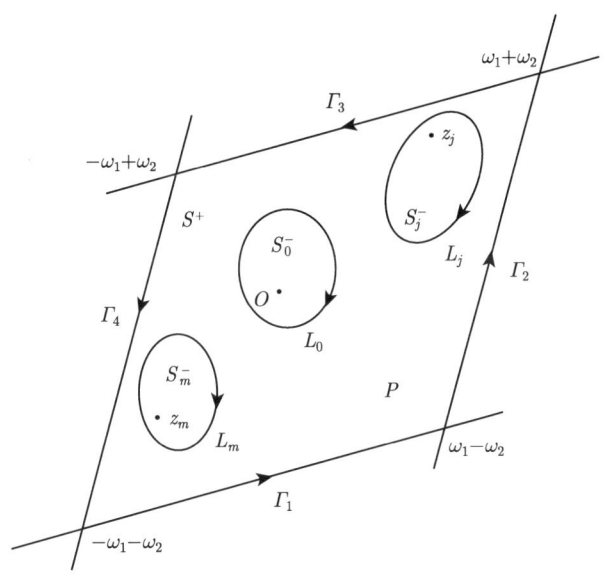

图 4.1.1 双周期孔洞问题的基本胞腔

对于双周期平面弹性问题, 已知和待求应力均为双周期分布. 记作用于 L_j 上的外应力主矢量为 $X_j+\mathrm{i}Y_j$, 由力学平衡条件易知

$$\sum_{j=0}^{m}(X_j+\mathrm{i}Y_j)=0. \tag{4.1.1}$$

相应于该多连通区域, 复应力函数 $\varphi(z), \psi(z)$ 一般是多值的, 首先将多值部分分出:

$$\varphi(z) = -\frac{1}{2\pi(\kappa+1)} \sum_{j=0}^{m} (X_j + \mathrm{i}Y_j) \log \sigma(z - z_j) + \varphi_0(z), \tag{4.1.2}$$

$$\psi(z) = \frac{\kappa}{2\pi(\kappa+1)} \sum_{j=0}^{m} (X_j - \mathrm{i}Y_j) \log \sigma(z - z_j) + \psi_1(z). \tag{4.1.3}$$

其中 $\varphi_0(z), \psi_1(z)$ 在 S^+ 中单值解析.

记

$$f_1(z) = \kappa\varphi(z) - z\overline{\varphi'(z)} - \overline{\psi(z)}. \tag{4.1.4}$$

由应力的双周期性, 根据弹性力学中胡克定律可推知位移必是加法双准周期函数, 两加数记为 g_k, $k = 1, 2$. 故 $f_1(z)$ 亦是加法双准周期函数, 两加数为 $2\mu g_k$, $k = 1, 2$.

$$f_1(z + 2\omega_k) = f_1(z) + 2\mu g_k, \quad k = 1, 2. \tag{4.1.5}$$

又记

$$f_2(z) = \varphi(z) + z\overline{\varphi'(z)} + \overline{\psi(z)}. \tag{4.1.6}$$

这是加法双准周期多值函数, 确切地说, 在沿着连接 $m+1$ 个洞 S_j^- 的 m 条曲线 (及其合同曲线) 割开的无限弹性平面内是单值、加法双准周期函数:

$$f_2(z + 2\omega_k) = f_2(z) + \mathrm{i}F_k, \quad k = 1, 2, \tag{4.1.7}$$

其中

$$F_k = \int_{\Gamma_k} (X_n + \mathrm{i}Y_n) \mathrm{d}s$$

是作用在基本胞腔 P 的两条边上的应力主矢量.

(4.1.4) 和 (4.1.6) 两式相加即知 $\varphi(z)$ 是双准周期多值函数:

$$\varphi(z + 2\omega_k) = \varphi(z) + \frac{1}{\kappa+1}\{\mathrm{i}F_k + 2\mu g_k\}, \quad k = 1, 2. \tag{4.1.8}$$

再由 (4.1.2) 式知 $\varphi_0(z)$ 是单值双准周期解析函数:

$$\varphi_0(z + 2\omega_k) = \varphi_0(z) + \varphi_k, \quad k = 1, 2,$$

其中

$$\varphi_k = \frac{1}{\kappa+1}(\mathrm{i}F_k + 2\mu g_k) - \frac{\eta_k}{\pi(\kappa+1)} \sum_{j=0}^{m} (X_j + \mathrm{i}Y_j) z_j. \tag{4.1.9}$$

(4.1.6) 式可改写为

$$f_2(z) = \varphi(z) + \left[z + \overline{D_1(z)}\right]\overline{\varphi'(z)} + \overline{\psi(z) - D_1(z)\varphi'(z)},$$

其中
$$D_1(z) = a_1\zeta(z) + b_1 z \qquad (4.1.10)$$

总可选择 a_1, b_1 使
$$D_1(z + 2\omega_k) = D_1(z) - 2\overline{\omega_k}, \quad k = 1, 2. \qquad (4.1.11)$$

记 $m(z) = z + \overline{D_1(z)}$, 显然 $m(z), \varphi'(z)$ 均为双周期函数, 于是 $\psi(z) - D_1(z)\varphi'(z)$, 因而 $\psi_1(z) - D_1(z)\varphi'(z) = \psi_0(z)$ 是加法双准周期单值解析函数:

$$\psi_0(z + 2\omega_k) = \psi_0(z) + \psi_k, \quad k = 1, 2,$$
$$\psi_k = -\frac{1}{\kappa+1}(\mathrm{i}\kappa\overline{F_k} + 2\mu\overline{g_k}) + \frac{\kappa\eta_k}{\pi(\kappa+1)}\sum_{j=0}^{m}(X_j - \mathrm{i}Y_j)z_j. \qquad (4.1.12)$$

将 $\psi_1(z) = D_1(z)\varphi'(z) + \psi_0(z)$ 代入 (4.1.3) 即得到双周期平面弹性复应力函数 $\varphi(z)$ 和 $\psi(z)$ 的一般表达式:

$$\varphi(z) = -\frac{1}{2\pi(\kappa+1)}\sum_{j=0}^{m}(X_j + \mathrm{i}Y_j)\log\sigma(z - z_j) + \varphi_0(z), \qquad (4.1.13)$$

$$\psi(z) = \frac{\kappa}{2\pi(\kappa+1)}\sum_{j=0}^{m}(X_j - \mathrm{i}Y_j)\log\sigma(z - z_j) + D_1(z)\varphi'(z) + \psi_0(z), \qquad (4.1.14)$$

其中 $\varphi_0(z), \psi_0(z)$ 是 S^+ 的单值双准周期解析函数. 又立刻可得到 $\Phi(z)$ 和 $\Psi(z)$ 的一般表达式:

$$\Phi(z) = -\frac{1}{2\pi(\kappa+1)}\sum_{j=0}^{m}(X_j + \mathrm{i}Y_j)\zeta(z - z_j) + \Phi_0(z),$$

$$\Psi(z) = \frac{\kappa}{2\pi(\kappa+1)}\sum_{j=0}^{m}(X_j - \mathrm{i}Y_j)\zeta(z - z_j) + D_1(z)\Phi'(z) + \Psi_0(z).$$

其中 $\Phi_0(z) = \varphi_0'(z), \Psi_0(z) = \varphi'(z)D_1'(z) + \Psi_0'(z)$ 均为 S^+ 的单值双周期解析函数.

4.2 具双周期孔洞平面弹性第一基本问题

具双周期孔洞平面弹性第一基本问题的提法: 已知作用于 S^+ 边界 L 上的外应力 $X_n(t) + \mathrm{i}Y_n(t) \in H, t \in L$; 又已知作用于基本胞腔两条边 Γ_1 和 Γ_2 上的应力主矢量为 $F_k, k = 1, 2$. 求 S^+ 中各点应力. 当然下述力学平衡条件满足时才有解:

$$\sum_{j=0}^{m}(X_j + \mathrm{i}Y_j) = 0, \qquad (4.2.1)$$

$$M_\Gamma + M_L = 0, \tag{4.2.2}$$

其中 M_Γ, M_L 分别是作用在 Γ 和 L 上正侧的应力主力矩.

用复变方法求解时问题的提法为: 寻求 S^+ 的两个形如 (4.1.13) 和 (4.1.14) 的 (一般是多值的) 解析函数 $\varphi(z), \psi(z)$, 满足边界条件

$$\varphi(t) + t\overline{\varphi'(t)} + \overline{\psi(t)} = f_j(t) + C_j, \quad t \in L_j, \tag{4.2.3}$$

且

$$\left[\varphi(z) + z\overline{\varphi'(z)} + \overline{\psi(z)}\right]_{\Gamma_k} = \mathrm{i}F_k, \quad k = 1, 2, \tag{4.2.4}$$

其中 C_j 是某常数,

$$f_j(t) = \int_{t_j}^{t} [X_n(t) + \mathrm{i}Y_n(t)]\mathrm{d}s, \quad t_j, t \in L_j, \tag{4.2.5}$$

符号 $[\ ]_{\Gamma_k}$ 表示在 Γ_k 上的增量.

注意到 (4.1.13) 和 (4.1.14), 第一基本问题可进一步归结为寻求 S^+ 的两个单值双准周期解析函数 $\varphi_0(z)$ 和 $\psi_0(z)$, 边界条件 (4.2.3) 化为

$$\varphi_0(t) + m(t)\overline{\varphi_0'(t)} + \overline{\psi_0(t)} = f_{j0}(t) + C_j, \quad t \in L_j, \tag{4.2.6}$$

其中

$$\begin{aligned} f_{j0}(t) = {} & f_j(t) + \frac{1}{2\pi(\kappa+1)} \sum_{j=0}^{m} (X_j + \mathrm{i}Y_j) \log \sigma(t - z_j) \\ & + \frac{m(t)}{2\pi(\kappa+1)} \sum_{j=0}^{m} (X_j - \mathrm{i}Y_j)\overline{\zeta(t - z_j)} \\ & - \frac{\kappa}{2\pi(\kappa+1)} \sum_{j=0}^{m} (X_j + \mathrm{i}Y_j)\overline{\log \sigma(t - z_j)}, \end{aligned} \tag{4.2.7}$$

$$m(t) = t + \overline{D_1(t)}. \tag{4.2.8}$$

直接验证可知 $f_{j0}(t)$ 单值.

由 (4.1.9) 和 (4.1.12), 条件 (4.2.4) 化为

$$\varphi_k + \overline{\psi_k} = \mathrm{i}F_{k0}, \quad k = 1, 2, \tag{4.2.9}$$

其中

$$\mathrm{i}F_{k0} = \mathrm{i}F_k - \frac{\eta_k}{\pi(\kappa+1)} \sum_{j=0}^{m} (X_j + \mathrm{i}Y_j)z_j + \frac{\kappa\overline{\eta_\kappa}}{\pi(\kappa+1)} \sum_{j=0}^{m} (X_j + \mathrm{i}Y_j)\overline{z_j}. \tag{4.2.10}$$

4.2 具双周期孔洞平面弹性第一基本问题

令 $\psi_1(z) = D_1(z)\varphi_0'(z) + \psi_0(z)$, (4.2.6), (4.2.9) 即成为

$$\begin{cases} \varphi_0(t) + \overline{t\varphi_0'(t)} + \overline{\psi_1(t)} = f_{j0}(t) + C_j, \\ \left[\varphi_0(z) + z\overline{\varphi_0'(z)} + \overline{\psi_1(z)}\right]_{\Gamma_k} = \mathrm{i} F_{k0}, \quad k=1,2. \end{cases} \quad (4.2.11)$$

这相当于 $X_j + \mathrm{i}Y_j = 0, j = 0, 1, \cdots, m$ 时的第一基本问题. 这时

$$M_L = \mathrm{Re} \sum_{j=0}^{m} \int_{L_j} f_{j0}(t)\mathrm{d}\bar{t}.$$

记

$$F(t) = \varphi_0(t) + t\overline{\varphi_0'(t)} + \overline{\psi_1(t)}, \quad t \in \Gamma.$$

显然,

$$M_\Gamma = \mathrm{Re} \int_\Gamma F(t)\mathrm{d}\bar{t} = \mathrm{Re}\left\{\int_{\Gamma_1} + \int_{\Gamma_3} F(t)\mathrm{d}\bar{t} + \int_{\Gamma_2} + \int_{\Gamma_4} F(t)\mathrm{d}\bar{t}\right\}$$
$$= \mathrm{Re}\{-2\mathrm{i}F_{20}\overline{\omega_1} + 2\mathrm{i}F_{10}\overline{\omega_2}\}.$$

于是可解条件 (4.2.2) 可表示为

$$\mathrm{Re}\left\{\sum_{j=0}^{m}\int_{L_j} f_{j0}(t)\mathrm{d}\bar{t} + 2\mathrm{i}(F_{10}\overline{\omega_2} - F_{20}\overline{\omega_1})\right\} = 0. \quad (4.2.12)$$

下面转向寻求 $\varphi_0(z), \psi_0(z)$(本节以下将 $\varphi_0(z), \psi_0(z) F_{j0}, f_{j0}(t)$ 中的标号 0 省掉). 类似文献 (路见可, 2005; Мусхлишвили, 1958), 引入待求函数 $\omega(t), t \in L$. 不妨设 $\omega'(t) \in H$. 构造

$$\varphi(z) = \frac{1}{2\pi\mathrm{i}}\int_L \omega(t)\left[\zeta(t-z) - \zeta(t-z_+)\right]\mathrm{d}t + A_0 z + \sum_{j=1}^{m} A_j\zeta(z-z_j), \quad z \in S^+, \quad (4.2.13)$$

其中 z_+ 是 S^+ 的任一定点.

$$\psi(z) = \frac{1}{2\pi\mathrm{i}}\int_L \left[\overline{\omega(t)} - \overline{m(t)}\omega'(t)\right]\left[\zeta(t-z) + \zeta(z)\right]\mathrm{d}t$$
$$+ \frac{1}{2\pi\mathrm{i}}\int_L \overline{\omega(t)}\mathrm{d}t D_2(z) + A_0 D_1(z) + \sum_{j=1}^{m} A_j D_2(z-z_j) - D_3(z)$$
$$- \frac{1}{2\pi\mathrm{i}}\int_L \overline{\omega(t)}\zeta(t)\mathrm{d}t, \quad z \in S^+, \quad (4.2.14)$$

其中

$$D_2(z) = a_2\zeta(z) + b_2 z, \quad (4.2.15)$$

且
$$D_2(z + 2\omega_k) = D_2(z) - 2\overline{\eta_k}, \quad k = 1, 2, \tag{4.2.16}$$

$$D_3(z) = a_3\zeta(z) + b_3 z, \tag{4.2.17}$$

且
$$D_3(z + 2\omega_k) = D_3(z) + \mathrm{i}\overline{F_k}, \quad k = 1, 2, \tag{4.2.18}$$

$$A_j = \mathrm{i}\int_{L_j} \omega(t)\mathrm{d}\bar{t} - \overline{\omega(t)}\mathrm{d}t (\text{实数}), \quad j = 0, 1, \cdots, m. \tag{4.2.19}$$

易于验证, $\varphi(z)$, $\psi(z)$ 均为单值双准周期解析函数, 且满足 $\varphi_k + \overline{\psi_k} = \mathrm{i}F_k, k = 1, 2$. 让 $\varphi(z)$ 和 $\psi(z)$ 中的 $z \in S^+ \to t_0 \in L$, 代入边界条件 (4.2.6) 得到 $\omega(t)$ 的第二类 Fredholm 积分方程

$$\begin{aligned} K\omega(t_0) = &\omega(t_0) + \frac{1}{2\pi\mathrm{i}}\int_L \omega(t)\left\{\zeta(t-t_0)\mathrm{d}t - \overline{\zeta(t-t_0)}\mathrm{d}\bar{t}\right\} \\ &- \frac{1}{2\pi\mathrm{i}}\int_L \overline{\omega(t)}\mathrm{d}\left\{[m(t) - m(t_0)]\overline{\zeta(t-t_0)}\right\} + 2A_0 m(t_0) \\ &+ \sum_{j=1}^m A_j\zeta(t_0 - z_j) + \sum_{j=1}^m A_j\overline{\zeta'(t_0 - z_j)}m(t_0) + \sum_{j=1}^m A_j\overline{D_2(t_0 - z_j)} \\ &- \frac{1}{2\pi\mathrm{i}}\int_L \omega(t)\zeta(t - z_+)\mathrm{d}t - \frac{1}{2\pi\mathrm{i}}\int_L [\omega(t) - m(t)\overline{\omega'(t)}]\mathrm{d}\bar{t}\zeta(t_0) \\ &- \frac{1}{2\pi\mathrm{i}}\int_L \omega(t)\mathrm{d}t\overline{D_2(t_0)} + \frac{1}{2\pi\mathrm{i}}\int_L \omega(t)\overline{\zeta(t)}\mathrm{d}\bar{t} - C_j \\ = &f_j(t_0) + \overline{D_3(t_0)}, \quad t_0 \in L_j, \end{aligned} \tag{4.2.20}$$

其中
$$C_j = \frac{1}{2\pi\mathrm{i}}\int_{L_j} \omega(t)\mathrm{d}s, \quad j = 1, 2, \cdots, m, \tag{4.2.21}$$

$$C_0 = 0. \tag{4.2.22}$$

若该方程有解 $\omega(t)$, 且 $\omega'(t) \in H$. 由 (4.2.13) 和 (4.2.14) 构成的函数 $\varphi(z)$ 和 $\psi(z)$ 是单值双准周期解析函数, 且满足边界条件 (4.2.6) 和条件 (4.2.9), 于是问题归结为可解条件 (4.2.12) 满足时求解积分方程 (4.2.20).

先对方程 (4.2.20) 加以改造 (路见可, 2005), 在左端附加一项 $b_0/\bar{t}_0$, 其中

$$b_0 = \mathrm{i}\int_L \omega(t)\mathrm{d}\bar{t} + \overline{\omega(t)}\mathrm{d}t + [\overline{a_1\zeta(t)} - m(t)]\mathrm{d}\overline{\omega(t)} + [a_1\zeta(t) - \overline{m(t)}]\mathrm{d}\omega(t), \quad (\text{纯虚数}) \tag{4.2.23}$$

于是得到新的积分方程

$$K\omega(t_0) + b_0/\bar{t}_0 = f_j(t_0) + \overline{D_3(t_0)}, \quad t_0 \in L_j. \tag{4.2.24}$$

4.2 具双周期孔洞平面弹性第一基本问题

易证若可解条件 (4.2.12) 满足, 则方程 (4.2.24) 的解 $\omega(t)$ 亦必是原方程 (4.2.20) 的解, 此时 $b_0 = 0$.

今证方程 (4.2.24) 对任何右端均有解, 只要证明相应的齐次方程仅有零解即可. 令 $f_j(t) = D_3(t) = 0$, 设有一解 $\omega_0(t)$, 显然条件 (4.2.12) 满足, 故 $b_0 = 0$, 即

$$\operatorname{Re}\left\{\int_L \omega_0(\tau)\mathrm{d}\bar{\tau} + \int_L [a_1\zeta(\tau) - \overline{m(\tau)}]\mathrm{d}\omega(\tau)\right\} = 0. \tag{4.2.25}$$

由 (4.2.19), (4.2.21) 算出 A_j, C_j, 再由 (4.2.13), (4.2.14) 构造函数 $\varphi_0(z)$ 和 $\psi_0(z)$, 显然它们均为单值加法双准周期解析函数, 且 $\varphi_k + \overline{\psi_k} = 0$, 满足边界条件

$$\varphi_0(t) + m(t)\overline{\varphi_0'(t)} + \overline{\psi_0(t)} = C_j, \quad t \in L_j. \tag{4.2.26}$$

这是周期胞腔仅含一个洞边界 L 上无外应力, 且基本胞腔两条边上的应力主矢量为 0 时的双周期平面弹性第一基本问题, 据唯一性定理, 应力处处为 0, 故 (考虑到 $C_0 = 0$)

$$\begin{cases} \varphi_0(z) = \mathrm{i}\epsilon z + d, \\ \psi_0(z) + D_1(z)\varphi_0'(z) = \psi_0(z) + \mathrm{i}\epsilon D_1(z) = -\bar{d}. \end{cases} \tag{4.2.27}$$

将 (4.2.27) 代回 (4.2.26) 知所有

$$C_j = \frac{1}{2\pi\mathrm{i}} \int_{L_j} \omega_0(t)\mathrm{d}s = 0, \quad j = 1, 2, \cdots, m. \tag{4.2.28}$$

由 (4.2.27) 第一式和 (4.2.13) 式知

$$\varphi_0(z) = \frac{1}{2\pi\mathrm{i}} \int_L \omega_0(t)\left[\zeta(t-z) - \zeta(t-z_+)\right]\mathrm{d}t + \sum_{j=1}^m A_j\zeta(z-z_j) + A_0 z = \mathrm{i}\epsilon z + d.$$

比较等式两边, 注意到 A_0 是实数, 可推知

$$\epsilon = 0, \qquad A_0 = 0. \tag{4.2.29}$$

于是

$$\begin{cases} \dfrac{1}{2\pi\mathrm{i}} \int_L \omega_0(t)\left[\zeta(t-z) - \zeta(t-z_+)\right]\mathrm{d}t + \sum_{j=1}^m A_j\zeta(z-z_j) = d, \\ \psi_0(z) = -\bar{d}, \quad z \in S^+. \end{cases} \tag{4.2.30}$$

现定义两个 $S^- = \sum\limits_{j=0}^m S_j^-$ 中的解析函数 $\varphi^*(z)$ 和 $\psi^*(z)$:

$$\mathrm{i}\varphi^*(z) = \frac{1}{2\pi\mathrm{i}} \int_L \omega_0(t)\left[\zeta(t-z) - \zeta(t-z_+)\right]\mathrm{d}t, \tag{4.2.31}$$

$$i\psi^*(z) = \frac{1}{2\pi i}\int_L \left[\overline{\omega_0(t)} - \overline{m(t)}\omega'_0(t)\right]\zeta(t-z)dt + \frac{D_1(z)}{2\pi i}\int_L \omega'_0(t)\zeta(t-z)dt$$

$$-\frac{a_1\zeta(z)}{2\pi i}\int_L \omega'_0(t)\zeta(t)dt - \frac{1}{2\pi i}\int_L \overline{\omega_0(t)}\zeta(t)dt. \qquad (4.2.32)$$

利用 Plemelj 公式, 考虑到 (4.2.30) 得到

$$i\varphi^*(t) = -\omega_0(t) - \sum_{j=1}^m A_j\zeta(t-z_j) + d, \quad t \in L, \qquad (4.2.33)$$

$$i\psi^*(t) = -\overline{w_0(t)} + \overline{m(t)}\omega'_0(t) - D_1(t)\omega'_0(t)$$

$$-\frac{1}{2\pi i}\int_L \left[\overline{\omega_0(\tau)} - \overline{m(\tau)}\omega'_0(\tau)\right]d\tau\zeta(t) - \frac{1}{2\pi i}\overline{\int_L \omega_0(\tau)d\tau}D_2(t)$$

$$-\sum_{j=1}^m A_j D_2(t-z_j) - D_1(t)\sum_{j=1}^m A_j\zeta'(t-z_j)$$

$$-\frac{a_1}{2\pi i}\int_L \omega'_0(\tau)\zeta(\tau)d\tau\zeta(t) - \overline{d}, \quad t \in L. \qquad (4.2.34)$$

$$\varphi^*(t) + \overline{t\varphi^{*'}(t)} + \overline{\psi^*(t)} = i\sum_{j=1}^m A_j\zeta(t_0 - z_j) - it\sum_{j=1}^m A_j\overline{\zeta'(t-z_j)}$$

$$+\frac{1}{2\pi}\int_L [\omega_0(\tau) - m(\tau)\overline{\omega'_0(\tau)}]d\tau\overline{\zeta(t)} + \frac{\overline{D_2(t)}}{2\pi}\int_L \omega_0(\tau)d\tau$$

$$-i\sum_{j=1}^m A_j\overline{D_2(t-z_j)} - i\overline{D_1(t)}\sum_{j=1}^m A_j\overline{\zeta'(t-z_j)}$$

$$+\frac{\overline{a_1}}{2\pi}\int_L \overline{\omega'_0(t)\zeta(\tau)d\tau\zeta(t)} - 2id, \quad t \in L. \qquad (4.2.35)$$

两边乘 $d\bar{t}$, 沿 $L_k(k>0)$ 积分得

$$\int_{L_k}\varphi^*(t)d\bar{t} - \int_{L_k}\overline{\varphi^*(t)}dt = i\left\{\sum_{j=1}^m A_j \int_{L_k}\zeta(t-z_j)d\bar{t} + \overline{\zeta(t-z_j)}dt\right\}$$

$$-i\sum_{j=1}^m \int_{L_k} A_j\overline{D_2(t-z_j)}d\bar{t} - i\sum_{j=1}^m \int_{L_k} A_j\overline{D_1(t)\zeta'(t-z_j)}d\bar{t},$$

两边取实部得

$$A_k\mathrm{Re}\left[a_2 - D'(z_k)\right] = 0.$$

总可选取 z_k, 使 $\mathrm{Re}[a_2 - D'_1(z_k)] \neq 0$, 于是

$$A_k = i\int_{L_k}\omega_0(t)d\bar{t} - \overline{\omega_0(t)}dt = 0, \quad k=1,2,\cdots,m. \qquad (4.2.36)$$

4.2 具双周期孔洞平面弹性第一基本问题

再回到 (4.2.30),

$$\frac{1}{2\pi\mathrm{i}}\int_L \omega_0(t)\left[\zeta(t-z)-(t-z_+)\right]\mathrm{d}t = d, \quad z \in S^+,$$

于是比较两边得

$$\int_L \omega_0(t)\mathrm{d}t = 0, \quad d = 0. \tag{4.2.37}$$

边界条件 (4.2.35) 化为

$$\varphi^*(t)+t\overline{\varphi^{*\prime}(t)}+\overline{\psi^*(t)} = \frac{\overline{\zeta(t)}}{2\pi}\left\{\int_L \omega_0(\tau)\mathrm{d}\overline{\tau}+\overline{[a_1\zeta(\tau)-m(\tau)]\mathrm{d}\overline{\omega_0(\tau)}}\right\}, \quad t \in L.$$

两边乘 $\mathrm{d}\bar{t}$, 沿 L 积分, 比较实部得

$$\operatorname{Im}\left\{\int_L \omega_0(\tau)\mathrm{d}\overline{\tau}+\overline{[a_1\zeta(\tau)-m(\tau)]\mathrm{d}\overline{\omega_0(\tau)}}\right\} = 0.$$

注意到 (4.2.25), 推知

$$\int_L \omega_0(\tau)\mathrm{d}\overline{\tau}+\overline{[a_1\zeta(\tau)-m(\tau)]\mathrm{d}\overline{\omega_0(\tau)}} = 0.$$

于是

$$\varphi^*(t)+t\overline{\varphi^{*\prime}(t)}+\overline{\psi^*(t)} = 0, \quad t \in L. \tag{4.2.38}$$

这是 S^- 的边界上无外应力的第一基本问题, 故

$$\varphi_j^*(z) = \mathrm{i}\epsilon_j z + d_j, \quad \psi_j^*(z) = -\overline{d_j}, \quad z \in \overline{S_j}. \tag{4.2.39}$$

由 (4.2.33),

$$\omega_0(t) = \epsilon_j t - \mathrm{i}d_j, \quad t \in L_j, \quad j = 0, 1, \cdots, m. \tag{4.2.40}$$

由 (4.2.36), (4.2.29) 得

$$\epsilon_j = 0, j = 0, 1, \cdots, m.$$

于是

$$\omega_0(t) = -\mathrm{i}d_j, \quad t \in L_j, \quad j = 0, 1, \cdots, m. \tag{4.2.41}$$

由 (4.2.28) 知

$$d_j = 0, j = 1, \cdots, m.$$

于是

$$\omega_0(t) \equiv 0, \quad t \in L_j, \quad j = 1, \cdots, m.$$

将 $\omega_0(t) = -\mathrm{i}d_0, t \in L_0$ 代入 (4.2.32) 有

$$\mathrm{i}\psi^*(z) = \frac{\overline{\mathrm{i}d_0}}{2\pi\mathrm{i}}\int_L[\zeta(t-z)-\zeta(t)]\mathrm{d}t = -\mathrm{i}\overline{d_0}.$$

令 $z=0$ 得 $d_0=0$, 于是

$$\omega_0(t) \equiv 0, \quad t \in L_0.$$

由方程 (4.2.24) 的解, 可作出满足边界条件 (4.2.6) 和附加条件 (4.2.9) 的两个单值双准周期解析函数, 进而求出复应力函数 $\varphi(z)$ 和 $\psi(z)$.

4.3 具双周期孔洞平面弹性第二基本问题

第二基本问题是已知各洞边界上的位移, 求各点应力和位移. 因位移是双准周期函数, 也就是说已知边界 L 上的位移 $g(t)$ 和两个位移加数 $g_k, k=1,2$, 求各点应力及位移. 这时各个 L_j 上的外应力主矢量 $X_j+\mathrm{i}Y_j$ 是未知的, 但由于 $\sum_{j=0}^{m}(X_j+\mathrm{i}Y_j)=0$, 实际上只有 m 个待求常数. 用通常方法易证解的唯一性, 至于解的存在性通过后面实际上找到复应力函数而得证.

复变方法求解时就是要寻求两个形如 (4.1.13) 和 (4.1.14) 的 (一般为多值的) 解析函数 $\varphi(z), \psi(z)$, 满足边界条件

$$\kappa\varphi(t) - t\overline{\varphi'(t)} - \overline{\psi(t)} = 2\mu g(t), \quad t \in L, \tag{4.3.1}$$

且

$$\left[\kappa\varphi(z) - z\overline{\varphi'(z)} - \overline{\psi(z)}\right]_{\Gamma_k} = 2\mu g_k, \quad k=1,2. \tag{4.3.2}$$

由 (4.1.13) 和 (4.1.14) 知

$$\begin{cases} \varphi(z) = \sum_{j=0}^{m} A_j \log \sigma(z-z_j) + \varphi_0(z), \\ \psi(z) = \sum_{j=0}^{m} -\kappa \overline{A_j} \log \sigma(z-z_j) + D_1(z)\varphi'(z) + \psi_0(z), \end{cases} \tag{4.3.3}$$

其中 A_j 是待求常数, $\varphi_0(z), \psi_0(z)$ 是 S^+ 中加数分别为 φ_k, ψ_k 单值双准周期解析函数.

由 (4.1.9) 和 (4.1.12) 得

$$-\kappa\overline{\varphi}_k + \psi_k = -2\mu\overline{g}_k + \frac{\kappa}{\pi(\kappa+1)} \sum_{j=0}^{m} \overline{A_j}(\overline{z}_j\overline{\eta}_k - z_j\eta_k), \quad k=1,2. \tag{4.3.4}$$

同上节, 引进待求函数 $\omega(t), t \in L$, 令

4.3 具双周期孔洞平面弹性第二基本问题

$$\varphi(z) = \sum_{j=0}^{m} A_j \log \sigma(z-z_j) + \frac{1}{2\pi i} \int_L \omega(t)\zeta(t-z)dt + Bz$$
$$- \frac{1}{2\pi i} \int_L \omega(t)\zeta(t-z_+)dt, \quad z \in S^+, \tag{4.3.5}$$

其中 z_+ 是 S^+ 中的任一定点.

$$\psi(z) = -\kappa \sum_{j=0}^{m} \overline{A_j} \log \sigma(z-z_j) + D_1(z)\varphi'(z)$$
$$- \frac{1}{2\pi i} \int_L [\kappa\overline{\omega(t)} + \overline{m(t)}\omega'(t)][\zeta(t-z)+\zeta(z)]dt - \kappa\overline{B}D_1(z)$$
$$- \frac{\kappa}{2\pi i} \overline{\int_L \omega(t)dt} D_2(z) - \frac{\kappa}{2\pi(\kappa+1)} \sum_{j=0}^{m} \overline{A_j}\,\overline{z_j}D_2(z) - \frac{\kappa}{2\pi(\kappa+1)} \sum_{j=0}^{m} \overline{A_j}z_j\zeta(z)$$
$$- D_4(z) + \frac{1}{2\pi i} \int_L \kappa\overline{\omega(t)}\zeta(t)dt, \quad z \in S^+, \tag{4.3.6}$$

其中

$$D_4(z) = a_4\zeta(z) + b_4 z, \tag{4.3.7}$$

且

$$D_4(z+2\omega_k) = D_4(z) + 2\mu\overline{g_k}, \quad k=1,2, \tag{4.3.8}$$

$$A_j = \int_{L_j} \omega(t)ds, \quad j=1,2,\cdots,m, \quad A_0 = -\sum_{j=1}^{m} A_j, \tag{4.3.9}$$

$$B = \frac{1}{2\pi i} \int_L \kappa\overline{\omega(t)}dt + [\overline{m(t)} - a_1\zeta(t)]d\omega(t). \tag{4.3.10}$$

直接验证可知对这样定义的函数 $\varphi(z), \psi(z)$, (4.3.4) 因而 (4.3.2) 总满足.

让 $z \in S^+ \to t_0 \in L$, 由边界条件 (4.3.1) 可得 $\omega(t)$ 的第二类 Fredholm 积分方程:

$$\kappa\omega(t_0) + \frac{\kappa}{2\pi i} \int_L \omega(t)d\log\frac{\zeta(\bar t-\overline{t_0})}{\zeta(t-t_0)} + \frac{1}{2\pi i} \int_L \overline{\omega(t)}d\frac{\zeta(\bar t-\overline{t_0})}{\zeta(t-t_0)}$$
$$+2\kappa \sum_{j=0}^{m} A_j \log|\sigma(t_0-z_j)| - m(t_0)\sum_{j=0}^{m}\overline{A_j}\,\overline{\zeta(t_0-z_j)} + (\kappa B - \overline{B})m(t_0)$$
$$- \frac{\overline{\zeta(t_0)}}{2\pi i} \int_L [\kappa\omega(t) + m(t)\overline{\omega'(t)}]d\bar t - \frac{\kappa}{2\pi i}\overline{D_2(t_0)}\int_L \omega(t)dt$$
$$+ \frac{\kappa}{2\pi(\kappa+1)}\sum_{j=0}^{m} A_j z_j \overline{D_2(t_0)} + \frac{\kappa}{2\pi(\kappa+1)}\sum_{j=0}^{m} A_j \overline{z_j}\,\overline{\zeta(t_0)}$$
$$- \frac{\kappa}{2\pi i} \int_L \omega(t)\zeta(t-z_+)dt + \frac{1}{2\pi i} \int_L \kappa\omega(t)\zeta(t)dt$$
$$= 2\mu g(t_0) - \overline{D_4(t_0)}. \tag{4.3.11}$$

今证方程 (4.3.11) 对任何右端有解, 只需证相应齐次方程仅有零解.

(4.3.11) 中令 $g(t_0) = D_4(t_0) = 0$, 若有解 $\omega(t)$, 由 (4.3.9), (4.3.10) 算出的 A_j, B, 再由 (4.3.5), (4.3.6) 作两个 S^+ 的解析函数 $\varphi_0(z), \psi_0(z)$, 它们必满足边界条件

$$\kappa\varphi_0(t) - t\overline{\varphi'_0(t)} - \overline{\psi_0(t)} = 0, \quad t \in L,$$

$$[\kappa\varphi_0(z) - z\overline{\varphi_0'(z)} - \overline{\psi_0(z)}]_{\Gamma_k} = 0, \quad k = 1, 2.$$

据唯一性定理, 位移必为 0, 有

$$\varphi_0(z) = d_0, \quad \psi_0(z) = \kappa\overline{d_0}, \quad z \in S^+,$$

其中 d_0 是某常数,

$$\varphi_0(z) = \sum_{j=0}^{m} A_j \log \sigma(z - z_j) + \frac{1}{2\pi\mathrm{i}} \int_L \omega_0(t)\zeta(t-z)\mathrm{d}t + Bz$$

$$- \frac{1}{2\pi\mathrm{i}} \int_L \omega_0(t)\zeta(t-z_+)\mathrm{d}t = d_0.$$

比较两边知

$$A_j = \int_{Lj} \omega_0(t)\mathrm{d}s = 0, \quad j = 1, \cdots, m, \quad A_0 = 0, \tag{4.3.12}$$

$$B = \frac{1}{2\pi\mathrm{i}} \int_L \kappa\overline{\omega_0(t)}\mathrm{d}t + \overline{[m(t)} - a_1\zeta(t)]\mathrm{d}\omega_0(t) = 0, \tag{4.3.13}$$

$$\int_L \omega_0(t)\mathrm{d}t = 0. \tag{4.3.14}$$

又由 $\varphi_0(z_+) = 0$, 所以 $d_0 = 0$, 于是

$$\varphi_0(z) = \frac{1}{2\pi\mathrm{i}} \int_L \omega_0(t)\left[\zeta(t-z) - \zeta(t-z_+)\right]\mathrm{d}t = 0, \quad z \in S^+, \tag{4.3.15}$$

$$\psi_0(z) = -\frac{1}{2\pi\mathrm{i}} \int_L \left[\kappa\overline{\omega_0(t)} + \overline{m(t)}\omega'_0(t)\right]\left[\zeta(t-z) + \zeta(z)\right]\mathrm{d}t$$

$$+ \frac{D_1(z)}{2\pi\mathrm{i}} \int_L \omega_0'(t)\zeta(t-z)\mathrm{d}t + \frac{1}{2\pi\mathrm{i}} \int_L \kappa\overline{\omega_0(t)}\zeta(t)\mathrm{d}t = 0, \quad z \in S^+. \tag{4.3.16}$$

现定义 S^- 中的两个全纯函数

$$\mathrm{i}\varphi^*(z) = \frac{1}{2\pi\mathrm{i}} \int_L \omega_0(t)\left[\zeta(t-z) - \zeta(t-z_+)\right]\mathrm{d}t, \quad z \in S^-, \tag{4.3.17}$$

$$\mathrm{i}\psi^*(z) = -\frac{1}{2\pi\mathrm{i}} \int_L [\kappa\overline{\omega_0(t)} + \overline{m(t)}\omega'_0(t)]\zeta(t-z)\mathrm{d}t + \frac{D_1(z)}{2\pi\mathrm{i}} \int_L \omega'_0(t)\zeta(t-z)\mathrm{d}t$$

$$- \frac{a_1}{2\pi\mathrm{i}}\zeta(z) \int_L \omega_0'(t)\zeta(t)\mathrm{d}t + \frac{1}{2\pi\mathrm{i}} \int_L \kappa\overline{\omega_0(t)}\zeta(t)\mathrm{d}t, \quad z \in S^-. \tag{4.3.18}$$

由 Plemelj 公式, 注意到 (4.3.15), (4.3.16) 和 (4.3.13) 得到其边值条件为

$$\mathrm{i}\varphi^*(t) = -\omega_0(t), \quad t \in L,$$

$$\mathrm{i}\psi^*(t) = \kappa\overline{\omega_0(t)} + \overline{m(t)}\omega_0{}'(t) - D_1(t)\omega_0{}'(t), \quad t \in L,$$

$$\kappa\varphi^*(t) - t\overline{\varphi^{*\prime}(t)} - \overline{\psi^*(t)} = 0, \quad t \in L.$$

这是 S^- 中边界 L 上无位移的第二基本问题, 有

$$\varphi^*(z) = C_j, \quad \psi^*(z) = \kappa\overline{C_j}, \quad z \in S_j^-, \tag{4.3.19}$$

其中, C_j 是某常数.

于是

$$\omega_0(t) = -\mathrm{i}C_j, \quad t \in L_j$$

代入 (4.3.12) 知

$$C_j = 0, \quad j = 1, 2, \cdots, m.$$

推得

$$\omega_0(t) \equiv 0, \quad t \in L_j, \quad j = 1, 2, \cdots, m.$$

将 $\omega_0(t) = -\mathrm{i}C_0, t \in L_0$, 代入 (4.3.18), 注意到 $\psi^*(0) = 0$, 于是

$$C_0 = 0,$$

因而

$$\omega_0(t) \equiv 0, \quad t \in L_0.$$

对任意给定的 $g(t), g_k$, 方程 (4.3.11) 总有解 $\omega(t)$, 由 (4.3.9), (4.3.10) 求出 A_j, B, 再由 (4.3.5), (4.3.6) 可得到复应力函数 $\varphi(z)$ 和 $\psi(z)$.

各向同性弹性平面中, 双周期焊接问题在文献中 (李星, 1991a) 进行了研究. 并得出问题的一般封闭解, 给出了基本胞腔中只焊接一个圆垫圈的解析解, 退化后与非周期的经典结果完全吻合.

第5章 具双周期裂纹与孔洞平面弹性基本问题

5.1 引言与说明

Л.М.Куршин(1968) 研究了双周期特殊孔洞, 即双周期圆洞的弹性平面基本问题; Koiter·W·T(1960) 研究了双周期基本胞腔中含一个任意形状孔洞的弹性平面第一基本问题; Л.А.Фильщтинский(1972) 对基本胞腔中含若干个任意形状孔洞的平面弹性问题进行了研究; B.B.Панасюк(1976) 在假定缝距较大时给出了特殊形状的双周期裂缝问题的解答, 路见可 (1986) 分别给出了双周期胞腔中含任意形状的若干条裂纹或若干个孔洞的平面弹性理论中的复 Airy 函数, 使问题大大简化; 郑可 (1988) 分别对这两种情况的弹性平面基本问题进行了研究. 本章内容取自于李星 (1990) 论文, 主要讨论了双周期基本胞腔中既含若干个任意形状孔洞, 同时又具若干条任意形状的裂缝的平面弹性基本问题. 根据路见可–Мусхелишивилb 方法, 对这类弹性平面问题建立起了数学模型, 将求解弹性平衡问题化归为寻求复应力函数的问题, 更进一步地用于推广Шерман 变换方法, 这样又将寻求复应力函数的问题归结为求解正则型的奇异积分方程, 最后证明了其解存在且唯一.

设 P_0 为一以 $\pm\omega_1 \pm\omega_2$ 为顶点的平行四边形基本胞腔, $2\omega_k(k=1,2)$ 是我们所讨论的基本周期, 且不妨设 $\text{Im}\,\dfrac{\omega_2}{\omega_1} > 0$, $\text{Im}\,\omega_1 = 0$; P_0 的边界取逆时针向为正向, 记为 Γ, 且 $\Gamma = \sum\limits_{i=1}^{4} \Gamma_k$. 设 P_0 中有 m 个孔洞, 以 $\gamma_j(j=1,\cdots,m)$ 为边界; 还设有 p 条裂纹 $L_i(i=1,\cdots,p)$. 记 $\gamma = \sum\limits_{j=1}^{m} \gamma_j$, 所有 γ_j 均是互不相交的光滑封闭曲线. 记 $L = \sum\limits_{i=1}^{m} L_i$, 所有 L_i 均是互不相交的光滑开口弧, 而且 L,γ,Γ 都互不相交. 孔洞的边界 γ 与基本胞腔 P_0 的边界 Γ 所围的除去裂纹的区域记为 S_0^+, P_0 内所有孔洞的内域的并记为 S_0^- (图 5.1.1). 于是整个弹性区域 S^+ 便是 S_0^+ 双周期延拓的结果. S^- 则是 S_0^- 双周期延拓的结果.

5.2 复应力函数的一般表达式

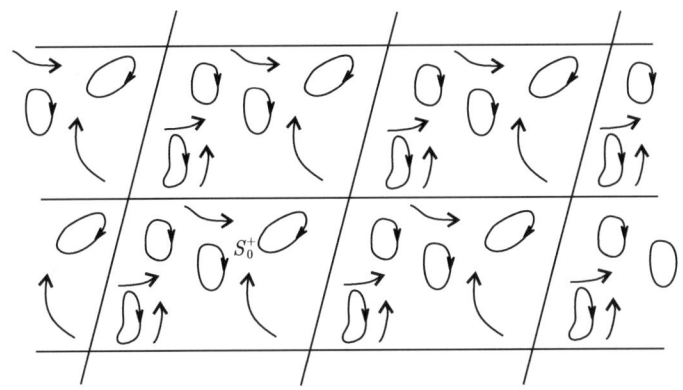

图 5.1.1 基本胞腔内含若干任意形状裂纹与孔洞的双周期分布模型

5.2 复应力函数的一般表达式

所谓双周期弹性平面问题是指应力均为双周期分布的, 即

$$\sigma_x(z+2\omega_k)=\sigma_x(z),\quad \sigma_y(z+2\omega_k)=\sigma_y(z),\quad \tau_{xy}(z+2\omega_k)=\tau_{xy}(z),\quad k=1,2.$$

由广义胡克定律知 $g(z)=u(z)+\mathrm{i}v(z)$ 是加法双准周期的, 且有

$$g(z+2\omega_k)=g(z)+g_k,\quad k=1,2,$$

其中 g_1, g_2 是常数, 称为位移加数.

由于整个弹性体可相差一刚性位移, 而平动不改变位移加数, 但旋转位移 $\mathrm{i}\epsilon z$ (ϵ 为实数) 的加数为 $2\mathrm{i}\epsilon\omega_k$. 因此, 当 g_k 同时改变这样的项时, 并不影响弹性体内各点的相对位移, 当然也不会改变应力分布.

用 $X_n(t)+\mathrm{i}Y_n(t)$ 表示洞的边界 γ_j 与 Γ 上点 t 处的外侧对内侧的应力; $\widetilde{X_n^\pm(t)+\mathrm{i}Y_n^\pm(t)}$ 表示裂纹 L_i 上任意点 t 处的正、负侧外应力 (n 表示 γ_j, Γ 或 L_i 的法矢方向), 且设它们均 Hölder 连续.

$$F_k=\int_{\Gamma_k}[X_n(t)+\mathrm{i}Y_n(t)]\mathrm{d}s,\quad t\in\Gamma_k,\quad k=1,2 \tag{5.2.1}$$

表示 Γ_1, Γ_2 上的外侧对内侧的应力主矢量.

$$X_j+\mathrm{i}Y_j=\int_{\gamma_j}[X_n(\tau)+\mathrm{i}Y_n(\tau)]\mathrm{d}s,\quad \tau\in\gamma_j,\quad j=1,2,\cdots,m$$

表示 γ_j 上的外应力主矢量.

$$X_i^\pm+\mathrm{i}Y_i^\pm=\int_{L_i}[X_n^\pm(\tau)+\mathrm{i}Y_n^\pm(\tau)]\mathrm{d}s,\quad \tau\in L_i,\quad i=1,2,\cdots,p$$

表示 L_i 两侧的外应力主矢量.

则其上合主矢量为: $X_i + \mathrm{i}Y_i = (X_i^+ + \mathrm{i}Y_i^+) + (X_i^- + \mathrm{i}Y_i^-)$, 其中 s 分别表示 Γ_k, γ_j, L_i 上的弧长参数.

由力的平衡原理, 考虑到双周期性, 在 P_0 两对对边上的外应力主矢量应相互抵消. 于是有

$$\sum_{j=1}^{m}(X_j + \mathrm{i}Y_j) + \sum_{i=1}^{p}(\widetilde{X_i} + \mathrm{i}\widetilde{Y_i}) = 0. \tag{5.2.2}$$

由应力是双周期的, 从而位移是双准周期的知: $\kappa\varphi(z) - z\overline{\varphi'(z)} - \overline{\psi(z)}$ 为双准周期函数, $\varphi(z) + z\overline{\varphi'(z)} + \overline{\psi(z)}$ 也为双准周期函数, 且加数为 $\mathrm{i}F_k(k=1,2)$(路见可, 1986).

上两式相加减便知 $\varphi(z)$ 是双准周期的, $z\overline{\varphi'(z)} + \overline{\psi(z)}$ 也是双准周期的.

由于弹性区域内有多条裂纹, 多个孔洞, 因而复应力函数 $\varphi(z), \psi(z)$ 一般是多值的, 所以首先将其多值部分分出.

设 z_j 为 γ_j 内域中一点

$$\varphi(z) = -\frac{1}{4\pi(\kappa+1)}\bigg\{2\sum_{j=1}^{m}(X_j + \mathrm{i}Y_j)\log\sigma(z-z_j) + \sum_{i=1}^{p}(\widetilde{X_i} + \mathrm{i}\widetilde{Y_i})$$
$$\times[\log\sigma(z-a_i)\sigma(z-b_i) - H_i(z)]\bigg\} + \varphi_0(z), \tag{5.2.3}$$

其中 $H_i(z) = \int_{L_i} h_i(\tau)\zeta(\tau-z)\mathrm{d}\tau, h_i(\tau) = \dfrac{2\tau - a_i - b_i}{b_i - a_i}$, 并且 $H_i(z)$ 在 $z = a_i, b_i$ 处分别有 $\log\sigma(z-a_i), \log\sigma(z-b_i)$ 的奇异性, 又因 $H_i(z)$ 单值, 故不影响其多值部分的分出. $\sigma(z)$ 是 Weierstrass σ 函数, 与 $\zeta(z)$ 有如下关系式

$$\zeta(z) = \frac{\sigma'(z)}{\sigma(z)}. \tag{5.2.4}$$

为了克服 $\psi(z)$ 不是双准周期函数这个困难, 引进函数 $D(z) = \delta_1\zeta(z) + \delta_2 z$, 其中 $\delta_1 = \dfrac{2}{\pi\mathrm{i}}(\overline{\omega_2}\omega_1 - \overline{\omega_1}\omega_2), \delta_2 = \dfrac{2}{\pi\mathrm{i}}(\overline{\omega_1}\eta_2 - \overline{\omega_2}\eta_1), \zeta(z)$ 是 Weierstrass ζ 函数, 且有关系式

$$\zeta(z + 2\omega_k) = \zeta(z) + 2\eta_k, \quad \eta_k = \zeta(\omega_k), \quad k=1,2,$$

还有

$$\omega_2\eta_1 + \omega_1\eta_2 = \frac{\pi\mathrm{i}}{2}, \tag{5.2.5}$$

于是

$$D(z + 2\omega_k) = D(z) - 2\overline{\omega_k}, \quad k=1,2.$$

5.2 复应力函数的一般表达式

因为 $z\overline{\varphi'(z)} + \overline{\psi(z)}$ 是加法双准周期函数, 故 $\psi(z) - D(z)\varphi'(z)$ 也是双准周期 (加法) 的. 但因 $D(z)$ 在 $z = 0$ 有一极点, 于是添加一项使其变为

$$\psi(z) - D(z)\varphi'(z) + D(z)\varphi'(0),$$

消除了极点, 但仍然是一个双准周期函数, 从而写出 $\psi(z)$ 的 Kolosov 表达式

$$\psi(z) = \frac{\kappa}{4\pi(\kappa+1)} \left\{ 2\sum_{j=1}^{m}(\widetilde{X_j} + \mathrm{i}Y_j)\log\sigma(z - z_j) + \sum_{i=1}^{p}(\widetilde{X_i} + \mathrm{i}\widetilde{Y_i}) \right.$$
$$\left. \times [\log\sigma(z - a_i)\sigma(z - b_i) - H_i(z)] \right\} + D(z)\varphi'(z) - D(z)\varphi'(0) + \psi_0(z), \tag{5.2.6}$$

其中 $\varphi_0(z)$, $\psi_0(z)$ 此时显然是双准周期 (加法) 分区全纯函数.

记

$$f_1(z) = \kappa\varphi(z) - z\overline{\varphi'(z)} - \overline{\psi(z)}, \tag{5.2.7}$$

因已知位移加数为 $g_k(k = 1, 2)$, 故 $f_1(z)$ 的双准周期加数为 $2\mu g_k(k = 1, 2)$.

$$f_1(z + 2\omega_k) = f_1(z) + 2\mu g_k, \quad k = 1, 2. \tag{5.2.8}$$

记

$$f_2(z) = \varphi(z) + z\overline{\varphi'(z)} + \overline{\psi(z)}. \tag{5.2.9}$$

由已知

$$f_2(z + 2\omega_k) = f_2(z) + \mathrm{i}F_k, \quad k = 1, 2, \tag{5.2.10}$$

其中 F_k 由式 (5.2.1) 表示.

将 (5.2.7), (5.2.9) 两式相加, 考虑到 (5.2.8), (5.2.10), 知

$$\varphi(z + 2\omega_k) = \varphi(z) + \frac{1}{\kappa + 1}\{\mathrm{i}F_k + 2\mu g_k\}, \quad k = 1, 2. \tag{5.2.11}$$

由 (5.2.3) 知 $\varphi_0(z)$ 是单值双准周期分区全纯函数

$$\varphi_0(z + 2\omega_k) = \varphi_0(z) + \varphi_k, \quad k = 1, 2,$$

其中

$$\varphi_k = \frac{1}{\kappa + 1}(\mathrm{i}F_k + 2\mu g_k) - \frac{\eta_k}{2\pi(\kappa + 1)}\left\{ 2\sum_{j=1}^{m}(X_j + \mathrm{i}Y_j)z_j + \sum_{i=1}^{p}(X_i + \mathrm{i}Y_i)(a_i + b_i) \right\}. \tag{5.2.12}$$

当然此推导过程中用到了 (5.2.2) 式.

将 (5.2.9) 改写为

$$f_2(z) = \varphi(z) + [z + \overline{D(z)}]\overline{\varphi'(z)} + \overline{\psi(z)} - \overline{D(z)}\,\overline{\varphi'(z)}.$$

记
$$m(z) = z + \overline{D(z)},$$
于是 $m(z), \varphi'(z)$ 都为双周期函数.

于是, 由 (5.2.6) 知
$$\psi_0(z + 2\omega_k) = \psi_0(z) + \psi_k, \quad k = 1, 2,$$

$$\psi_k = -\frac{1}{\kappa+1}(i\kappa\overline{F_k} + 2\mu\overline{g_k}) + \frac{\kappa\eta_k}{2\pi(\kappa+1)}\bigg\{2\sum_{j=1}^m (X_j - iY_j)z_j$$
$$+ \sum_{i=1}^p (X_i - iY_i)(a_i + b_i)\bigg\} - 2\overline{\omega_k}\varphi'(0). \tag{5.2.13}$$

立刻得到 $\Phi(z), \Psi(z)$ 的一般表达式
$$\Phi(z) = -\frac{1}{4\pi\kappa+1}\bigg\{2\sum_{j=1}^m (X_j + iY_j)\zeta(z-z_j) + \sum_{i=1}^p (X_i + iY_i)[\zeta(z-a_i)$$
$$+ \zeta(z - b_i) - H_i'(z)]\bigg\} + \Phi_0(z),$$

$$\Psi(z) = \frac{\kappa}{4\pi(\kappa+1)}\bigg\{2\sum_{j=1}^m (X_j + iY_j)\zeta(z-z_j) + \sum_{i=1}^p (X_i - iY_i)[\zeta(z-a_i)$$
$$+ \zeta(z - b_i) - H_i'(z)]\bigg\} + D(z)\Phi'(z) + \Psi_0(z),$$

其中 $\Phi_0(z) = \varphi_0'(z), \Psi_0(z) = D'(z)\varphi'(z) - D'(z)\varphi'(0) + \psi_0'(z)$ 均为双周期分区全纯函数.

5.3 具有双周期裂纹与孔洞平面弹性第一基本问题

引进记号
$$f^+(\tau) = f_i^+(\tau) = i\int_{a_i}^\tau [X_n^+(\tau) + Y_n^+(\tau)]ds,$$
$$f^-(\tau) = f_i^-(\tau) = i(X_i + iY_i) - i\int_{a_i}^\tau [X_n^-(\tau) + Y_n^-(\tau)]ds, \quad \tau \in L.$$

既然多值部分已经分出, 不妨假设
$$X_i + iY_i, \quad i = 1, \cdots, p,$$
$$X_j + iY_j, \quad j = 1, \cdots, m,$$

则有

5.3 具有双周期裂纹与孔洞平面弹性第一基本问题

$$f_i^{\pm}(a_i) = 0, \quad f_i^+(b_i) = f_i^-(b_i).$$

于是同文献 (路见可, 2005) 推导得

$$M_i = M_i^+ + M_i^- = \mathrm{Re} \int_{a_i}^{b_i} [f_i^+(\tau) - f_i^-(\tau)] \mathrm{d}\overline{\tau}.$$

若记

$$f(t) = f_j(t) = \int_{t_j}^{t} [X_n(t) + \mathrm{i}Y_n(t)] \mathrm{d}s, \quad t_j, t \in \gamma_j,$$

同文献 (路见可, 2005) 得

$$\widetilde{M_j} = \mathrm{Re} \int_{\gamma_j} f_j(t) \mathrm{d}\overline{t}.$$

而由文献 (路见可, 1986) 知

$$M_\Gamma = 2\mathrm{Im}\{\overline{\omega_1} F_2 - \overline{\omega_2} F_1\},$$

于是由力矩平衡条件有

$$M_\Gamma + \sum_{j=1}^{m} \widetilde{M_j} + \sum_{i=1}^{p} M_i = 0.$$

即

$$2\mathrm{Im}\{\overline{\omega_1} F_2 - \overline{\omega_2} F_1\} + \sum_{j=1}^{m} \mathrm{Re} \int_{\gamma_j} f_j(t) \mathrm{d}\overline{t} + \sum_{i=1}^{p} \mathrm{Re} \int_{a_i}^{b_i} [f_i^+(\tau) - f_i^-(\tau)] \mathrm{d}\overline{\tau} = 0.$$

即

$$\mathrm{Re} \left\{ \int_L [f^+(\tau) - f^-(\tau)] \mathrm{d}\overline{\tau} + \int_\gamma f(t) \mathrm{d}\overline{t} - 2\mathrm{i}(\overline{\omega_1} F_2 - \overline{\omega_2} F_1) \right\} = 0. \quad (5.3.1)$$

此问题就是已知作用于 γ 上的外应力 $X_n(t) + \mathrm{i}Y_n(t)$, L_i 两侧的 $f_i^{\pm}(\tau)$ 以及 Γ 上的应力主矢量 $F_k(k = 1, 2)$, 求弹性平衡. 这里当然要求 (5.3.1) 成立.

不失一般性, 可设每一个 γ_j 上的外应力主矢量 $X_j + \mathrm{i}Y_j = 0 (j = 1, \cdots, m)$. 每一个 L_i 上的外应力合矢量 $X_i + \mathrm{i}Y_i = 0 (i = 1, \cdots, p)$. 现要寻求 s 中的两个分区全纯函数满足下列边值条件

$$\varphi(t) + t\overline{\varphi'(t)} + \overline{\psi(t)} = f(t) + C(t), \quad t \in \gamma_j + \Omega_{mn}, \quad (5.3.2)$$

$$\varphi^{\pm}(t) + t\overline{\varphi'^{\pm}(t)} + \overline{\psi^{\pm}(t)} = \widetilde{f^{\pm}(t)} + \widetilde{C(t)}, \quad t \in L_i + \Omega_{mn}, \quad (5.3.3)$$

$$[\varphi(z) + z\overline{\varphi'(z)} + \overline{\psi(z)}]_{\Gamma_k} = \mathrm{i}F_k, \quad k = 1, 2. \quad (5.3.4)$$

符号 $[\ ]_k$ 表示括号内的函数在 Γ_k 上的增量. 而 $\Omega_{mn} = 2m\omega_1 + 2n\omega_2$. 考虑到复应力函数的表达式 (5.2.3), (5.2.6) 可转化为寻求两个单值双准周期分区全纯函数 $\varphi_0(z), \psi_0(z)$.

边界条件 (5.3.2), (5.3.3) 化为

$$\varphi_0(t) + m(t)\overline{\varphi_0'(t)} + \overline{\psi_0(t)} = f_0(t) + C(t), \quad t \in \gamma_j + \Omega_{mn}. \tag{5.3.5}$$

$$\varphi_0^\pm(t) + m(t)\overline{\varphi_0'^\pm(t)} + \overline{\psi_0'^\pm(t)} = \widetilde{f_0^\pm(t)} + \widetilde{C(t)}, \quad t \in L_i + \Omega_{mn}. \tag{5.3.6}$$

其中

$$f_0(t) = f(t) + \overline{\varphi_0'(0)}\,\overline{D(t)}, \quad t \in \gamma_j + \Omega_{mn}, \quad j = 1,\cdots,m,$$

$$\widetilde{f_0^\pm(t)} = \widetilde{f^\pm(t)} + \overline{\varphi_0'(0)}\,\overline{D(t)}, \quad t \in L_i + \Omega_{mn}, \quad i = 1,\cdots,p,$$

$$C(t) = C_j, \quad t \in \gamma_j + \Omega_{mn} \text{为待定常数},$$

$$\widetilde{C(t)} = \widetilde{C_j}, \quad t \in L_i + \Omega_{mn} \text{为待定常数}.$$

$$m(t) = t + \overline{D(t)}, \quad t \in L + \gamma. \tag{5.3.7}$$

再考虑到 (5.2.12), (5.2.13), 条件 (5.3.4) 转化为

$$\varphi_k + \overline{\psi_k} = \mathrm{i} F_{k0}, \quad k = 1, 2, \tag{5.3.8}$$

其中 $\mathrm{i} F_{k0} = \mathrm{i} F_k - 2\omega_k \overline{\varphi'(0)}$.

为了方便，令

$$\psi_1(z) = \psi_0(z) - \overline{\varphi_0'(0)}\,\overline{D(z)}. \tag{*}$$

于是 (5.3.5), (5.3.6), (5.3.8) 变为

$$\varphi_0(t) + m(t)\overline{\varphi_0'(t)} + \overline{\psi_1(t)} = f(t) + C(t), \quad t \in \gamma_j + \Omega_{mn}, \tag{5.3.9}$$

$$\varphi_0^\pm(t) + m(t)\overline{\varphi'^\pm(t)} + \overline{\psi_1^\pm(t)} = \widetilde{f^\pm(t)} + \widetilde{C(t)}, \quad t \in L_i + \Omega_{mn}, \tag{5.3.10}$$

$$\psi_k + \overline{\psi_{1k}} = \mathrm{i} F_k, \quad k = 1, 2. \tag{5.3.11}$$

上式中的 ψ_{1k} 为 $\psi_1(z)$ 的双准周期加数.

于是将求解 $\varphi_0(z), \psi_0(z)$ 满足条件 (5.3.5), (5.3.6), (5.3.8) 的问题转化为求解 $\varphi_0(z), \psi_1(z)$ 满足条件 (5.3.9), (5.3.10), (5.3.11) 的问题.

5.3.1 第一基本问题的解的构造

我们首先构造两个加法双准周期函数 $D_1(z), D_2(z)$. 其中 $D_1(z)$ 有形式

$$D_1(z) = \delta_3 \zeta(z) + \delta_4 z. \tag{5.3.12}$$

这里

$$\delta_3 = \frac{2}{\pi \mathrm{i}}(\omega_2 \overline{\eta_2} - \omega_2 \overline{\eta_1}), \quad \delta_4 = \frac{2}{\pi \mathrm{i}}(\eta_2 \overline{\eta_1} - \eta_1 \overline{\eta_2}).$$

于是有

$$D_1(z + 2\omega_k) = D_1(z) - 2\overline{\eta_k}, \quad k = 1, 2. \tag{5.3.13}$$

5.3 具有双周期裂纹与孔洞平面弹性第一基本问题

其中
$$D_2(z) = \delta_5 \zeta(z) + \delta_6 z. \tag{5.3.14}$$

这里
$$\delta_5 = (\omega_2 \overline{F_1} - \omega_1 \overline{F_2})\,\mathrm{i}, \quad \delta_6 = (\eta_1 \overline{F_2} - \eta_2 \overline{F_1})\,\mathrm{i}.$$

则有
$$D_2(z + 2\omega_k) = D_2(z) + \mathrm{i}\overline{F_k}, \quad k = 1, 2. \tag{5.3.15}$$

我们将文献中 (路见可, 2005) 的方法加以推广, 利用 (5.4.1), (5.4.3), 构造出了推广的Шерман变换

$$\varphi_0(z) = \frac{1}{2\pi\mathrm{i}} \int_\gamma \omega(t)[\zeta(t-z) - \zeta(t)]\,\mathrm{d}t + \frac{1}{2\pi\mathrm{i}} \int_L \omega(t)\zeta(t-z)\,\mathrm{d}t$$
$$+ \sum_{j=1}^m A_j \zeta(z - z_j) + A_0 z, \tag{5.3.16}$$

$$\varphi_1(z) = \frac{1}{2\pi\mathrm{i}} \int_\gamma \overline{\omega(t)}[\zeta(t-z) - \zeta(t)]\,\mathrm{d}t - \frac{1}{2\pi\mathrm{i}} \int_L \overline{\omega(t)}\zeta(t-z)\,\mathrm{d}t$$
$$\pm \frac{1}{2\pi\mathrm{i}} \int_{L+\gamma} \overline{\omega(t)}\mathrm{d}\bar{t}\, \overline{D_1(z-z_0)} + \frac{1}{2\pi\mathrm{i}} \int_\gamma \overline{\omega(t)}\mathrm{d}\bar{t}\,\overline{D_1(z-z_0)}$$
$$- \frac{1}{2\pi\mathrm{i}} \int_L \overline{\omega(t)}\mathrm{d}\bar{t}\,\overline{D_1(z-z_0)}$$
$$- \frac{1}{2\pi\mathrm{i}} \int_{L+\gamma} \overline{m(t)}\omega'(t)[\zeta(t-z) + \zeta(z-z_0)]\,\mathrm{d}t$$
$$+ \sum_{j=1}^m A_j D_1(z-z_j) + A_0 D(z) - D_2(z)$$
$$+ \frac{1}{2\pi\mathrm{i}} \int_L \left[\overline{\widetilde{f^+(t)}} - \overline{\widetilde{f^-(t)}}\right][\zeta(t-z) + \zeta(z-z_0)]\,\mathrm{d}t, \quad Z \in S^+, \tag{5.3.17}$$

其中 z_0 是 S^- 内的任一固定点,

$$A_j = \mathrm{i} \int_{\gamma_j} \omega(t)\,\mathrm{d}\bar{t} - \overline{\omega(t)}\mathrm{d}t. \quad \text{(实待定常数)} \tag{5.3.18}$$

很容易验证, 我们构造的 $\varphi_0(z), \psi_1(z)$ 均为单值双准周期解析函数, 且满足

$$\varphi_k + \overline{\psi_{1k}} = \mathrm{i}F_k, \quad k = 1, 2.$$

令 $\varphi_0(z), \psi_1(z)$ 中的 $z \in S^+ \to t_0 \in \gamma$, 利用推广的 Plemelj 公式代入边界条件 (5.3.9), 经过复杂的推导得到 $\omega(t)$ 的第二类 Fredholm 积分方程

$$K\omega(t_0) = \omega(t_0) + \frac{1}{2\pi i} \int_{L+\gamma} \omega(t) \, d\log \frac{\sigma(t-t_0)}{\sigma(t-t_0)}$$

$$-\frac{1}{2\pi i} \int_{L+\gamma} \overline{\omega(t)} d\left\{\left[m(t) - m(t_0)\overline{\zeta(t-t_0)}\right]\right\}$$

$$-\frac{1}{2\pi i} \int_{L+\gamma} \omega(t) \, dt \overline{D_1(t_0-z_0)} + \frac{1}{2\pi i} \int_{\gamma} \overline{\omega(t)} d\bar{t} \overline{D_1(t_0-z_0)}$$

$$+\frac{1}{2\pi i} \int_{L+\gamma} \overline{\omega'(t)} m(t) \, dt \zeta(t_0 - z_o) - \frac{1}{2\pi i} \int_{L} \overline{\omega(t)} d\bar{t} \overline{D_1(t_0-z_0)}$$

$$+\sum_{j=1}^{m} A_j \left[\zeta(t_0 - z_j) + \overline{\zeta'(t_0 - z_j)} m(t_0) + \overline{D_2(t_0 - z_j)} \right]$$

$$-\frac{1}{2\pi i} \int_{\gamma} \omega(t) \zeta(t) \, dt + 2A_0 m(t_0) - C(t_0) = f_{00}(t_0), \qquad (5.3.19)$$

其中

$$f_{00}(t_0) = f(t_0) + \overline{D_2(t_0)}$$

$$+\frac{1}{2\pi i} \int_{L} \left[\widetilde{f^+(t)} - \widetilde{f^-(t)}\right] \left[\zeta(t-t_0) + \overline{\zeta(t_0 - z_0)}\right] dt, \qquad (5.3.20)$$

$$C(t_0) = C_j = \frac{1}{2\pi i} \int_{\gamma_j} \omega(t) \, ds, \quad t_0 \in \gamma_j, \quad j=1,2,\cdots,m, \quad C_1 = 0. \qquad (5.3.21)$$

令 $z \in S^+ \to t_0 \in L$, 利用推广的 Plemelj 公式得到 $\varphi_0(z), \psi_1(z)$ 的边值 $\varphi_0(t), \psi_1(t)$ 代入 (5.3.10), 经过复杂推导, 整理得 $\omega(t)$ 的正则型奇异积分方程.

$$\frac{1}{\pi i}\int_L \omega(t)\zeta(t-t_0)\,dt + \frac{1}{2\pi i}\int_{L+\gamma} \omega(t)\,d\log\frac{\sigma(t-t_0)}{\sigma(t-t_0)} - \frac{1}{2\pi i}\int_\gamma \omega(t)\,d\log\frac{\sigma(t)}{\sigma(t)}$$

$$-\frac{1}{2\pi i}\int_{L+\gamma}\overline{\omega(t)}d\left\{[m(t)-m(t_0)]\overline{\zeta(t-t_0)}\right\} + \sum_{j=1}^m A_j\zeta(t_0-z_j)$$

$$+\sum_{j=1}^m A_j\overline{P*(t_0-z_j)}m(t_0) + \sum_{j=1}^m A_j\overline{D_2(t_0-z_j)} + 2A_0 m(t_0)$$

$$-\frac{1}{2\pi i}\int_{L+\gamma}\omega(t)\,dt\overline{D_1(t_0-z_0)} - \frac{1}{2\pi i}\int_\gamma \omega(t)\,dt D_1(t_0-z_0)$$

$$+\frac{1}{2\pi i}\int_L \omega(t)\,dt D_1(t_0-z_0) + \frac{1}{2\pi i}\int_{L+\gamma} m(t)\overline{\omega'(t)}d\bar{t}\zeta(t_0-z_0) - \widetilde{C_i}$$

$$=\frac{1}{2\pi i}\int_L\left[\widetilde{f^+(t)}-\widetilde{f^-(t)}\right]\widetilde{\overline{\zeta(t-t_o)}}d\bar{t} + \frac{1}{2}\widetilde{G(t_0)}+\overline{D_2(t_0)}, \qquad (5.3.22)$$

其中 $\widetilde{G(t_0)} = \widetilde{f^+(t_0)} + \widetilde{f^-(t_0)}, t_0 \in L, P^*(z)$ 是 Weierstrass 椭圆函数.

这样 (5.3.8) (5.3.11) 合在一起构成了 $L+\gamma$ 上关于 $\omega(t)$ 的一个带 ζ 函数核的奇异积分方程, 其特征部分为

$$A(t_0)\omega(t_0) + \frac{B(t_0)}{\pi\mathrm{i}} \int_{L+\gamma} \omega(t) \left[\zeta(t-t_0) - \zeta(t)\right]\mathrm{d}t, \tag{5.3.23}$$

其中

$$A(t_0) = \begin{cases} 1, & \text{当}t_0 \in \gamma, \\ 0, & \text{当}t_0 \in L, \end{cases} \qquad B(t_0) = \begin{cases} 0, & \text{当}t_0 \in \gamma, \\ 1, & \text{当}t_0 \in L. \end{cases}$$

显然 $A(t_0) \pm B(t_0) \neq 0$ 于 $L+\gamma$ 上, 所以是 $L+\gamma$ 上的正则型奇异积分方程, 且其指标也显然为 0, 故它具有类似于 Fredholm 方程的性质.

5.3.2 第一基本问题的解的存在唯一性

若最后所得的以 (5.3.23) 为其特征部分的 $L+\gamma$ 上的正则型奇异积分方程有解 $\omega(t)$, 且 $\omega'(t) \in H$. 由 (5.3.16), (5.3.17) 构成的函数 $\varphi_0(z), \psi_1(z)$ 是单值双准周期解析函数, 且满足 (5.2.9)~(5.2.11). 考虑到 (*) 式, $\varphi_0(z), \psi_0(z)$ 满足 (5.3.5), (5.3.6), (5.3.8), 于是问题归结为可解条件 (5.3.1) 满足时, 求解以 (5.3.23) 为特征部分的 $L+\gamma$ 上的正则型奇异积分方程.

但此方程并非对任意的右端都是可解的, 故同文献 (郑可, 1988) 的做法, 引进一纯虚数

$$b_0 = \mathrm{i}\int_\gamma \left[\omega(t)\mathrm{d}\bar{t} + \overline{\omega(t)}\mathrm{d}t\right] + \left\{\left[\overline{\delta_1\,\zeta(t)} - m(t)\right]\mathrm{d}\overline{\omega(t)} + \left[\delta_1\zeta(t) - \overline{m(t)}\right]\mathrm{d}\omega(t)\right\}. \tag{5.3.24}$$

把方程 (5.3.19) 加以改造, 在左端附加一项 $b_0/\bar{t}_0$, 于是方程 (5.3.19) 变为新的积分方程

$$K\omega(t_0) + b_0/\bar{t}_0 = f_{00}(t_0), \quad t_0 \in \gamma. \tag{5.3.25}$$

同文献 (路见可, 2005) 易证在条件 (5.3.1) 满足的前提下, 若方程 (5.3.25), (5.3.22) 有解, 则必 $b_0 = 0$. 且方程 (5.3.25), (5.3.22) 的解 $\omega(t)$ 亦必是原方程 (5.3.19), (5.3.22) 的解.

令证方程 (5.3.25), (5.3.22) 对任何右端 h_{2p} 中都有解, 由特征部分 (5.3.23) 可知, 只需证明相应的齐次方程仅有零解即可, 也即 $f(t_0) = f_j(t_0) = 0, t_0 \in \gamma_j; \widetilde{f^\pm(t_0)} = \widetilde{f_i^\pm(t_0)} = 0, t_0 \in L_i; F_k = 0 (k = 1, 2)$ 时, 要证 $\omega_0(t_0) = 0$ 于 $L+\gamma$ 上. 而类似文献 (郑可, 1988) 可证 $\omega_0(t_0) = 0 (t \in L+\gamma)$. 这里不再赘述, 于是第一基本问题解决.

5.4 具双周期裂纹与孔洞平面弹性第二基本问题

对于双周期平面弹性问题而言, 所谓第二基本问题, 就是已知孔洞边界 γ 上的位移 $g(t)$ 以及裂纹 L_i 两侧的位移 $g_i(t)(t \in L)$, 并已知它们的两个位移加数

$g_k(k=1,2)$. 此时各个 γ_j 上的外应力主矢量 $X_j+\mathrm{i}Y_j$ 和各个裂纹两侧的外侧对内侧的外应力主矢量 $X_i+\mathrm{i}Y_i$ 为未知待定的, 但满足 (5.2.2) 式, 故实际上只有 $m+p-1$ 个待求复常数. 同文献 (路见可, 2005) 易证解的唯一性. 至于解的存在性通过后面实际上找到构造解而得证.

第二基本问题就是寻求双准周期的分区全纯函数 $\varphi(z)$ 和满足 $\psi(z)+\bar{z}\varphi'(z)$ 为一双准周期函数的分区全纯函数 $\psi(z)$ 满足下列边界条件:

$$\kappa\varphi(t)-t\overline{\varphi'(t)}-\overline{\psi(t)}=2\mu g(t),\quad t\in\gamma,\tag{5.4.1}$$

$$\kappa\varphi^{\pm}(t)-t\overline{\varphi'^{\pm}(t)}-\overline{\psi^{\pm}(t)}=f^{\pm}(t),\quad t\in L,\tag{5.4.2}$$

$$\left[\kappa\varphi(z)-z\overline{\varphi'(z)}-\overline{\psi(z)}\right]_k=2\mu g_k,\quad k\in 1,2,\tag{5.4.3}$$

这里已令 $f(t)=2\mu g_i^{\pm}(t), t\in L_i$.

为了求解此边值问题, 同 5.3.1 节引进未知函数 $\omega(t), t\in L+\gamma$, 记

$$A_j=-\frac{X_j+\mathrm{i}Y_j}{4\pi(\kappa+1)},\quad j=1,2,\cdots,m,$$

$$\widetilde{A_i}=-\frac{\widetilde{X_i}+\mathrm{i}\widetilde{Y_i}}{4\pi(\kappa+1)},\quad i=1,2,\cdots,p$$

为未知 (待定) 常数, 构造出了推广的 Шерман 变换

$$\varphi(z)=\left\{2\sum_{j=1}^{m}A_j\log\sigma(z-z_j)+\sum_{i=1}^{p}\widetilde{A_i}[\log\sigma(z-a_i)\sigma(z-b_i)-H_i(z)]\right\}+\varphi_0(z),\tag{5.4.4}$$

$$\psi(z)=-\kappa\left\{2\sum_{j=1}^{m}\overline{A_j}\log\sigma(z-z_i)+\sum_{i=1}^{p}\overline{\widetilde{A_i}}[\log\sigma(z-a_i)\sigma(z-b_i)-H_i(z)]\right\}$$
$$+D(z)\varphi'(z)-D(z)\varphi'(0)+\psi_0(z),\tag{5.4.5}$$

其中 $\varphi_0(z),\psi_0(z)$ 是 S^+ 中加数分别为 φ_k,ψ_k 的单值双准周期解析函数.

构造表达式

$$\varphi(z)=\left\{2\sum_{j=1}^{m}A_i\log\sigma(z-z_j)+\sum_{i=1}^{p}\widetilde{A_i}[\log\sigma(z-a_i)\sigma(z-b_i)-H_i(z)]\right\}$$
$$+\frac{1}{2\pi\mathrm{i}}\int_L\omega(t)[\zeta(t-z)-\zeta(t)]\mathrm{d}t$$
$$+\frac{1}{2\pi\mathrm{i}}\int_L\omega(t)\zeta(t-z)\mathrm{d}t+B_0z+\mathrm{C},\quad z\in S^+,\tag{5.4.6}$$

其中 C 为复待定常数.

5.4 具双周期裂纹与孔洞平面弹性第二基本问题

$$\psi(z) = -\kappa \left\{ 2\sum_{j=1}^{m} \widetilde{A_j} \log \sigma(z - z_j) + \sum_{i=1}^{p} \widetilde{\widetilde{A_i}} \left[\log \sigma(z - a_i) \sigma(z - b_i) - H_i(z) \right] \right\}$$

$$+ D(z) \varphi'(z) - D(z) \varphi'(0) - \frac{\kappa}{2\pi \mathrm{i}} \int_{\gamma} \overline{\omega(t)} \mathrm{d}\bar{t} \left[\zeta(t-z) - \zeta(t) \right]$$

$$+ \frac{\kappa}{2\pi \mathrm{i}} \int_{L} \overline{\omega(t)} \zeta(t-z) \mathrm{d}t - \frac{1}{2\pi \mathrm{i}} \int_{L+\gamma} \overline{m(t)} \omega'(t) \mathrm{d}t \left[\zeta(t-z) - \zeta(z - z_0) \right]$$

$$+ \frac{\kappa}{2\pi \mathrm{i}} \int_{\gamma} \overline{\omega(t)} \mathrm{d}\bar{t} D_1(z - z_0) - \frac{\kappa}{2\pi \mathrm{i}} \int_{\gamma} \overline{\omega(t)} \mathrm{d}\bar{t} \overline{D_1(z - z_0)}$$

$$+ \frac{\kappa}{2\pi \mathrm{i}} \int_{L} \overline{\omega(t)} \mathrm{d}\bar{t} \overline{D_1(z - z_0)} - \kappa \overline{B_0} D(z - z_0)$$

$$- \frac{\kappa}{\pi(\kappa+1)} \sum_{j=1}^{m} \overline{A_j} \,\overline{z_j} D_1(z - z_0)$$

$$- \frac{\kappa}{\pi(\kappa+1)} \sum_{j=1}^{m} \overline{A_j} z_j \overline{D_1(z - z_0)} - \frac{\kappa}{2\pi(\kappa+1)} \sum_{i=1}^{p} \overline{\widetilde{\widetilde{A_i}}} \left(\overline{a_i} + \overline{b_i} \right) D_1(z - z_0)$$

$$- \frac{\kappa}{2\pi(\kappa+1)} \sum_{i=1}^{p} \widetilde{\widetilde{A_i}} (a_i + b_i) \overline{D_1(z - z_0)} - D_3(z)$$

$$- \frac{1}{2\pi \mathrm{i}} \int_{L} \left(\overline{f^+(t)} - \overline{f^-(t)} \right) \zeta(t-z) \mathrm{d}t, \tag{5.4.7}$$

其中 $D_3(z)$ 是我们构造的双准周期函数,

$$D_3(z) = \delta_7 \zeta(z) + \delta_8 z,$$

$$D_3(z + 2\omega_k) = D_3(z) + 2\overline{\mu g_k}, \quad k = 1, 2,$$

$$\delta_7 = \mu(\omega_2 \overline{g_1} - \omega_1 \overline{g_2}), \quad \delta_8 = \mu(\eta_1 \overline{g_2} - \eta_2 \overline{g_1}),$$

$$B_0 = \frac{1}{2\pi \mathrm{i}} \int_{L+\gamma} \kappa \overline{\omega(t)} \mathrm{d}t + \left[\overline{m(t)} - \delta_1 \zeta(t) \right] \mathrm{d}\omega(t) \quad \text{为待定常数,}$$

$$A_j = \int_{\gamma_j} \omega(t) \mathrm{d}s, \quad j = 1, 2, \cdots, m.$$

这里 s 为 γ_j 上的弧长参数.

A_j 与 $\widetilde{A_j}$ 满足关系

$$\sum_{j=1}^{m} A_j + \sum_{=1}^{p} \widetilde{A_i} = 0.$$

由 (5.4.4), (5.4.5) 得

$$-\kappa \overline{\varphi_k} + \psi_k = -2\mu \overline{g_k} + \frac{2\kappa}{\pi(\kappa+1)} \sum_{j=1}^{m} \overline{A_j} \left(\overline{z_j} \, \overline{\eta_k} - z_j \eta_k \right)$$

$$+ \frac{\kappa}{\pi(\kappa+1)} \sum_{i=1}^{p} \widetilde{\widetilde{A_i}} \left[\overline{(\overline{a_i} + \overline{b_i})} \, \overline{\eta_k} - (a_i + b_i) \eta_k \right]. \tag{5.4.8}$$

而直接可验证我们构造的推广的Шерман变换 (5.4.6), (5.4.7) 正好满足 (5.4.8), 故 (5.4.3) 自动满足.

让 $z \in S^+ \to t_0 \in \gamma$, 利用推广了的 Plemelj 公式, 由边界条件 (5.4.1) 可得 $\omega(t)$ 的第二类 Fredholm 方程

$$\kappa\omega(t_0) + \frac{\kappa}{2\pi i}\int_{L+\gamma}\omega(t)\operatorname{dln}\frac{\sigma(t-t_0)}{\sigma(t-t_0)} + \frac{1}{2\pi i}\int_{\gamma}\overline{\omega(t)}\operatorname{dln}\frac{\sigma(t-t_0)}{\sigma(t-t_0)}$$

$$-\frac{1}{2\pi i}\int_{L+\gamma}\overline{\omega(t)}\operatorname{d}\left\{[m(t)-m(t_0)]\overline{\zeta(t-t_0)}\right\} + 4\kappa\sum_{j=1}^{m}A_j\ln|\sigma(t_0-z_j)|$$

$$+2\kappa\sum_{i=1}^{p}\widetilde{A_i}\left\{\ln|\sigma(t_0-a_i)\sigma(t_0-b_i)| - \operatorname{Re}[H_i(t_0)]\right\}$$

$$-\frac{1}{2\pi i}\int_{L+\gamma}m(t)\overline{\omega'(t)}\operatorname{d}\bar{t}\zeta(t_0-z_0)$$

$$-m(t_0)\left\{2\sum_{j=1}^{m}\overline{A_j}\,\overline{\zeta(t_0-z_j)} + \sum_{i=1}^{p}\overline{\widetilde{A_i}}[\zeta(t_0-a_i)+\zeta(t_0-b_i)-H_i'(t_0)]\right\}$$

$$-\frac{\kappa}{2\pi i}\int_{\gamma}\omega(t)\operatorname{d}t\left[D_1(t_0-z_0) - \overline{D_1(t_0-z_0)}\right] + \frac{\kappa}{\pi(\kappa+1)}$$

$$\times\sum_{j=1}^{m}A_j\left[z_j\overline{D_1(t_0-z_0)} + \overline{z_j}D_1(t_0-z_0)\right]$$

$$+\frac{\kappa}{2\pi(\kappa+1)}\sum_{i=1}^{p}\widetilde{A_i}\left[\left(\widetilde{a_i}+\widetilde{b_i}\right)D_1(t_0-z_0) + (a_i+b_i)\overline{D_1(t_0-z_0)}\right]$$

$$+(\kappa B_0 - \overline{B_0})m(t_0) + \frac{\kappa}{2\pi i}\int_{l}\omega(t)\operatorname{d}tD_1(t_0-z_0) + \overline{D(t_0)}\overline{\varphi'(0)}$$

$$= \frac{1}{2}G(t_0) - \frac{1}{2\pi i}\int_{L}F(t)\overline{\zeta(t-t_0)}\operatorname{d}\bar{t} - \kappa C. \tag{5.4.9}$$

于是 (5.4.9) 构成了 $L+\gamma$ 上的正则型奇异积分方程, 其特征部分为

$$A(t_0)(\omega t_0) + \frac{B(t_0)}{\pi i}\int_{L+\gamma}\omega(t)[\zeta(t-t_0)]\operatorname{d}t, \tag{5.4.10}$$

其中

$$A(t_0) = \begin{cases}\kappa, & t_0 \in \gamma, \\ 0, & t_0 \in L,\end{cases} \qquad B(t_0) = \begin{cases}0, & t_0 \in \gamma, \\ \kappa, & t_0 \in L.\end{cases}$$

且其指标为 0, 故它具有类似 Fredholm 方程的性质. 为证在 h_{2p} 类中其解的存在唯一性, 只须证相应的齐次方程仅有零解: $\omega_0(t_0) = 0, t_0 \in L+\gamma$.

类似文献 (郑可, 1988) 可证 $\omega_0(t_0) = 0, t_0 \in L + \gamma$. 这里不再赘述, 于是第二基本问题解决.

注 5.4.1　还可讨论具相对位移的第二基本问题.

注 5.4.2　运用类似的方法不难解决这种情况的混合问题.

第6章 具双周期孔洞不同材料弹性平面焊接基本问题

6.1 具双周期孔洞不同材料弹性平面焊接第一基本问题

6.1.1 一般说明

双周期弹性问题, 在岩石力学、混凝土力学和固体力学中常常遇到. 本节内容取自李星论文 (1988b), 主要讨论不同材料的双周期孔洞弹性平面的焊接的第一基本问题.

设 P_0 为一以 $\pm\omega_1 \pm \omega_2$ 为顶点的平行四边形基本胞腔, $2\omega_k(k=1,2)$ 是我们讨论的基本周期, 且不妨设 $\operatorname{Im}\frac{\omega_2}{\omega_1} > 0$, $\operatorname{Im}\omega_1 = 0$; P_0 的边界取逆时针向为正向, 记为 Γ, 且 $\Gamma = \sum_{i=1}^{4}\Gamma_k$. P_0 内的焊接线记为 L, 它是一条光滑封闭曲线, 以顺时针向为正向; 设 P_0 中有 m 个孔洞, 以 $\gamma_j(j=0,\cdots,m-1)$ 为边界; 也取顺时针方向为正向, 记 $\gamma = \sum_{j=0}^{m-1}\gamma_j$, 它们均互不相交, 与 Γ 和 L 也不相交, 且都是光滑曲线. Γ 与 γ 所围的弹性区域 s_0 是一个有界多连通区域, s_0 本身是两种不同材料焊接在一起形成的, 且设两种材料的弹性常数分别为 $\kappa, \mu^{\pm}$. 则整个弹性区域 s 是 s_0 及其合同区域的并. 诸 γ_j 的正向取使 s_0 在其正侧的方向为正向. 在焊接时, L 上允许有已知位移差. L 和 Γ 所围的不包括洞的区域记为 D, L 内部不包括洞的区域记为 D'. 以 γ_j 为 (部分) 边界的 D 或 D' 的弹性常数记为 $\kappa_j, \mu_j(j=0,\cdots,m-1)$.

$$\kappa_j = \begin{cases} \kappa^+, & \text{当}\gamma_j\text{为}D\text{的 (部分) 边界}, \\ \kappa^-, & \text{当}\gamma_j\text{为}D'\text{的 (部分) 边界}. \end{cases} \qquad \mu_j = \begin{cases} \mu^+, & \text{当}\gamma_j\text{为}D\text{的 (部分) 边界}, \\ \mu^-, & \text{当}\gamma_j\text{为}D'\text{的 (部分) 边界}. \end{cases}$$

κ_z, μ_z 表示以 z 为内点的区域 D 或 D' 的弹性常数.

$$\kappa_z = \begin{cases} \kappa^+, & \text{当}z \in D, \\ \kappa^-, & \text{当}z \in D'. \end{cases}$$

基本胞腔中每个洞所占的区域记为 s_0^j, 其并集记为 s_0^-, s_0^- 及其合同区域的并记为 s^-. 假定在未焊接前 L 两侧间有位移差

$$g(t) = [u^+(t) - u^-(t)] + \mathrm{i}[v^+(t) - v^-(t)], \quad t \in L,$$

且设 $g(t)$ 充分光滑.

用 $X_n(t) + \mathrm{i}Y_n(t), t \in \gamma$, 表示 γ 上点 t 处的外应力,γ_i 上合主矢量

$$X_j + \mathrm{i}Y_j = \int_{\gamma j} [X_n(t) + \mathrm{i}Y_n(t)]\mathrm{d}s, \quad j = 0, 1, \cdots, m-1, \tag{6.1.1}$$

由力的平衡条件得

$$\sum_{j=0}^{m-1}(X_j + \mathrm{i}Y_j) = 0.$$

设 Γ_k 上外侧对内侧的应力主矢量为 $F_k(k=1,2)$, 且 γ 上的外应力函数满足 Hölder 条件.

6.1.2 复应力函数的一般表达式

由文献 (郑可, 1988) 知, $\varphi(z)$ 是双准周期的, 且 $\overline{z\varphi'(z)} + \overline{\psi(z)}$ 也是双准周期的. 根据弹性一般理论, 在 γ_j 所围的内域 s_0^j 中任取一点 z_j, 且设 $O \in D$. 考虑到双周期性, 复应力函数 $\varphi(z), \psi(z)$ 有如下表达式

$$\varphi(z) = -\frac{1}{2\pi(\kappa_z+1)}\sum_{j=0}^{m-1}(X_j+\mathrm{i}Y_j)\log\sigma(z-z_j) + \varphi_0(z), \quad z \in s_0, \tag{6.1.2}$$

$$\psi(z) = \frac{\kappa_z}{2\pi(\kappa_z+1)}\sum_{j=0}^{m-1}(X_j-\mathrm{i}Y_j)\log\sigma(z-z_j) + \psi_0(z), \quad z \in s_0, \tag{6.1.3}$$

其中 $\varphi_z(0), \psi_z(0)$ 为 s_0 内分区全纯函数, 对数可任意取定分支, 这样就把 $\varphi(z), \psi(z)$ 的多值部分分离了出来. 由 (6.1.1), (6.1.2) 式得出 $\varphi_0(z)$ 是双准周期函数且与 $\varphi(z)$ 的加数相同, 由 (6.1.1), (6.1.3) 得出 $\overline{z\varphi_0(z)'} + \overline{\psi_0(z)}$ 是双准周期的. 这样将求解未知函数 $\varphi(z), \psi(z)$ 的问题转变为求解 $\varphi_0(z), \psi_0(z)$. 既然已给复应力函数的多值部分, 不妨设

$$X_j + \mathrm{i}Y_j = 0, \quad j = 0, 1, \cdots, m-1. \tag{6.1.4}$$

于是 $\varphi(z), \psi(z)$ 本身就是分区全纯的了.

引进记号

$$f(t) = \mathrm{i}\int_{t_j}^{t}[X_n(t) + \mathrm{i}Y_n(t)]\mathrm{d}s, \quad t_j, t \in \gamma_j.$$

由 (6.1.4), 它在各个 γ_j 上的单值.

由力矩平衡条件

$$M\Gamma + \sum_{j=0}^{m-1} M_j = 0,$$

根据文献 (路见可, 1986, 2005) 求得可解条件

$$\text{Re}\left[\sum_{j=0}^{m-1}\int_{\gamma j}f(t)\mathrm{d}\bar{t}-2\mathrm{i}(\overline{\omega_1}F_1-\overline{\omega_2}F_1)\right]=0. \qquad(6.1.5)$$

6.1.3 第一基本问题的提法

不同材料带双周期孔洞弹性平面的焊接问题就是已知 γ 上各点处的外应力 $X_n(t)+\mathrm{i}Y_n(t)$ 和 L 上的位移差 $g(t)$, 以及 Γ_k 上的外侧对内侧的应力主矢量 $F_k(k=1,2)$, 求弹性平衡, 当然要设 (6.1.5) 成立.

不失一般性, 在假定每个 $X_j+\mathrm{i}Y_j=0$ 的前提下, 寻求 s_0 中的两个分区全纯函数满足边值条件

$$\varphi(t)+t\overline{\varphi'(t)}+\overline{\psi(t)}=f(t)+C_j, \quad t\in\gamma_j, \quad j=0,1,\cdots,m-1, \qquad(6.1.6)$$

$$\varphi^+(t)+t\overline{\varphi'^+(t)}+\overline{\psi^+(t)}=\varphi^-(t)+t\overline{\varphi'^-(t)}+\overline{\psi^-(t)}, \quad t\in L, \qquad(6.1.7)$$

$$\alpha^+\varphi^+(t)-\beta^+\left[t\overline{\varphi'^+(t)}+\overline{\psi^+(t)}\right]=\alpha^-\varphi^-(t)-\beta^-\left[t\overline{\varphi'^-(t)}+\overline{\psi^-(t)}\right]+2g(t), t\in L, \qquad(6.1.8)$$

以及条件

$$\left[\varphi(z)+z\overline{\varphi'(z)}+\overline{\psi(z)}\right]\Big|_z^{z+2\omega_k}=\mathrm{i}F_k, \quad k=1,2, \qquad(6.1.9)$$

其中 $\alpha^\pm=\kappa^\pm/\mu^\pm$, $\beta^\pm=1/\mu^\pm$ 均为正数, C_j 为待定常数.

6.1.4 第一基本问题化为第二型 Fredholm 方程

引进新的未知函数 $\omega(t), t\in L+\gamma$ 使

$$\varphi(z)=\frac{1}{2\pi\mathrm{i}}\int_{L+\gamma}\omega(t)\left[\zeta(t-z)-\zeta(t)\right]\mathrm{d}t+\sum_{j=0}^{m-1}b_j\zeta(z-z_j)+A_zz, \qquad(6.1.10)$$

$$\psi(z)=\frac{1}{2\pi\mathrm{i}}\int_\gamma\left[\overline{\omega(t)}\mathrm{d}t+\omega(t)\mathrm{d}\bar{t}\right]\left[\zeta(t-z)-\zeta(t)\right]-\frac{1}{2\pi\mathrm{i}}\int_{L+\gamma}\omega(t)\left[\bar{t}\rho(t-z)\right]$$

$$-\rho(t-z)\mathrm{d}t-\frac{1}{2\pi\mathrm{i}}\int_L\left[\overline{\omega(t)}\mathrm{d}t-\omega(t)\mathrm{d}\bar{t}\right]\left[\zeta(t-z)-\zeta(t)\right]$$

$$+\sum_{j=0}^{m-1}b_j\left[\zeta(z-z_j)+\rho(z-z_j)\right]+B_kz, \qquad(6.1.11)$$

其中

$$\rho(z)=\sum_{mn}{}'\left\{\frac{\overline{\rho_{mn}}}{(z-\rho_{mn})^2}-2z\frac{\overline{\rho_{mn}}}{\rho_{mn}^3}-\frac{\overline{\rho_{mn}}}{\rho_{mn}^2}\right\}, \qquad(6.1.12)$$

这里

$$\rho_{mn}=2m\omega_1+2n\omega_2,$$

6.1 具双周期孔洞不同材料弹性平面焊接第一基本问题

$\sum_{mn}'$ 表示除去 $m = n = 0$ 外求和, 在相应的合同点上

$$\rho(z + 2\omega_k) - \rho(z) = 2\overline{\omega_k}\mathscr{P}(z) + 2\gamma_k. \tag{6.1.13}$$

而 $\gamma_k = \rho(\omega_k) - \overline{\omega_k}\mathscr{P}(\omega_k), k = 1, 2$, 且满足

$$\gamma_2\omega_1 - \gamma_1\omega_2 = \eta_1\overline{\omega_2} - \eta_2\overline{\omega_1}. \tag{6.1.14}$$

而 $\mathscr{P}(z)$ 是 Weierstrass 椭圆函数

$$\mathscr{P}(z) = -\zeta'(z). \tag{6.1.15}$$

待定常数

$$b_j = \frac{1}{2\pi\mathrm{i}} \int_{\gamma_j} \left[\omega(t)\mathrm{d}\bar{t} - \overline{\omega(t)}\mathrm{d}t\right], \quad j = 0, 1, \cdots, m-1. \tag{6.1.16}$$

在 (6.1.10), (6.1.11) 中将 z 改为 $z + 2\omega_k$ 求其改变量得

$$\varphi(z + 2\omega_k) - \varphi(z) = 2A_z\omega_k + 2b\eta_k. \tag{6.1.17}$$

$$\left[\bar{z}\varphi'(z) + \psi(z)\right]\Big|_z^{z+2\omega_k} = 2A_z\overline{\omega_k} + 2B_z\omega_k - 2a\eta_k + 2b\gamma_k, \quad k = 1, 2, \tag{6.1.18}$$

其中

$$a = \frac{1}{2\pi\mathrm{i}} \int_L \left[\overline{\omega(t)}\mathrm{d}t - \omega(t)\mathrm{d}\bar{t}\right] + \frac{1}{\pi\mathrm{i}} \int_\gamma \overline{\omega(t)}\mathrm{d}t,$$

$$b = \frac{1}{2\pi\mathrm{i}} \int_\gamma \left[-\overline{\omega(t)}\mathrm{d}t - \omega(t)\mathrm{d}t + \omega(t)\mathrm{d}\bar{t}\right] + \frac{1}{2\pi\mathrm{i}} \int_L \omega(t)\mathrm{d}t.$$

这样由 (6.1.10), (6.1.11) 得 $\varphi(z)$ 及 $z\overline{\varphi'(z)} + \overline{\psi(z)}$ 是双准周期函数, 且

$$\left[\varphi(z) + z\overline{\varphi'(z)} + \overline{\psi(z)}\right]\Big|_z^{z+2\omega_k} = 2(A^+ + \overline{A^+})\omega_k + 2\overline{B^+}\,\overline{\omega_k} + 2\eta_k b + 2\overline{\gamma_k}\bar{b} - 2\bar{a}\,\overline{\eta_k}. \tag{6.1.19}$$

同文献 (郑可, 1988) 由上式右端中 $\varphi(z)$ 可相差因子 $\mathrm{i}\epsilon z + c$, 故 A^+, B^+ 可由方程组

$$4A^+\omega_k + 2\overline{B^+}\,\overline{\omega_k} + 2\eta_k b + 2\overline{r_k}\bar{b} - 2\bar{a}\,\overline{\eta_k} = \mathrm{i}F_k, \quad k = 1, 2$$

来确定, 因系数行列式

$$\begin{vmatrix} 4\omega_1 & 2\overline{\omega_1} \\ 4\omega_2 & 2\overline{\omega_2} \end{vmatrix} = -4\mathrm{i}s \neq 0,$$

这里 S 恰好是基本胞腔的面积, 故可唯一确定 A^+, B^+,

$$A^+ = \left[(F_2\overline{\omega_1} - F_1\overline{\omega_2}) - b\pi\delta_2 - \bar{b}\overline{\delta_2} + \bar{a}\pi\right]/2S,$$

$$B^+ = \left[(\omega_2 F_1 - \omega_1 F_2) + \pi b + \mathrm{i}\bar{b}(\omega_1\overline{\gamma_2} - \overline{\gamma_1}\omega_2) + \overline{\delta_2}\pi\overline{a}\right]/S,$$

这里 $\delta_2 = \dfrac{2}{\pi\mathrm{i}}(\overline{\omega_1}\eta_2 - \overline{\omega_2}\eta_1)$.

令 $z \to t \in L$, 将 (6.1.10), (6.1.11) 利用推广的 Plemelj 公式代入 (6.1.7) 得

$$(A^+ + \overline{A^+})t + \overline{B^+}\bar{t} = (A^- + \overline{A^-})t + \overline{B^-}\bar{t}, \quad t \in L.$$

因两边都是双准周期函数其加数应相同, 故有方程组

$$2(\mathrm{Re}A^+)\omega_k + \overline{B^+}\overline{\omega_k} = 2(\mathrm{Re}A^-)\omega_k + \overline{B^-}\overline{\omega_k},$$

于是

$$\mathrm{Re}A^+ = \mathrm{Re}A^-, \quad B^+ = B^-.$$

记为

$$\mathrm{Re}A^+ = \mathrm{Re}A^- = \mathrm{Re}A, \quad B^+ = B^- = B.$$

此时边值条件 (6.1.7) 恒满足.

令 $z \to t_0 \in \gamma$, 由 (6.1.10), (6.1.11), (6.1.6) 考虑到 $\zeta(z) = \sigma'(z)/\sigma(z)$ 得方程

$$\omega(t_0) + \frac{1}{2\pi\mathrm{i}}\int_\gamma \omega(t)\mathrm{d}\left\{\log\frac{\sigma(t-t_0)\overline{\sigma(t)}}{\sigma(t-t_0)\sigma(t)}\right\} + \frac{1}{\pi\mathrm{i}}\int_L \omega(t)\mathrm{d}\log\left|\frac{\sigma(t-t_0)}{\sigma(t)}\right|$$

$$+ \frac{1}{2\pi\mathrm{i}}\int_{L+\gamma}\overline{\omega(t)}\mathrm{d}\left\{\overline{\zeta_1(t-t_0)} - (t-t_0)\overline{\zeta_1(t)}\right\} + N\{\omega(t), t_0\} + \mathrm{i}(\mathrm{Im}A^+)t_0$$

$$= f(t_0), \quad t \in \gamma, \tag{6.1.20}$$

其中

$$N\{\omega(t), t_0\} = \frac{1}{2\pi\mathrm{i}}\int_{L+\gamma}\overline{\omega(t)}\,\overline{\zeta(t)}\mathrm{d}t + \sum_{j=0}^{m-1} b\left[2\mathrm{Re}\zeta(t_0 - z_j) + \overline{\rho(t_0 - z_j)} - t_0\overline{P(t_0 - z_j)}\right]$$

$$+ 2(\mathrm{Re}A)t_0 + \overline{Bt_0} - C_j.$$

而设

$$C_j = -\int_{\gamma_j}\omega(t)\mathrm{d}s, \quad j = 0, 1, \cdots, m-1, \quad \text{且}\, C_0 = 0. \tag{6.1.21}$$

$\zeta_1(z)$ 的定义为 $\zeta_1'(z) = -\rho(z), \zeta_1(0) = 0$. 这里为了保证其有解, 在左端添加了一项 $\mathrm{i}(\mathrm{Im}A^+)t_0$.

令 $z \to t_0 \in L$, 由 (6.1.10), (6.1.11), (6.1.8) 得方程

$$(\alpha^+ + \alpha^- + \beta^+ + \beta^-)\omega(t_0) + \frac{\alpha^+ - \alpha^- + \beta^- - \beta^+}{\pi\mathrm{i}}\int_{L+\gamma}\omega(t)[\zeta(t-t_0) - \zeta(t)]\mathrm{d}t$$

$$+ \frac{\beta^+ - \beta^-}{\pi\mathrm{i}}\int_L \omega(t)\mathrm{d}\log\frac{\sigma(t-t_0)\overline{\sigma(t)}}{\sigma(t-t_0)\sigma(t)} + \frac{2(\beta^+ - \beta^-)}{\pi\mathrm{i}}\int_\gamma \omega(t)\mathrm{d}\log\frac{|\sigma(t-t_0)|}{|\sigma(t)|}$$

$$+\frac{\beta^+ - \beta^-}{\pi i}\int_{L+\gamma}\overline{\omega(t)}\mathrm{d}\left\{\overline{\zeta_1(t-t_0)}-(t-t_0)\overline{\zeta(t-t_0)}\right\}+N'\{\omega(t),t_0\}$$
$$=4g(t), \tag{6.1.22}$$

其中

$$\begin{aligned}N'\{\omega(t),t_0\}=&\frac{\beta^--\beta^+}{\pi i}\int_{L+\gamma}\overline{\omega(t)}\,\overline{\zeta(t)}\mathrm{d}t\\&+2\sum_{j=0}^{m-1}b_j\left[(\alpha^+-\alpha^-)\zeta(t_0-z_j)-(\beta^+-\beta^-)\overline{\zeta(t_0-z_j)}\right]\\&+2(\beta^+-\beta^-)\sum_{j=0}^{m-1}b_j\left[t_0\overline{P(t_0-z_j)}-\overline{\rho(t_0-z_j)}\right]\\&+2\left[(\alpha^+A^+-\alpha^-A^-)-(\beta^+\overline{A^+}-\beta^-\overline{A^-})\right]t_0-2(\beta^+-\beta^-)\overline{Bt_0}.\end{aligned}$$

这样 (6.1.20), (6.1.22) 合在一起构成 $L+\gamma$ 上关于 $\omega(t)$ 的一个带 ζ 函数核的奇异积分方程, 其特征部分为

$$A(t_0)\omega(t_0)+\frac{B(t_0)}{\pi i}\int_{L+\gamma}\omega(t)\left[\zeta(t-t_0)-\zeta(t)\right]\mathrm{d}t,$$

其中

$$A(t_0)=\begin{cases}1, & t_0\in\gamma,\\ \alpha^++\alpha^-+\beta^++\beta^-, & t_0\in L,\end{cases}$$

$$B(t_0)=\begin{cases}0, & t_0\in\gamma,\\ \alpha^+-\alpha^-+\beta^++\beta^-, & t_0\in L.\end{cases}$$

显然 $A(t_0)\pm B(t_0)\neq 0$ 于 $L+\gamma$ 上, 所以是正则型的, 且其指标为 0, 具有类似于 Fredholm 方程的性质.

6.1.5 第一基本问题解的存在与唯一性

现在证明在条件 (6.1.5) 满足的前提下, 如果方程 (6.1.20), (6.1.22) 有解 $\omega_0(t)$, 由上述方法求出的 A_0^+ 必有 $\mathrm{Im}A_0^+=0$. 事实上, 如果确实存在解 $\omega_0(t)$, 则可求出 A_0^+, B_0^+. 再由 (6.1.10), (6.1.11) 构造出 $\varphi^0(z),\psi^0(z)$ 且考虑到 (6.1.19) 有

$$\left[\varphi_0(z)+z\overline{\varphi_0'(z)}+\overline{\psi_0(z)}\right]\Big|_z^{z+2\omega_k}=\mathrm{i}\left[F_k-4(\mathrm{Im}A_0^+)\omega_k\right].$$

此时 $\varphi^0(z),\psi^0(z)$ 代表了一个双周期应力分布, 在基本胞腔两条边上的应力主矢量为

$$F_k-4(\mathrm{Im}A_0^+)\omega_k,\quad k=1,2.$$

根据基本胞腔上的力矩平衡条件得

$$\mathrm{Re}\left\{\sum_{j=0}^{m-1}\int_{\gamma_j}f(t)\mathrm{d}\bar{t}-2\mathrm{i}(\overline{\omega_1}F_2-\overline{\omega_2}F_1)+8\mathrm{i}(\mathrm{Im}A_0^+)(\omega_2\overline{\omega_1}-\omega_1\overline{\omega_2})\right\}=0.$$

由条件 (6.1.5) 有

$$8(\mathrm{Im}A_0^+)\cdot\mathrm{Im}(\omega_2\overline{\omega_1}-\omega_1\overline{\omega_2})=4S\cdot\mathrm{Im}A_0^+=0,$$

故

$$\mathrm{Im}A_0^+=0.$$

$\varphi^0(z),\psi^0(z)$ 是原问题解.

现在证明方程 (6.1.20), (6.1.22) 恒唯一可解. 由于其指标为 0, 故只须证明其相应的齐次方程 $f\equiv 0, F_k=0, g(t)\equiv 0$ 的解 $\omega_0(t)$ 在 $L+\gamma$ 上恒等于零即可.

设由 $\omega_0(t)$ 相应算出的函数和常数分别用 $\varphi_0^0(z),\psi_0^0(z),b_0^0,C_j^0$, 等表示 ($C_0^0=0$ 为已知), 故因 $f\equiv 0, F_k=0(k=1,2)$, 故 (6.1.5) 满足, 于是 $\mathrm{Im}A_0^+=0$. $\varphi_0(z),\psi_0(z)$ 为 γ 上无外应力、在 L 上无位移的条件下的第一基本问题, 且 $C_0^0=0$ 的解. 故由唯一性定理有

$$\varphi_0^0(z)=\mathrm{i}\epsilon_z z+c_z,\quad \psi_0(z)=-\overline{c_z}, \tag{6.1.23}$$

其中 ϵ_z 为 S_0 中的分区实常数, C_z 是分区复常数, 因 $C_0^0=0$, 由文献 (Chandra Sekharan k, 1985) 知

$$C_j^0=0,\quad j=0,1,\cdots,m-1. \tag{6.1.24}$$

由 (6.1.23) 及边值条件得

$$\begin{aligned}(\alpha^+-\beta^+)\epsilon^+&=(\alpha^--\beta^-)\epsilon^-,\\(\alpha^++\beta^+)C^+&=(\alpha^-+\beta^-)C^-,\end{aligned} \tag{6.1.25}$$

其中 $\epsilon^\pm,C^\pm$ 分别为当 Z 在 L 的正负侧子域中的常数 ϵ_z,C_z. 这样 (6.1.10), (6.1.11) 成为

$$\mathrm{i}\epsilon_z z+\mathrm{C}_z=\frac{1}{2\pi\mathrm{i}}\int_{L+\gamma}\omega_0(t)\left[\zeta(t-z)-\zeta(t)\right]\mathrm{d}t+\sum_{j=0}^{m-1}b_j^0\zeta(z-z_j)+A_z^0 z, \tag{6.1.26}$$

$$\begin{aligned}-\overline{c_z}=&\frac{1}{2\pi\mathrm{i}}\int_\gamma\left[\overline{\omega_0(t)}\mathrm{d}t+\omega_0(t)\mathrm{d}\bar{t}\right]\left[\zeta(t-z)-\zeta(t)\right]\\&-\frac{1}{2\pi\mathrm{i}}\int_{L+\gamma}\omega_0(t)\left[\bar{t}P(t-z)-\rho(t-z)\right]\mathrm{d}t\\&-\frac{1}{2\pi\mathrm{i}}\int_L\left[\overline{\omega_0(t)}\mathrm{d}t-\omega_0(t)\mathrm{d}\bar{t}\right]\left[\zeta(t-z)-\zeta(t)\right]\\&+\sum_{j=0}^{m-1}b_j^0\left[\zeta(z-z_j)+\rho(z-z_j)\right]+B_z^0 z.\end{aligned} \tag{6.1.27}$$

当 z 属于 L 的正侧时, 将 z 换成 $z+2\omega_k$, 根据双准周期加数相同得

$$\left.\begin{aligned}&A_0^+ = \mathrm{i}\epsilon^+, \quad B_0 = 0,\\ &a_0 = \frac{1}{2\pi\mathrm{i}}\int_L \left[\overline{\omega_0(t)\mathrm{d}t} - \omega_0(t)\mathrm{d}\bar{t}\right] + \frac{1}{\pi\mathrm{i}}\int_\gamma \overline{\omega_0(t)\mathrm{d}t} = 0,\\ &b_0 = \frac{1}{2\pi\mathrm{i}}\int_\gamma \left[\omega_0(t)\mathrm{d}\bar{t} - \overline{\omega_0(t)}\mathrm{d}t - \omega_0(t)\mathrm{d}t\right] + \frac{1}{2\pi\mathrm{i}}\int_L \omega_0(t)\mathrm{d}t = 0.\end{aligned}\right\} \quad (6.1.28)$$

由 (6.1.28) 和 $\mathrm{Im} A_0^+ = 0$ 知 $\epsilon^+ = 0$. 由 (6.1.25) 知 $\epsilon^- = 0$. 同理有 $A_0^- = \mathrm{i}\epsilon^-$, 故 $\mathrm{Im} A_0^- = \epsilon^- = 0$. 此时对 (6.1.26) 在 L 上用 Plemelj 公式得

$$\omega_0(t) = c^+ - c^-, \quad t \in L.$$

代回 (6.1.26), (6.1.27) 并分部积分得

$$\begin{aligned}c_z = &\frac{1}{2\pi\mathrm{i}}\int_\gamma \omega_0(t)\left[\zeta(t-z) - \zeta(t)\right]\mathrm{d}t\\ &+ \frac{c^+ - c^-}{2\pi\mathrm{i}}\int_L \left[\zeta(t-z) - \zeta(t)\right]\mathrm{d}t + \sum_{j=0}^{m-1} b_j^0 \zeta(z - z_j),\end{aligned} \quad (6.1.29)$$

$$\begin{aligned}-\overline{c_z} = &\frac{1}{2\pi\mathrm{i}}\int_\gamma \overline{\omega_0(t)}\mathrm{d}t \left[\zeta(t-z) - \zeta(t)\right] - \frac{1}{2\pi\mathrm{i}}\int_L \omega_0(t)\zeta(t)\mathrm{d}\bar{t} - \frac{c^+ - c^-}{2\pi\mathrm{i}}\int_L \zeta(t)\mathrm{d}\bar{t}\\ &+ \frac{1}{2\pi\mathrm{i}}\int_\gamma \omega_0(t)\rho(t-z)\mathrm{d}t - \frac{\overline{c^+} - \overline{c^-}}{2\pi\mathrm{i}}\int_L \left[\zeta(t-z) - \zeta(t)\right]\mathrm{d}t\\ &- \frac{1}{2\pi\mathrm{i}}\int_\gamma \bar{t}\omega_0'(t)\zeta(t-z)\mathrm{d}t + \sum_{j=0}^{m-1} b_j^0 \left[\zeta(z-z_j) + \rho(z-z_j)\right].\end{aligned} \quad (6.1.30)$$

记

$$\psi_1(z) = c_z - \frac{c^+ - c^-}{2\pi\mathrm{i}}\int_L \left[\zeta(t-z) - \zeta(t)\right]\mathrm{d}t, \quad (6.1.31)$$

$$\psi_2(z) = -\overline{c_z} + \frac{\overline{c^+} - \overline{c^-}}{2\pi\mathrm{i}}\int_L \left[\zeta(t-z) - \zeta(t)\right]\mathrm{d}t + \frac{c^+ - c^-}{2\pi\mathrm{i}}\int_L \zeta(t)\mathrm{d}\bar{t}. \quad (6.1.32)$$

由 (6.1.29), (6.1.30) 知 $\psi_1(z), \psi_2(z)$ 在 s_0 中全纯, 又是分区常数, 故必恒等于常数. 令 $z = 0$ 代入 (6.1.31), (6.1.32), 注意到 0 在 L 的外部可知

$$\psi_1(z) = c^+, \quad \psi_2(z) = -\overline{c^+} + c', \quad (6.1.33)$$

其中

$$c' = \frac{c^+ - c^-}{2\pi\mathrm{i}}\int_L \zeta(t)\mathrm{d}\bar{t}.$$

令

$$\frac{1}{\mathrm{i}}\Phi(z) = \frac{1}{2\pi\mathrm{i}}\int_L \left[\omega_0(t) + \sum_{j=0}^{m-1} b_j^0 \zeta(t-z_j) - c^+\right][\zeta(t-z) - \zeta(t)]\,\mathrm{d}t$$

$$= \begin{cases} 0, & z \in S_0, \\ \dfrac{1}{\mathrm{i}}\varphi_*^-(z), & z \in S_0^-, \end{cases} \tag{6.1.34}$$

$$\frac{1}{\mathrm{i}}\psi(z) = \frac{1}{2\pi\mathrm{i}}\int_\gamma \left[\overline{\omega_0(t)} - \bar{t}\omega_0'(t) + \sum_{j=0}^{m-1} b_j^0 \zeta(t-z_j) + e + \overline{c^+} - c'\right][\zeta(t-z) - \zeta(t)]\,\mathrm{d}t$$

$$+ Q(z) = \begin{cases} 0, & z \in S, \\ \dfrac{1}{\mathrm{i}}\psi_*^-(z), & z \in S^-, \end{cases} \tag{6.1.35}$$

其中

$$e = -\frac{1}{2\pi\mathrm{i}}\int_\gamma \bar{t}\omega'_0(t)\zeta(t)\mathrm{d}t - \frac{1}{2\pi\mathrm{i}}\int_\gamma \omega_0(t)\zeta(t)\mathrm{d}\bar{t},$$

$$Q(z) = \frac{1}{2\pi\mathrm{i}}\int_\gamma \omega_0(t)\rho(t-z)\mathrm{d}t + \sum_{j=0}^{m-1} b_j^0 \rho(z-z_j).$$

故有

$$\mathrm{i}\Phi^-(t) = \mathrm{i}\varphi_*(t) = \omega_0(t) + \sum_{j=0}^{m-1} b_j^0 \zeta(t-z_j) - c^+, \tag{6.1.36}$$

$$\mathrm{i}\Psi^-(t) = \mathrm{i}\psi_*(t) = \overline{\omega_0(t)} - \bar{t}\omega_0'(t) + \sum_{j=0}^{m-1} b_j^0 \zeta(z-z_j) + e + \overline{c^+} - c', \tag{6.1.37}$$

即 $\varphi_*(t), \psi_*(t)$ 是 s_0^- 中各区域内的全纯函数 $\Phi(z), \overline{\Psi(z)}$ 的边值. 消去 $\omega_0(t)$ 得

$$\varphi_*(t) + \overline{t\varphi_*'(t)} + \overline{\psi_*(t)} = -\mathrm{i}\sum_{j=0}^{m-1} b_j^0 \left[\zeta(t-z_j) - \overline{\zeta(t-z_j)} + \overline{tP(t-z_j)}\right]$$

$$+ \mathrm{i}(\bar{e} + 2c^+ - \overline{c'}). \tag{6.1.38}$$

在 (6.1.38) 两端乘以 $\mathrm{d}\bar{t}$, 再沿 $\gamma_j (j = 0, 1, \cdots, m-1)$ 进行积分得

$$\int_{\gamma_j} \left\{\varphi_*(t)\mathrm{d}\bar{t} - \overline{\varphi_*(t)}\mathrm{d}t\right\} = -2\pi b_j^0 - \mathrm{i}\sum_{j=0}^{m-1} b_j^0 \int_{\gamma_j} \left[\overline{\zeta(t-z_j)}\mathrm{d}t + \zeta(t-z_j)\mathrm{d}\bar{t}\right].$$

因 b_j^0 为实数, 于是

$$b_j^0 = 0, \quad j = 0, 1, \cdots, m-1. \tag{6.1.39}$$

故 (6.1.38) 变为

$$\varphi_*(t) + t\overline{\varphi_*'(t)} + \overline{\psi_*(t)} = \mathrm{i}(\bar{e} + 2c^+ - \overline{c'}). \tag{6.1.40}$$

这是 S_0^- 中的边界 γ 上无外应力的第一基本问题的边值, 由唯一性定理

$$\varphi_*^-(z) = \mathrm{i}\epsilon_j z + c_j, \quad \psi_*^-(z) = -\overline{d_j}, \quad j = 0, 1, \cdots, m-1,$$

且 $c_j - d_j - \mathrm{i}(\bar{e} + 2c^+ - \overline{c'}) = 0$.

由 (6.1.36) 得

$$\omega_0(t) = -\epsilon_j t + c^+ + \mathrm{i}c, \quad t \in \gamma, \tag{6.1.41}$$

代入 (6.1.39), 考虑到 (6.1.16) 有

$$\epsilon_j = 0, \quad j = 0, 1, \cdots, m-1. \tag{6.1.42}$$

再由 (6.1.34), (6.1.35), (6.1.39), (6.1.41), (6.1.42) 得

$$c_j = d_j = 0, \quad \bar{e} + 2c^+ - \overline{c'} = 0, \quad j = 0, 1, \cdots, m-1. \tag{6.1.43}$$

于是

$$\omega_0(t) = 0, \quad t \in L. \tag{6.1.44}$$

由 (6.1.41), (6.1.43) 得

$$\omega_0(t) = 0, \quad t \in \gamma.$$

故

$$\omega_0(t) = 0, \quad t \in L + \gamma.$$

于是证得方程 (6.1.20), (6.1.22) 的解的存在和唯一.

6.2 具双周期孔洞不同材料弹性平面焊接第二基本问题

6.2.1 引言与说明

在实际工程中, 例如在岩土力学、混凝土力学和固体力学中, 常常遇到双周期弹性平面问题. 而研究它的工作却不多. Koiter(1960) 研究了双周期基本胞腔中含一个洞的第一基本问题. Л.А.Фильщтинский (1972) 对基本胞腔中含若干个洞的双周期平面弹性问题进行了研究. 路见可 (1986) 给出了双周期胞腔中含有若干个任意形状孔洞的平面弹性理论中的复 Airy 函数. 李星 (1988b) 讨论了双周期胞腔中含任意形状孔洞的不同材料的弹性平面焊接的第一基本问题. 本节主要内容取自李星论文 (1991b), 讨论第二基本问题. 引进函数 $\rho_1(z) = \sum_{\min}' \left\{ \dfrac{\bar{\rho}}{(z-\rho)^2} - 2z\dfrac{\bar{\rho}}{\rho^3} - \dfrac{\bar{\rho}}{\rho^2} \right\},$

构造了推广的Шерман变换,将这类弹性平面问题归结为求解正则型的奇异积分方程,最后证明了其解的存在和唯一. 所有方法简单、直观, 而且由于是构造性的, 因而有利于具体的数值求解.

设 P_0 为一以 $\pm\omega_1 \pm \omega_2$ 为顶点的平行四边形 (基本胞腔), $2\omega_k(k=1,2)$ 是我们所讨论的基本周期. 不妨设 $\operatorname{Im}\frac{\omega_2}{\omega_1} > 0, \operatorname{Im}\omega_1 = 0$; P_0 内焊线记为 L, 它是一条光滑封闭曲线, 以顺时针向为正向, 基本胞腔的边界记为 $\varGamma = \sum_{j=1}^{4}\varGamma_j$(图 6.2.1), $\varGamma$ 与 L 所围的内域为 D_0, L 的内部区域为 D_0'.

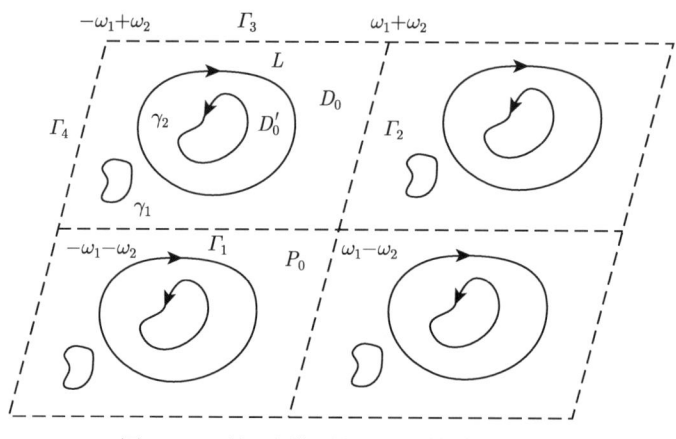

图 6.2.1 具双周期孔洞不同弹性材料模型

假定 D_0, D_0' 内各有一个任意形状的孔洞, 其边界记为 $\gamma_j(j=1,2)$, 它们是互不相交也不与 L 及 $\varGamma$ 相交的光滑曲线, 记为 $\gamma = \sum_{j=1}^{2}\gamma_j$. 设 D_0, D_0' 中除去孔洞所占域外的区域为 D_{00}, D_{00}', 它们为不同的弹性材料, 分别有弹性常数 $\chi^\pm, \mu^\pm$. 记 $S_{00} = D_{00} \cup D_{00}'$, 则整个弹性区域便是 S_{00} 作双周期延拓的结果.

由双周期性, 在 P_0 两对对边上的外应力主矢量应相互抵消, 且考虑到焊线 L 两侧的应力平衡, 由力的平衡原理有

$$\sum_{j=1}^{2}(X_j + \mathrm{i}Y_j) = 0, \qquad (6.2.1)$$

其中 $X_j + \mathrm{i}Y_j$ 为 γ_j 上的外应力主矢量.

6.2.2 第二基本问题的提法

对于双周期平面弹性问题而言, 整个弹性区域的应力是双周期的, 根据广义胡克定律推得其位移必是双准周期的. 所谓第二基本问题, 就是已知各 γ_j 上的位移

$g_j(t) = u_j(t) + iv_j(t)$ 及其位移加数 $g_j^{(k)}(k=1,2,j=1,2)$. 而各个 γ_j 上外应力主矢量 $X_j + iY_j$ 为未知待定的, 但满足关系式 (6.2.1). 其他在 L 上的条件同文献 (李星, 1988b), 寻求双准周期分区全纯函数 $\varphi(z)$ 及使 $\overline{z\varphi'(z)} + \overline{\psi(z)}$ 为一双准周期函数的分区全纯函数 $\psi(z)$, 满足边界条件

$$\chi_j \varphi(t) - \overline{t\varphi'(t)} - \overline{\psi(t)} = f(t), \quad t \in \gamma_j, \quad j = 1, 2, \tag{6.2.2}$$

$$\varphi^+(t) + \overline{t\varphi'^+(t)} + \overline{\psi^+(t)} = \varphi^-(t) + \overline{t\varphi'^-(t)} + \overline{\psi^-(t)}, \quad t \in L, \tag{6.2.3}$$

$$\alpha^+ \varphi^+(t) - \beta^+[\overline{t\varphi'^+(t)} + \overline{\psi^+(t)}] = \alpha^- \varphi^-(t) - \beta^-[\overline{t\varphi'^-(t)} + \overline{\psi^-(t)}] + 2g(t), \quad t \in L, \tag{6.2.4}$$

$$[\chi_z \varphi(z) - z\overline{\varphi'(z)} - \overline{\psi(z)}]\Big|_z^{z+2w_i} = 2\mu_z g_z^{(k)}, \tag{6.2.5}$$

其中已令

$$f(t) = 2\mu_j g_j(t), \quad t \in \gamma_j, \quad j = 1, 2,$$

$$\chi_j = \begin{cases} \chi^+, & \text{当 } t \in \gamma_1, \\ \chi^-, & \text{当 } t \in \gamma_2, \end{cases} \qquad \mu_j = \begin{cases} \mu^+, & \text{当 } t \in \gamma_1, \\ \mu^-, & \text{当 } t \in \gamma_2, \end{cases}$$

$$\chi_z = \begin{cases} \chi^+, & \text{当 } z \in D_{00}, \\ \chi^-, & \text{当 } z \in D'_{00}, \end{cases} \qquad \mu_z = \begin{cases} \mu^+, & \text{当 } z \in z_{00}, \\ \mu^-, & \text{当 } z \in z'_{00}, \end{cases}$$

$$g_z^{(k)} = \begin{cases} g^{(k)1}, & \text{当 } z \in D_{00}, \\ g^{(k)2}, & \text{当 } z \in D'_{00}, \end{cases} \quad k = 1, 2.$$

6.2.3 第二基本问题的解法

为求解满足 (6.2.2)∼(6.2.5) 边值条件的边值问题, 引进新的未知函数 $\omega(t), t \in L + \gamma$. 构造出推广的Шерман变换

$$\varphi(z) = \frac{1}{2\pi i} \int_{L+\gamma} \omega(t)[\zeta(t-z) - \zeta(t)]dt + \frac{1}{\chi_z + 1} \sum_{j=1}^{2} A_j \log \sigma(z - z_j) + A_z z + D, \tag{6.2.6}$$

$$\psi(z) = -\sum_{j=1}^{2} \frac{\chi_j}{2\pi i} \int_{\gamma_j} \overline{\omega(t)}[\zeta(t-z) - \zeta(t)]dt + \frac{1}{2\pi i} \int_{\gamma} \omega(t)[\zeta(t-z) - \zeta(t)]d\bar{t}$$

$$- \sum_{j=1}^{2} \frac{1}{2\pi i} \int_{L+\gamma} \omega(t)[\bar{t}P(t-z) - \rho_1(t-z)]dt$$

$$- \frac{1}{2\pi i} \int_L [\overline{\omega(t)}dt - \omega(t)d\bar{t}][\zeta(t-z) - \zeta(t)]$$

$$- \frac{\chi_z}{\chi_z + 1} \sum_{j=1}^{2} \overline{A_j} \log \sigma(z - z_j) + \frac{1}{2\pi i} \int_L \overline{H(t)}\zeta(t-z)dt + B_z z, \tag{6.2.7}$$

其中
$$A_j = -\frac{X_j + iY_j}{2\pi} \quad (6.2.8)$$

为未知待定常数, (6.2.6), (6.2.7) 中的对数对同一 j 要取同一支. $\zeta(z)$, $\sigma(z)$ 分别是 Weierstrass ζ 函数和 σ 函数. $D = D_1 + iD_2$. D_1, D_2 为两个实待定常数.

$$A_z = \begin{cases} A^+, & \text{当 } z \in D_{00}, \\ A^-, & \text{当 } z \in D'_{00}. \end{cases} \qquad B_z = \begin{cases} B^+, & \text{当 } z \in D_{00}, \\ B^-, & \text{当 } z \in D'_{00}. \end{cases}$$

A_z, B_z 都是待定分区常数.

$$\rho_1(z) = \sum_{\min}{}' \left\{ \frac{\overline{\rho}}{(z-\rho)^2} - 2z\frac{\overline{\rho}}{\rho^3} - \frac{\overline{\rho}}{\rho^2} \right\}$$

是我们引进的一个亚纯函数. 其中 $\rho = 2m\omega_1 + 2n\omega_2$, $\sum_{\min}{}'$ 表示除去 $m = n = 0$ 外求和, 这个亚纯函数在相应的合同点上满足关系式

$$\rho_1(z + 2\omega_k) - \rho_1(z) = 2\overline{\omega_k}\mathscr{P}(z) + 2r_k, \quad k = 1, 2, \quad (6.2.9)$$

其中 $r_k = \rho_1(\omega_k) - \overline{\omega_k}\mathscr{P}(\omega_k), k = 1, 2$, 且满足

$$r_1\omega_1 - r_2\omega_2 = \eta_1\overline{\omega_2} - \eta_2\overline{\omega_1}. \quad (6.2.10)$$

而熟知

$$\omega_2\eta_1 - \omega_1\eta_2 = \frac{\pi i}{2}, \quad \eta_k = \zeta(\omega_k), \quad k = 1, 2. \quad (6.2.11)$$

$\mathscr{P}(z)$ 是 Weierstrass 椭圆函数 (Chandra, 1985), 且

$$\mathscr{P}(z) = -\zeta'(z). \quad (6.2.12)$$

将 (6.2.6), (6.2.7) 代入 (6.2.5) 整理得

$$\begin{cases} \chi_z A_z \omega_1 + \overline{B_z\omega_1} = \mu_z g_z^{(1)} - a\overline{\eta_1} - b\overline{r_1} - 2\chi_z \overline{b}\eta_1 + \dfrac{\overline{\eta_1}}{\pi i}\int_L H(t)\mathrm{d}\overline{t}, \\ \chi_z A_z \omega_2 + \overline{B_z\omega_2} = \mu_z g_z^{(2)} - a\overline{\eta_2} - b\overline{r_2} - 2\chi_z \overline{b}\eta_2 + \dfrac{\overline{\eta_2}}{\pi i}\int_L H(t)\mathrm{d}\overline{t}, \end{cases}$$

其中

$$a = \sum_{j=1}^{2}\frac{\chi_j}{2\pi i}\int_{\gamma_j}\omega(t)\mathrm{d}\overline{t} - \frac{1}{2\pi i}\int_{\gamma}\overline{\omega(t)}\mathrm{d}t + \frac{1}{2\pi i}\int_{L}[\omega(t)\mathrm{d}\overline{t} - \overline{\omega(t)}\mathrm{d}t], \quad (*)$$

$$b = \frac{1}{2\pi i}\int_{L+\gamma}\overline{\omega(t)}\mathrm{d}\overline{t}. \quad (**)$$

6.2 具双周期孔洞不同材料弹性平面焊接第二基本问题

由于系数行列式

$$\begin{vmatrix} \omega_1 & \overline{\omega_1} \\ \omega_2 & \overline{\omega_2} \end{vmatrix} = -\frac{1}{2}\mathrm{i}S \neq 0,$$

其中 S 为基本胞腔的面积, 故总可确定出 $\chi_z A_z, \overline{B}_z$ 的表达式为

$$\chi_z A_z = [4\mu_z(g_z^{(1)}\overline{\omega_2} - g_z^{(2)}\overline{\omega_1}) - 2\pi a - 2\pi b\delta_1\mathrm{i} - 4\chi_z \overline{b}\pi\delta_1 - 2\mathrm{i}\int_L H(t)\mathrm{d}\overline{t}]\cdot\frac{1}{S}, \quad (6.2.13)$$

$$\overline{B}_z = [4\mu_z(\omega_1 g_z^{(2)} - \omega_2 g_z^{(1)}) - 2\pi a\delta_1 + 2\pi b\delta_2 - 4\chi_z\pi\overline{b} + 2\delta_1\cdot\mathrm{i}\int_L H(t)\mathrm{d}\overline{t}]\cdot\frac{1}{S}, \quad (6.2.14)$$

其中

$$\delta_1 = \frac{2}{\pi\mathrm{i}}(\overline{\omega_1}\eta_2 - \overline{\omega_2}\eta_1), \quad \delta_2 = \frac{2}{\pi\mathrm{i}}(\omega_1\overline{r_2} - \omega_2\overline{r_1}).$$

令 $z \to t \in L$, (6.2.6), (6.2.7) 利用推广的 Plemelj 公式代入 (6.2.3) 化简得

$$\frac{1}{\chi^+ + 1}\sum_{j=1}^{2} A_j \log\sigma(t-z_j) + [\frac{1}{\chi^- + 1}\sum_{j=1}^{2}\overline{A_j}\,\overline{\zeta(t-z_j)} + \overline{A^+}]t$$

$$-\frac{\chi^+}{\chi^+ + 1}\sum_{j=1}^{2} A_j\overline{\zeta(t-z_j)} + \frac{1}{2}H(t) + A^+ t + \overline{B^+}\overline{t}$$

$$= \frac{1}{\chi^- + 1}\sum_{j=1}^{2} A_j \log\sigma(t-z_j) + [\frac{1}{\chi^- + 1}\sum_{j=1}^{2}\overline{A_j}\,\overline{\zeta(t-z_j)} + \overline{A^-}]t$$

$$-\frac{\chi^-}{\chi^- + 1}\sum_{j=1}^{2} A_j\overline{\zeta(t-z_j)} - \frac{1}{2}H(t) + A^- t + \overline{B^-}\overline{t}. \quad (6.2.15)$$

将 (6.2.13), (6.2.14) 代入 (6.2.15) 解得

$$H(t) = F^*(t) - \frac{4}{S}\left(\frac{1}{\chi^+} - \frac{1}{\chi^-}\right)\mathrm{Re}\left[\mathrm{i}\int_L F^*(t)\mathrm{d}\overline{t}\right]t, \quad (6.2.16)$$

其中

$$F^*(t) = \left(\frac{1}{\chi^- + 1} - \frac{1}{\chi^+ + 1}\right)\left[\sum_{j=1}^{2} A_j \log\sigma(z-z_j) + \sum_{j=1}^{2}\overline{A_j}\zeta(t-z_j)\cdot t\right]$$

$$+ \left(\frac{\chi^+}{\chi^+ + 1} - \frac{\chi^-}{\chi^- + 1}\right)\cdot\sum_{j=1}^{2} A_j\overline{\zeta(t-z_j)}$$

$$+ 4\left[\mu^-(\omega_1 g_2^{(2)} - \omega_2 g_2^{(1)}) - \mu^+(\omega_1 g_1^{(2)} - \omega_2 g_1^{(1)}) + (\chi^+ - \chi^-)\pi\overline{b}\right]\cdot\frac{\overline{t}}{S}$$

$$+ 4\mathrm{i}\left[\frac{\mu^-(g_2^{(1)}\overline{\omega_2} - g_2^{(2)}\overline{\omega_1}) + 2a\pi\mathrm{i} - 2b\delta_1\pi}{\chi^-}\right.$$

$$\left. - \frac{\mu^+(g_1^{(1)}\overline{\omega_2} - g_1^{(2)}\overline{\omega_1}) + 2a\pi\mathrm{i} - 2b\delta_1\pi}{\chi^+}\right]\cdot\frac{t}{S}.$$

我们就以 (6.2.16) 作为 (6.2.7) 中函数 $H(t)$ 的表达式, 则 (6.2.3) 自动满足.

令 $z \to t_0 \in \gamma$, 将 (6.2.6), (6.2.7) 利用推广的 Plemelj 公式且考虑到 (6.2.9), (6.2.15), (6.2.16), 从 (6.2.2) 的正负边值出发, 经过复杂的推导整理得同一方程

$$\chi_j \omega(t_0) + \frac{\chi_j}{2\pi i} \int_{\gamma_j} \omega(t) \mathrm{d} \log \left\{ \frac{\sigma(t-t_0)\overline{\sigma(t)}}{\overline{\sigma(t-t_0)}\sigma(t)} \right\}$$

$$+ \sum_{i \neq j} \frac{1}{2\pi i} \left\{ \chi_j \int_{\gamma_k} \omega(t)[\zeta(t-t_0) - \zeta(t)] \mathrm{d}t - \chi_j \int_{\gamma_k} \omega(t)[\overline{\zeta(t-t_0)} - \overline{\zeta(t)}] \mathrm{d}\bar{t} \right\}$$

$$+ \frac{1}{2\pi i} \left\{ \chi_j \int_L \omega(t)[\zeta(t-t_0) - \zeta(t)] \mathrm{d}t - \int_{L+\gamma} \overline{\omega(t)} \mathrm{d}[\overline{\zeta_1(t-t_0)} - (t-t_0)\overline{\zeta(t-t_0)}] \right\}$$

$$- \frac{1}{\pi i} \int_L \omega(t) \mathrm{d} \log \frac{|\sigma(t-t_0)|}{|\sigma(t)|} + M(\omega(t), t_0)$$

$$= f_0(t) - \frac{1}{2\pi i} \int_L H(t) \overline{\zeta(t-t_0)} \mathrm{d}\bar{t}, \quad t_0 \in \gamma_k, \tag{6.2.17}$$

其中

$$M(\omega(t), t_0) = -\frac{1}{2\pi i} \int_{L+\gamma} \overline{\omega(t)}\, \overline{\zeta(t)} \mathrm{d}t + \frac{2\chi_j}{\chi_j + 1} \sum_{r=1}^{2} A_r \log |\sigma(t_0 - z_r)|$$

$$- \frac{t_0}{\chi_j + 1} \sum_{r=1}^{2} \overline{A_r} \zeta_1(t_0 - z_r) + (\chi_j A^+ - \overline{A^+})t_0 - \overline{B^+}t_0^+ + \chi_j D.$$

而 $\zeta_1(z)$ 定义为 $\zeta'_1(z) = -\rho_1(z)$, $\zeta_1(0) = 0$.

令 $z \to t_0 \in L$, 将 (6.2.6), (6.2.7) 利用推广的 Plemelj 公式代入 (6.2.4), 经过复杂的推导整理得方程

$$(\alpha^+ + \alpha^- + \beta^- + \beta^+)\omega(t_0) + \frac{\alpha^+ - \alpha^- + \beta^- - \beta^+}{\pi i} \int_{L+\gamma} \omega(t)[\zeta(t-t_0) - \zeta(t)] \mathrm{d}t$$

$$+ \frac{\beta^+ - \beta^-}{\pi i} \int_{L+\gamma} \omega(t) \mathrm{d} \left\{ \log \frac{\sigma(t-t_0)\overline{\sigma(t)}}{\overline{\sigma(t-t_0)}\sigma(t)} \right\}$$

$$+ \frac{\beta^+ - \beta^-}{\pi i} \int_{L+\gamma} \overline{\omega(t)} \mathrm{d}\{\overline{\zeta_1(t-t_0)} - (t-t_0)\overline{\zeta(t-t_0)}\}$$

$$- \frac{\beta^+ - \beta^-}{\pi i} \sum_{j=1}^{2} \chi_j \int_{\gamma_j} \omega(t)[\overline{\zeta(t-t_0)} - \overline{\zeta(t)}] \mathrm{d}\bar{t} + N(\omega(t), t_0)$$

$$= 4g(t_0) + (\beta^+ + \beta^-)H(t_0) - \frac{\beta^+ - \beta^-}{\pi i} \int_L H(t) \overline{\zeta(t-t_0)} \mathrm{d}\bar{t}, \quad t_0 \in L, \tag{6.2.18}$$

其中

$$N(\omega(t), t_0) = 4\left(\frac{\alpha^+}{\chi^+ + 1} - \frac{\alpha^-}{\chi^- + 1}\right)\sum_{j=1}^{2} A_j \log|\sigma(t_0 - z_j)|$$

$$-2\left(\frac{\beta^+}{\alpha^-+1}-\frac{\beta^-}{\alpha^-+1}\right)\sum_{j=1}^{2}\overline{A_j}\,\zeta(t_0-z_j)$$
$$+2(\alpha^+A^+-\alpha^-A^-+\beta^-\overline{A^-}-\beta^+\overline{A^+})t_0$$
$$+2(\beta^-\overline{B^-}-\beta^+\overline{B^+})\bar{t}_0+2(\alpha^+-\alpha^-)D.$$

这样, (6.2.17), (6.2.18) 合在一起构成了 $L+\gamma$ 上关于 $\omega(t)$ 的一个带 ζ 核的正则型奇异积分方程. 其中正好有 2×2 个待定常数 X_1,Y_1,D_1,D_2. 这里 $D_i(i=1,2)$ 是 (6.2.6) 式中 D 的实部和虚部.

6.2.4 第二基本问题解的存在唯一性

为求证方程在 $h_{2\times 2}$ 类中解的存在和唯一, 由文献 (路见可, 2005) 知, 只要证明 $f\equiv 0$, $g\equiv 0$ 时, 若适当选定 $A_j=A_j^0(j=1,2)$, $D_i=D_i^0(i=1,2)$, 则必 $\omega_0(t)\equiv 0$ 于 $L+\gamma$.

设由 $\omega_0(t)$ 从 (6.2.13), (6.2.14) 求出 A_z^0, B_z^0, 当然 $H^0(t)$ 也就确定了, 于是由 (6.2.6), (6.2.7) 构造出函数 $\varphi^0(z), \psi^0(z)$. 立即可知其边值满足 (6.2.2)~(6.2.5) 的相应零边界条件, 由唯一性定理 (路见可, 2005) 便有

$$\varphi^0(z)=c_z,\quad \psi^0(z)=\chi_z\overline{c_z},$$

且

$$(\chi^++1)c^+=(\chi^-+1)c^-. \tag{6.2.19}$$

由于 $\varphi^0(z)$ 的单值性, 由 (6.2.6) 知

$$A_j^0=0,\quad j=1,2. \tag{6.2.20}$$

于是有

$$c_z=\frac{1}{2\pi\mathrm{i}}\int_{L+\gamma}\omega_0(t)[\zeta(t-z)-\zeta(t)]\mathrm{d}t+A_z^0z+D, \tag{6.2.21}$$

$$\chi_z\overline{c_z}=-\sum_{j=1}^{2}\frac{\chi_j}{2\pi\mathrm{i}}\int_{\gamma_j}\overline{\omega_0(t)}[\zeta(t-z)-\zeta(t)]\mathrm{d}t+\frac{1}{2\pi\mathrm{i}}\int_{\gamma}\omega_0(t)[\zeta(t-z)-\zeta(t)]\mathrm{d}\bar{t}$$
$$-\frac{1}{2\pi\mathrm{i}}\int_{L+\gamma}\omega_0(t)[\bar{t}P(t-z)-\rho_1(t-z)]\mathrm{d}t$$
$$-\frac{1}{2\pi\mathrm{i}}\int_{L+\gamma}[\overline{\omega_0(t)}\mathrm{d}t-\omega_0(t)\mathrm{d}\bar{t}][\zeta(t-z)-\zeta(t)]$$
$$+\frac{1}{2\pi\mathrm{i}}\int_{\gamma}\overline{H^0(t)}\zeta(t-z)\mathrm{d}t+B_z^0z. \tag{6.2.22}$$

当 z 属于 L 的左侧时, 将 (6.2.21), (6.2.22) 中 z 换成 $z+2\omega_k$. 根据双准周期加数相同得

$$A_0^+ = 0, \quad B_0^+ = 0, \quad a_0 = 0, \quad b_0 = 0, \tag{6.2.23}$$

其中 a_0, b_0 为 (*), (**) 中将 $\omega(t)$ 换为 $\omega_0(t)$ 所得值.

由 (6.2.21), (6.2.23) 立即可知

$$\omega_0(t) = c^+ - c^-, \quad t \in L. \tag{6.2.24}$$

再类似文献 (路见可, 2005; 李星, 1988b) 的方法便容易证明 $\omega_0(t) = 0$ 于 $L + \gamma$ 上. 限于篇幅, 这里不再详述.

注 6.2.1   如果所有 $\chi_j = \chi$ 相同, 则方程要简单得多.

注 6.2.2   本文不难推广到多种材料含多个孔洞的情况.

注 6.2.3   也可讨论在 γ 上只给出相对位移的情况.

对于双周期裂纹场不同材料弹性平面焊接的第一、第二基本问题, 李星 (1993a, 1993b; Li, 1993) 有较为深入的研究, 为本书第 3 部分的部分章节奠定了基础.

第3部分

双周期弹性体全平面应变理论

第 7 章　具双周期裂纹的非均匀弹性体全平面应变基本问题

利用复势方法成功求解经典平面弹性问题已有很多成果 (Begehr et al., 1992; Delale et al., 1983; Erdogan, 1963, 1972, 1985; Galin, 1953; Gilbert et al., 1975; Gladwell, 1980; Lu, 1995; Lu et al. 1998; Mandzavidze, 1983; Mikhlin, 1995; Muskhelishvili, 1953; Obolashvili, 1993; Vekua, 1967), 复势方法现今依然是研究弹性问题的行之有效的方法. 单周期平面弹性理论也有较多研究 (Cai, 1996; Erdogan, 1978; Erdogan et al. 1995; Howland, 1935; Ioakimidis et al, 1977; Isida, 1960; Karihaloo, 1979; Krenk, 1976; Kuznetsov, 1976; Li et al., 1993; 路见可, 1963, 1986; Nakhmein et al., 1992). 双周期弹性问题在固体力学和工程中具有重要应用价值, 例如, 在岩石力学、混凝土力学、断裂力学及其相关问题中经常遇到. 然而, 该方面的研究远远不够充分, 尽管如此, 也有一些很好的成果, 例如具双周期相等孔洞或裂纹 (特别主要集中在直线裂纹) 的均匀无限大板的弹性理论 (Filshtinsky, 1972; Fomin, 1998; Koiter, 1960; 路见可, 1986; Parton et al., 1982; 郑可, 1988) 等. 基于 Mushelishivili 复势方法也研究了非均匀平面弹性问题, 如: 没有孔洞或裂纹的非均匀介质的平面弹性第一基本问题 (Filshtinsky, 1973), 具有孔洞或裂纹的非均匀介质的平面弹性第一、第二基本问题等 (李星, 1993a, 1991b; Li, 1993).

全平面应变问题是一类特殊的三维弹性问题, 有关双周期全平面应变问题的研究更为罕见. 对于没有孔洞或裂纹的弹性第一基本问题 Glingauss et al. (1975) 做了初步探讨. 本章内容取自李星在德国柏林自由大学的博士论文 (Li, 2001a) 以及他发表的论文 (李星, 1992; Li, 2001b, 2001c, 2006b, 2007). 我们将应用复变函数方法求解双周期全平面应变问题, 第 7 章的第 7.1.1 和 7.1.2 节内容取自于 Li (2001b), 分别讨论在非均匀弹性体的 x_1, x_2 截面上具有双周期裂纹的全平面应变第一、第二基本问题. 第 8 章讨论在非均匀弹性体的 x_1, x_2 截面上具有双周期孔洞的全平面应变混合问题. 对于上述各问题, 首先, 我们利用力的叠加原理将全平面应变状态, 即一类特殊的三维弹性系统分解为线性独立的两组二维, 即平面弹性系统, 一类是广义平面状态, 一类是纵位移状态. 事实上, 当弹性体中应力是双周期分布时位移一般是双准周期分布的 (见引理 7.1.1), 且复应力函数 $\phi(z)$, 以及 $\overline{z\phi'(z)} + \overline{\psi(z)}$ 和复挠函数 $F(z)$ 都是双准周期函数 (见引理 7.1.2). 然后, 我们构造 Kolosov 函数, 即, 基于引理 7.1.3, 我们应该分出复应力函数中双周期多值部分, 进一步, 我们利用 Muskhelishvili 复势方法建立解析函数边值问题, 更进一步, 基于改进的 Cauchy 型积分, 即, 将 Cauchy 型积分中 Cauchy 核 $1/(t-z)$ 用 Weierstrass ζ 函数核 $\zeta(t-z)$ 代替, 构造其解的一般表达式, 然后将边值问题转化为正则型的具 Weierstrass ζ 函数核的奇异积分方程, 并证明了其解的存在唯一性.

第 9 章我们基于对非周期的连通弹性区域上的封闭边界曲线的具相对位移的弹性第二基本问题的新提法 (Lu, 1985), 给出具相对位移的改进的双周期全平面应变第二基本问题的三种新提法和解法, 此时, 位移 $u_j + iv_j$ 是给定在多连通弹性区域上的封闭边界曲线的相对位移, 即真实位移可与给出的位移相差某个刚性运动. 证明了其解的存在与唯一性.

第 10 章致力于获得几类特别情况的封闭解, 如: 双周期非均匀弹性柱体镶嵌的全平面应变问题, 运用我们构造的变换, 将原问题转化为双准周期的边值问题, 进一步利用双准周期的边值问题的一般解, 我们首次得到了一类双周期非均匀弹性柱体镶嵌的全平面应变问题的封闭解. 作为实际感兴趣的算例, 我们考虑了双周期非均匀圆柱型弹性柱体镶嵌的全平面应变问题, 并得到其精确解. 根据作者力所能及的了解, 尚未在以前文献中发现双周期弹性问题的精确解. 此外, 当我们令一个周期固定, 另一周期趋于无穷远大, 作为副产品, 我们又得到了单周期非均匀圆柱型弹性柱体镶嵌的全平面应变问题的精确解. 当我们令两个周期都趋于无穷远大, 我们又得到了经典的非周期非均匀圆柱型弹性柱体镶嵌的全平面应变问题的精确解, 它与前人该经典问题的结果完全一致. 本小节还考虑了双周期均匀柱体镶嵌对裂纹影响的全平面应变问题, 得到了其封闭解以及应力强度因子的逼近表达式. 对于特例, 即, 没有孔洞或镶嵌且 $e_3 = 0$, $F_k = 0$, $T_k = 0$, $k = 1, 2$, 只在裂纹边缘作用常量荷载情况, 其解与已有结果一致.

7.1 具双周期裂纹的非均匀弹性体全平面应变第一基本问题

7.1.1 定义和引理

我们考虑三维分片光滑均匀的各向同性弹性体, 假设在其 x_1, x_2 截面上分布有双周期裂纹. 基本周期记为 $2\omega_1, 2\omega_2$, 且不妨设 $\operatorname{Im}\left(\dfrac{\omega_2}{\omega_1}\right) > 0$, $\operatorname{Im}(\omega_1) = 0$. 在弹性体 x_1, x_2 截面上的双周期基本胞腔记为 P_{00}. 它的四个顶点是 $\pm\omega_1 \pm \omega_2$. P_{00} 的边界记为 Γ, 其正方向取逆时针方向, 且 $\Gamma = \bigcup\limits_{i=1}^{4} \Gamma_i$. 假设在每个双周期胞腔 $P_{mn}(m, n = 0, \pm 1, \pm 2, \cdots)$ 中都有一个形状大小等完全相同的孔洞, 在每个孔洞中镶嵌另一种不同的各向同性固体材料, 于是该两种材料的界面曲线就是孔洞的边界,

7.1 具双周期裂纹的非均匀弹性体全平面应变第一基本问题

即简单、光滑、互不相交的封闭曲线,可记为 $\mathcal{L} \equiv L \pmod{2\omega_1, 2\omega_2}$,以顺时针方向为正向. L 是周期基本胞腔 P_{00} 中两种材料的界面曲线 (图 7.1.1). 我们还假定在周期基本胞腔 P_{00} 中两种材料中分布 m 条裂纹,记为 $\gamma_j = \widehat{a_j b_j}$ $(j = 0, 1, \cdots, m-1)$,它们是光滑且互不相交的曲线段,也与 L 不相交. γ_j $(j = 0, 1, \cdots, m-1)$ 的正方向取自于从 a_j 到 b_j,我们也记 $\gamma = \bigcup\limits_{j=0}^{m-1} \gamma_j$. 周期胞腔 $P_{mn}(m, n = 0, \pm 1, \pm 2, \cdots)$ 中的裂纹是周期基本胞腔 P_{00} 中裂纹 γ 的周期合同曲线. 位于周期基本胞腔 P_{00} 中界面曲线 L 的左右手除了裂纹的区域分别记为 S_0^+ 和 S_0^- (图 7.1.1), 区域 $S_0^{\pm}$ 及其周期合同区域的集合记为 $S^{\pm}$, 其弹性模数记为 $\kappa^{\pm}$, Poisson 比记为 $\mu^{\pm}$, 因此, 弹性体 x_1, x_2 截面上的弹性区域记为 $S = S^+ \bigcup S^-$. 选择坐标原点在区域 S_0^+ 内且不在裂纹上.

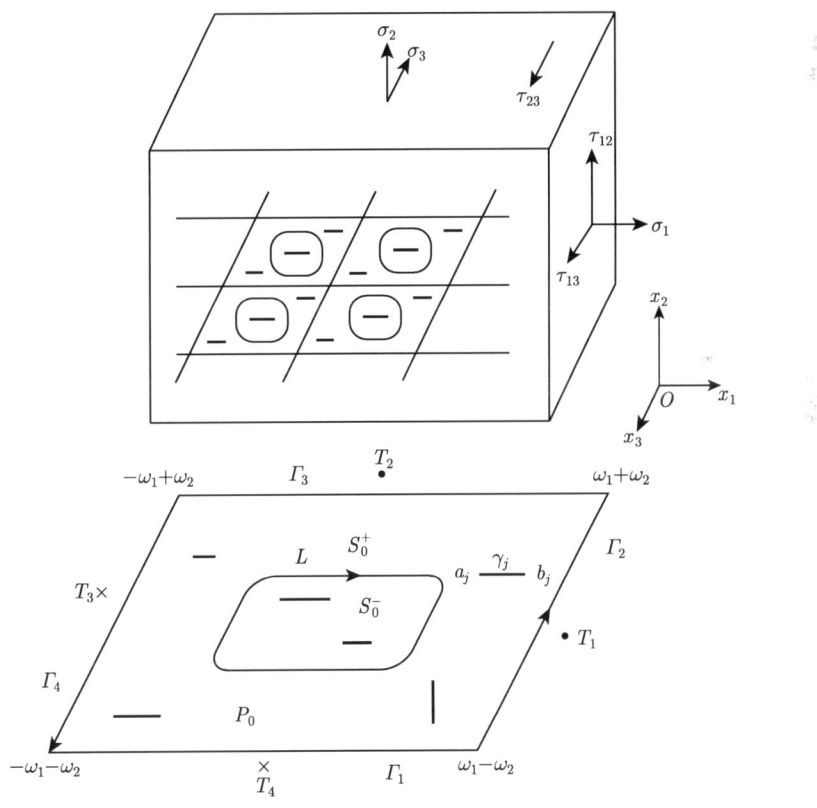

图 7.1.1 双周期裂纹分布于非均匀弹性体

双周期弹性问题的研究就是要求弹性体中的应力分布应该是双周期的,即

$$\begin{cases}\sigma_1(z+2\omega_k)=\sigma_1(z)=\sigma_1(x_1,x_2),\\ \sigma_2(z+2\omega_k)=\sigma_2(z)=\sigma_2(x_1,x_2),\\ \tau_{12}(z+2\omega_k)=\tau_{12}(z)=\tau_{12}(x_1,x_2),\\ \tau_{13}(z+2\omega_k)=\tau_{13}(z)=\tau_{13}(x_1,x_2),\\ \tau_{23}(z+2\omega_k)=\tau_{23}(z)=\tau_{23}(x_1,x_2),\end{cases} \quad (7.1.1)$$

这里 $z=x_1+\mathrm{i}x_2$.

由广义 Hooke 定律, 应变矢量 e_1, e_2, e_3, e_{12}, e_{13} 和 e_{23} 可以由应力分量从下列公式表示出来 (Begehr et al., 1992; Muskhelishvili, 1953)

$$\begin{cases} e_1=\dfrac{1}{E}[\sigma_1-\nu(\sigma_2+\sigma_3)],\\ e_2=\dfrac{1}{E}[\sigma_2-\nu(\sigma_1+\sigma_3)],\\ e_3=\dfrac{1}{E}[\sigma_3-\nu(\sigma_1+\sigma_2)],\\ e_{12}=\dfrac{1+\nu}{E}\tau_{12},\quad e_{23}=\dfrac{1+\nu}{E}\tau_{23},\quad e_{13}=\dfrac{1+\nu}{E}\tau_{13},\end{cases} \quad (7.1.2)$$

这里 ν 是 Poisson 比, E 是 Young 模数.

由位移决定的应变分量可由下面公式表示出来,

$$\begin{cases} e_1=\dfrac{\partial u}{\partial x_1},\quad e_2=\dfrac{\partial v}{\partial x_2},\quad e_3=\dfrac{\partial w}{\partial x_3},\\ e_{13}=\dfrac{1}{2}\left(\dfrac{\partial u}{\partial x_3}+\dfrac{\partial w}{\partial x_1}\right),\quad e_{12}=\dfrac{1}{2}\left(\dfrac{\partial v}{\partial x_1}+\dfrac{\partial u}{\partial x_2}\right),\\ e_{23}=\dfrac{1}{2}\left(\dfrac{\partial w}{\partial x_2}+\dfrac{\partial v}{\partial x_3}\right).\end{cases} \quad (7.1.3)$$

所谓的全平面应变状态就是

$$\begin{cases}\sigma_1=\sigma_1(x_1,x_2),\quad \sigma_2=\sigma_2(x_1,x_2),\\ \tau_{12}=\tau_{12}(x_1,x_2),\quad \tau_{13}=\tau_{13}(x_1,x_2),\\ \tau_{23}=\tau_{23}(x_1,x_2),\quad e_3=\text{常数}.\end{cases} \quad (III)$$

我们能够借助于力的叠加原理将此特殊三维弹性系统 (III) 分解为两组线性独立的平面弹性系统 (Glingauss et al., 1975), 一个是广义应力问题

$$\begin{cases}\sigma_1=\sigma_1(x_1,x_2),\quad \sigma_2=\sigma_2(x_1,x_2),\\ \tau_{12}=\tau_{12}(x_1,x_2),\quad \tau_{13}=\tau_{23}=0,\\ e_3=\text{常数},\end{cases} \quad (I)$$

7.1 具双周期裂纹的非均匀弹性体全平面应变第一基本问题

另一个是纵向位移问题

$$\begin{cases} \sigma_1 = \sigma_2 = \tau_{12} = 0, \\ \tau_{13} = \tau_{13}(x_1,x_2), \quad \tau_{23} = \tau_{23}(x_1,x_2), \\ e_3 = 0. \end{cases} \quad (II)$$

平面弹性组 (I) 的应力平衡方程

$$\begin{cases} \dfrac{\partial \sigma_1}{\partial x_1} + \dfrac{\partial \tau_{12}}{\partial x_2} = 0, \\ \dfrac{\partial \sigma_2}{\partial x_2} + \dfrac{\partial \tau_{12}}{\partial x_1} = 0, \end{cases} \tag{7.1.4}$$

协调方程

$$\Delta(\sigma_1 + \sigma_2) = 0 \tag{7.1.5}$$

上两方程一起可以简化为仅含一个未知函数 $U(x_1,x_2)$ 的单一方程, $U(x_1,x_2)$ 称为实应力函数或 Airy 函数 (Muskhelishvili, 1953)

$$\Delta^2 U \equiv \frac{\partial^4 U}{\partial x_1^4} + 2\frac{\partial^4 U}{\partial x_1^2 \partial x_2^2} + \frac{\partial^4 U}{\partial x_2^4}, \tag{7.1.6}$$

这里

$$\Delta = \frac{\partial^2}{\partial x_1^2} + \frac{\partial^2}{\partial x_2^2}.$$

方程 (7.1.6) 是一个调和方程.

进一步, 按照 Goursat 公式, 调和函数 $U(x_1,x_2)$ 可以由两个解析函数表示 (Muskhelishvili, 1953)

$$u(x_1,x_2) = \mathrm{Re}[\bar{z}\phi(z) + \chi(z)], \quad z = x_1 + \mathrm{i}x_2,$$

其中 $\phi(z)$ 和 $\chi(z)$ 是 S 中的解析函数.

事实上, $U(x_1,x_2)$ 的导数可以由复应力函数 $\phi(z)$ 和 $\psi(z)$ 简洁地表示出来

$$\frac{\partial U}{\partial x_1} + \mathrm{i}\frac{\partial U}{\partial x_2} = \phi(z) + z\overline{\phi'(z)} + \overline{\psi(z)}, \tag{7.1.7}$$

这里 $\psi(z) = \chi'(z)$. 函数 $\phi(z)$ 和 $\psi(z)$ 在有些文献中有时也被称为 Goursat 函数 (Mikhlin et al., 1995).

于是, 弹性组 (I) 的应力和位移分量可由复应力函数 $\phi(z), \psi(z)$ 表示出来, 这里 $\Phi(z) = \phi'(z)$ 和 $\Psi(z) = \psi'(z)$ (Glingauss et al., 1975; Muskhelishvili, 1953)

$$\sigma_1 + \sigma_2 = 4\,\mathrm{Re}\{\Phi(z)\}, \tag{7.1.8}$$

$$\sigma_2 - \sigma_1 + 2\mathrm{i}\tau_{12} = 2[\bar{z}\Phi'(z) + \Psi(z)], \tag{7.1.9}$$

$$2\mu_z(u+\mathrm{i}v) = \kappa_z\phi(z) - z\overline{\phi'(z)} - \overline{\psi(z)} - 2\mu_z e_3 \nu_z z, \tag{7.1.10}$$

$$\sigma_3 = 2\mu_z(1+\nu_z)e_3 + \nu_z(\sigma_1+\sigma_2), \tag{7.1.11}$$

$$w = e_3 x_3, \tag{7.1.12}$$

其中

$$\mu_z = \begin{cases} \mu^+, & z \in S^+, \\ \mu^-, & z \in S^-, \end{cases} \qquad \nu_z = \begin{cases} \nu^+, & z \in S^+, \\ \nu^-, & z \in S^-, \end{cases}$$

$$\mu^\pm = \frac{E^\pm}{2(1+\nu^\pm)},$$

u, v, w 是 x_1, x_2, x_3 方向的位移分量. $\kappa_z = 3 - 4\nu_z$. $E^\pm$ (>0), $\nu^\pm$ $\left(0 < \nu^\pm < \dfrac{1}{2}\right)$ 分别是材料 $S^\pm$ 中弹性 Young 模数和 Poisson 比.

考虑到双周期性, 弹性组 (II) 的纵向应力和位移分量可以由第三个复应力函数 $F(z)$ 即挠函数 (Muskhelishvili, 1953) 可以表示为 (Glingauss et al., 1975)

$$\tau_{13} - \mathrm{i}\tau_{23} = 2\mu_z F'(z), \tag{7.1.13}$$

$$w = F(z) + \overline{F(z)}. \tag{7.1.14}$$

现在, 我们考虑当应力是双周期分布时复应力函数以及位移的周期性.

定义 7.1.1 设 $2\omega_1, 2\omega_2$ 是基本周期, 且不妨设 $\mathrm{Im}(\omega_1/\omega_2) > 0$, 如果存在一个只可能有孤立奇点的解析函数满足

$$\begin{cases} f(z+2\omega_1) = f(z) + f_1, \\ f(z+2\omega_2) = f(z) + f_2, \end{cases} \tag{7.1.15}$$

则称函数 $f(z)$ 为**加法双准周期函数**. 其中, 常数 f_1 和 f_2 被称为双准周期加数.

于是, 我们有引理

引理 7.1.1 当弹性体中应力是双周期分布时, 位移一般情况下是加法双准周期分布的.

证明 由方程 (7.1.1) 和 (7.1.2), 立即可知所有应变分量 $e_1, e_2, e_3, e_{12}, e_{23}$ 和 e_{13} 是双周期的. 因此, 从方程 (7.1.3) 可得位移分量 u, v 和 w 是加法双准周期的.

引理 7.1.2 当弹性体中应力是双周期分布时, 复应力函数 $\phi(z)$, 以及表达式 $z\overline{\phi'(z)} + \overline{\psi(z)}$ 和复挠函数 $F(z)$ 都是加法双准周期的.

证明 由于弹性体中应力是双周期分布时, 由方程 (7.1.1) 和 (7.1.8) 知, $\Phi(z)$ 应该有双周期的实部, 故 $\Phi(z)$ 一定是双周期函数, 即

$$\Phi(z+2\omega_k) = \Phi(z), \quad k=1,2. \tag{7.1.16}$$

7.1 具双周期裂纹的非均匀弹性体全平面应变第一基本问题

积分方程 (7.1.16) 得到

$$\phi(z+2\omega_k)=\phi(z)+2\alpha_k,\quad k=1,2. \tag{7.1.17}$$

此结果表明 $\phi(z)$ 是加数为 $2\alpha_k$ 的加法双准周期函数.

由方程 (7.1.10) 可得

$$z\overline{\phi'(z)}+\overline{\psi(z)}=\kappa_z\phi(z)-2\mu_z e_3\nu_z z-2\mu_z(u+\mathrm{i}v). \tag{7.1.18}$$

考虑到引理 7.1.1, 我们立即知道方程 (7.1.18) 的右边是加法双准周期的, 从而, 表达式 $z\overline{\phi'(z)}+\overline{\psi(z)}$ 也是加法双准周期的. 由方程 (7.1.1), (7.1.13) 和 (7.1.14), 我们得到 $F'(z)$ 是双周期的, 于是, $F(z)$ 是双准周期的.

设 $X_1+\mathrm{i}X_2$ 是作用于弧 AB 上外力得到的外应力主矢量, 于是 (Muskhelishvili, 1953),

$$X_1+\mathrm{i}X_2=\int_{\widehat{AB}}(X_{1n}+\mathrm{i}X_{2n})\,\mathrm{d}s, \tag{7.1.19}$$

其中 $X_{1n}+\mathrm{i}X_{2n}$ 是作用于弧 AB 上外应力. 因为 (Muskhelishvili, 1953)

$$X_{1n}=\frac{\mathrm{d}}{\mathrm{d}s}\left(\frac{\partial U}{\partial x_2}\right),\quad X_{2n}=-\frac{\mathrm{d}}{\mathrm{d}s}\left(\frac{\partial U}{\partial x_1}\right).$$

或复形式

$$(X_{1n}+\mathrm{i}X_{2n})\,\mathrm{d}s=-\mathrm{i}\mathrm{d}\left(\frac{\partial U}{\partial x_1}+\mathrm{i}\frac{\partial U}{\partial x_2}\right).$$

因此, 考虑到方程 (7.1.7),

$$\begin{aligned}X_1+\mathrm{i}X_2&=-\mathrm{i}\left[\frac{\partial U}{\partial x_1}+\mathrm{i}\frac{\partial U}{\partial x_2}\right]_A^B\\ &=-\mathrm{i}\left[\phi(z)+z\overline{\phi'(z)}+\overline{\psi(z)}\right]_A^B,\end{aligned} \tag{7.1.20}$$

这里, $[\ ]_A^B$ 表示括号内表达式当点 z 沿着弧从 A 到 B 变化后的改变量.

此时, 令 $F_k=X_{1\Gamma_k}+\mathrm{i}X_{2\Gamma_k}\ (k=1,2)$, 是基本胞腔 P_{00} 的边界 $\Gamma_k\ (k=1,2)$ 上的外应力主矢量, Γ_3 和 Γ_4 上的外应力主矢量分别是 $-F_1$ 和 $-F_2$. 事实上,

$$F_k=\int_{\Gamma_k}[X_{1n}(\tau)+\mathrm{i}X_{2n}(\tau)]\mathrm{d}\sigma, \tag{7.1.21}$$

其中 $X_{1n}(\tau)+\mathrm{i}X_{2n}(\tau),\tau\in\Gamma_k$ 是 Γ_k 上的外应力函数, σ 是 Γ 上的弧长参数.

于是, 由方程 (7.1.19)~(7.1.21)

$$\left[\phi(z)+z\overline{\phi'(z)}+\overline{\psi(z)}\right]_{\Gamma_k}=\mathrm{i}F_k,\quad k=1,2. \tag{7.1.22}$$

令
$$f(\tau) = i\int_0^\tau [X_{1n}(\tau) + iX_{2n}(\tau)]d\sigma, \quad \tau \in \Gamma. \tag{7.1.23}$$

因为
$$\int_\Gamma [X_{1n}(\tau) + iX_{2n}(\tau)]d\sigma = F_1 + F_2 - F_1 - F_2 = 0, \tag{7.1.24}$$

因此, 有 Γ 上的单值函数 $f(\tau)$
$$F_k = -i[f(\tau)]_{\Gamma_k}, \quad k = 1, 2, \tag{7.1.25}$$

这里 $[\ ]_{\Gamma_k}$ 表示括号内表达式沿着 Γ_k 的正方向变化后的增量.

令 $X_{1n}^\pm(\tau) + iX_{2n}^\pm(\tau), \tau \in \gamma_j$ 是 $\gamma_j\ (j = 0, 1, \cdots, m-1)$ 正负侧的外应力函数, 且满足 Hölder 条件.

$$X_{1j}^\pm + iX_{2j}^\pm = \int_{\gamma_k} [X_{1n}(\tau) + iX_{2n}(\tau)]ds, \quad j = 0, 1, \cdots, m-1$$

是 $\gamma_j\ (j = 0, 1, \cdots, m-1)$ 正负侧的外应力主矢量, 其中 s 是 γ_j 的弧长参数, 于是
$$X_{1j} + iX_{2j} = (X_{1j}^+ + iX_{2j}^+) + (X_{1j}^- + iX_{2j}^-).$$

令
$$f_j^+(\tau) = i\int_{a_j}^\tau [X_{1n}^+(\tau) + iX_{2n}^+(\tau)]ds, \tag{7.1.26}$$

$$f_j^-(\tau) = i(X_{1j} + iX_{2j}) - i\int_{a_j}^\tau [X_{1n}^-(\tau) + iX_{2n}^-(\tau)]ds. \tag{7.1.27}$$

按照力的平衡原理, 考虑到 (7.1.24), 有
$$\sum_{j=0}^{m-1} (X_{1j} + iX_{2j}) = 0. \tag{7.1.28}$$

当 $\gamma_j\ (j = 0, 1, \cdots, m-1)$ 上的每个 $X_{1j} + iX_{2j} = 0$ 时, 公式 (7.1.26) 和 (7.1.27) 变为
$$f_j^\pm(\tau) = \pm i\int_{a_j}^\tau [X_{1n}^\pm(\tau) + iX_{2n}^\pm(\tau)]ds, \tag{7.1.29}$$

从而
$$f_j^\pm(a_j) = 0, \quad f_j^+(b_j) = f_j^-(b_j). \tag{7.1.30}$$

令
$$F(\tau) = f_j^+(\tau) - f_j^-(\tau), \quad G(\tau) = f_j^+(\tau) + f_j^-(\tau), \quad \tau \in \gamma_j, \tag{7.1.31}$$

则
$$F(a_j) = F(b_j) = 0. \tag{7.1.32}$$

记
$$f_j^\pm(\tau) = f_{j1}^\pm(\tau) + f_{j2}^\pm(\tau),$$

则由式 (7.1.29) 得
$$\mathrm{d}f_{j1}^\pm(\tau) = \mp X_{2n}^\pm(\tau)\mathrm{d}s, \quad \mathrm{d}f_{j2}^\pm(\tau) = \mp X_{1n}^\pm(\tau)\mathrm{d}s.$$

于是, 关于坐标系原点的 γ_j 两侧的主力矩为
$$\begin{aligned}
M_j^\pm &= \int_{\gamma_j} [t_1 X_{2n}^\pm(\tau) - t_2 X_{1n}^\pm(\tau)]\mathrm{d}s \\
&= \mp \int_{a_j}^{b_j} [t_1 \mathrm{d}f_{j1}^\pm(\tau) - t_2 \mathrm{d}f_{j2}^\pm(\tau)] \\
&= \mp \mathrm{Re} \int_{a_j}^{b_j} \overline{\tau}\mathrm{d}f_j^\pm(\tau) \\
&= \mp \mathrm{Re}[\overline{\tau}f_j^\pm(\tau)]_{a_j}^{b_j} \pm \mathrm{Re}\int_{a_j}^{b_j} f_j^\pm(\tau)\mathrm{d}\overline{\tau}, \tag{7.1.33}
\end{aligned}$$

其中 $\tau = t_1 + \mathrm{i}t_2$.

考虑到 (7.1.30), 我们得到
$$M_j = M_j^+ + M_j^- = \mathrm{Re}\int_{a_j}^{b_j} [f_j^+(\tau) - f_j^-(\tau)]\mathrm{d}\overline{\tau}. \tag{7.1.34}$$

关于坐标系原点的 Γ 上的主力矩为
$$\begin{aligned}
M_\Gamma &= \int_\Gamma [\xi X_{2n}(t) - \eta X_{1n}(t)]\mathrm{d}\sigma \\
&= \mathrm{Im}\int_\Gamma \overline{t}[X_{1n}(t) + \mathrm{i}X_{2n}(t)]\mathrm{d}\sigma, \tag{7.1.35}
\end{aligned}$$

这里我们记 $t = \xi + \mathrm{i}\eta$.

另一方面, 考虑到应力分量的双周期性,
$$X_{1n}(t + 2\omega_k) = -X_{1n}(t), \quad X_{2n}(t + 2\omega_k) = -X_{2n}(t), \tag{7.1.36}$$

从式 (7.1.35), 考虑到 (7.1.21) 我们得到
$$M_\Gamma = 2\,\mathrm{Im}[\overline{\omega_1}F_2 - \overline{\omega_2}F_1]. \tag{7.1.37}$$

根据主力矩的平衡原理,
$$M_\Gamma + \sum_{j=0}^{m-1} M_j = 0. \tag{7.1.38}$$

则由式 (7.1.34) 和 (7.1.37), 可以得到

$$2\,\text{Im}[\overline{\omega_1}F_2 - \overline{\omega_2}F_1] + \sum_{j=0}^{m-1}\left\{\int_{a_j}^{b_j}[f_j^+(\tau) - f_j^-(\tau)]\mathrm{d}\overline{\tau}\right\} = 0. \tag{7.1.39}$$

因此

$$\text{Re}\left\{\int_\gamma [f^+(\tau) - f^-(\tau)]\mathrm{d}\overline{\tau} - 2\mathrm{i}[\overline{\omega_1}F_2 - \overline{\omega_2}F_1]\right\} = 0. \tag{7.1.40}$$

在多连通区域上, 尽管应力和位移分量都是单值的, 但复应力函数 $\phi(z)$ 和 $\psi(z)$ 可能是多值的. 为了分离出 $\phi(z)$ 和 $\psi(z)$ 的多值部分, 我们需要构造 Kolosov 函数.

7.1.2 Kolosov 函数

这里, 我们不仅要分离出其多值部分, 还要保持其双周期性, 为此, 首先证明一些引理.

引理 7.1.3 双准周期加数为 f_1 和 f_2 的双准周期解析函数 (除单极点 $z = z_0$) 可以表示为

$$f(z) = \delta_1^0 z + \delta_2^0 \zeta(z - z_0) + \text{C}, \tag{7.1.41}$$

其中

$$\delta_1^0 = \frac{1}{\pi \mathrm{i}}(f_2\eta_1 - f_1\eta_2), \quad \delta_2^0 = \frac{1}{\pi \mathrm{i}}(f_1\omega_2 - f_2\omega_1),$$

C 是任意常数, $\zeta(z)$ 是 Weierstrass ζ 函数, 即

$$\zeta(z) = \frac{1}{z} + \sum_{m,n}{}'\left\{\frac{1}{z - \Omega_{mn}} + \frac{1}{\Omega_{mn}} + \frac{z}{\Omega_{mn}^2}\right\},$$

这里 $\Omega_{mn} = 2m\omega_1 + 2n\omega_2$, $\sum\limits_{m,n}{}'$ 表示 m 和 n 除了同时为零外的所有求和, $\zeta(z)$ 是加数为 $2\eta_k$, $k=1,2$, 的加法双准周期函数,

$$\zeta(z + 2\omega_k) = \zeta(z) + 2\eta_k, \tag{7.1.42}$$

$$\eta_k = \zeta(\omega_k), \quad k = 1, 2,$$

$$\omega_2\eta_1 - \omega_1\eta_2 = \frac{\pi}{2}\mathrm{i}. \tag{7.1.43}$$

证明 令 $f(z)$ 是双准周期加数为 f_1 和 f_2 的双准周期解析函数 (除单极点 $z = z_0$). 由于 $\delta_1^0 z + \delta_2^0 \zeta(z - z_0)$ 是加数为 f_1 和 f_2 的双准周期函数, 且只在点 $z = z_0$ 处有单极点. 由 (7.1.42) 和 (7.1.43), 则, $f(z) - \left[\delta_1^0 z + \delta_2^0 \zeta(z - z_0)\right]$ 是一个在复平面上无任何极点的双周期解析函数. 由 Liouville 定理知它只能是一常数, 即

$$f(z) - \left[\delta_1^0 z + \delta_2^0 \zeta(z - z_0)\right] = \text{C},$$

即引理 7.1.3 被证明.

7.1 具双周期裂纹的非均匀弹性体全平面应变第一基本问题

推论 7.1.1 无极点的加数为 f_1 和 f_2 的双准周期椭圆函数 $f(z)$ 具有表示式

$$f(z) = \delta_1 z + \mathrm{C}, \tag{7.1.44}$$

这里, C 是一个任意常数,

$$\delta_1 = \frac{f_1}{2\omega_1} = -\frac{f_2}{2\omega_2}.$$

现在, 构造适应我们情况的 Kolosov 函数.

$$\phi(z) = \frac{-1}{4\pi(\kappa_z+1)} \sum_{j=0}^{m-1} \{(X_{1j} + \mathrm{i}X_{2j})[\log\sigma(z-a_j)\sigma(z-b_j) - H_j(z)]\} + \phi_0(z), \tag{7.1.45}$$

$$\psi(z) = \frac{\kappa_z}{4\pi(\kappa_z+1)} \sum_{j=0}^{m-1} \{(X_{1j} + \mathrm{i}X_{2j})[\log\sigma(z-a_j)\sigma(z-b_j) - H_j(z)]\}$$
$$+ D(z)\phi'(z) - D(z)\phi'(0) + \psi_0(z), \tag{7.1.46}$$

其中

$$H_j(z) = \int_{\gamma_j} h_j(\tau)\zeta(\tau - z)\mathrm{d}\tau,$$

$$h_j(\tau) = \frac{2\tau - a_j - b_j}{b_j - a_j}.$$

不难证明 $H_j(z)$ 是与 $\log(z-a_j)$ 和 $\log(z-b_j)$ 在点 a_j, b_j 具有相同奇异性的双周期函数. $\sigma(z)$ 是 Weierstrass σ 函数

$$\sigma(z) = z \prod_{m,n}{}' \left(1 - \frac{z}{\Omega_{mn}}\right) \exp\left(\frac{z}{\Omega_{mn}} + \frac{z^2}{2\Omega_{mn}}\right),$$

且与 $\zeta(z)$ 有关系式, 即

$$\zeta(z) = \frac{\sigma'(z)}{\sigma(z)}. \tag{7.1.47}$$

这里, 由引理 7.1.3, 构造辅助函数

$$D(z) = \delta_1 \zeta(z) + \delta_2 z, \tag{7.1.48}$$

$$\delta_1 = \frac{2}{\pi\mathrm{i}}(\overline{\omega_2}\omega_1 - \overline{\omega_1}\omega_2), \quad \delta_2 = \frac{2}{\pi\mathrm{i}}(\overline{\omega_1}\eta_2 - \overline{\omega_2}\eta_1).$$

$D(z)$ 是具有加数 $-2\overline{\omega_k}(k=1,2)$ 的双准周期函数,

$$D(z + 2\omega_k) = D(z) - 2\overline{\omega_k}, \quad k = 1, 2. \tag{7.1.49}$$

我们注意到方程 (7.1.45) 和 (7.1.46) 的等式右边的第一项即多值部分都已是双周期的, 由 (7.1.28) 以及函数 $\sigma(z)$ 的特性, 即

$$\sigma(z+2\omega_k) = -\mathrm{e}^{2\eta_k(z+\omega_k)}\sigma(z), \quad k=1,2.$$

则 $\phi_0(z)$ 和 $\psi_0(z)$ 都是双周期单值分区全纯函数.

7.1.3 全平面应变第一基本问题的提法

我们考虑全平面应变第一基本问题: γ_j 正负两侧的外应力函数 $X_{1n}^\pm + \mathrm{i}X_{2n}^\pm$ 分别给定. 由方程 (7.1.26) 和 (7.1.27) 知, 这就意味着 $f_j^\pm$ 是已知函数. L 上的位移间断也给定, 这就意味着如果我们记 $t \in L$ 正负侧的的位移分别为 $u^\pm(t) + \mathrm{i}v^\pm(t)$, 则位移间断函数

$$g(t) = [u^+(t) + \mathrm{i}v^+(t)] - [u^-(t) + \mathrm{i}v^-(t)] \qquad (7.1.50)$$

将被给出. 假设 $X_{1n}^\pm(\tau) + \mathrm{i}X_{2n}^\pm(\tau) \in H(\gamma_j), \tau \in \gamma_j$, $g(t) \in H(L), t \in L$. 此外, 在 x_1, x_2 平面的 $\Gamma_k, k=1,2$, 上的应力主矢量 F_k, x_3 方向的剪应力 $T_k, k=1,2$, 也都给定. 应变 $e_3 = $ 常数. 则由外应力条件从公式 (7.1.29) 和 (7.1.19)~(7.1.20) 我们有对于弹性系统 (I) 在 γ_j 及其合同曲线上的边界条件

$$\phi^\pm(\tau) + \tau\overline{\phi'^\pm(\tau)} + \overline{\psi^\pm(\tau)}] = f_j^\pm(\tau) + C_j(m,n), \tau \in \gamma_j(m,n) = \gamma_j \cup \Omega_{mn}, \quad (7.1.51)$$

这里 $C_j(m,n)$ 可以是任意固定常数.

作用在 $\mathcal{L}(m,n)$ 两边的外应力应该平衡, 于是, 从公式 (7.1.19)~(7.1.20) 我们得到

$$\begin{aligned}&\phi^+(t) + t\overline{\phi'^+(t)} + \overline{\psi^+(t)}]\\ &= \phi^-(t) + t\overline{\phi'^-(t)} + \overline{\psi^-(t)}], \quad t \in \mathcal{L}(m,n) = L \cup \Omega_{mn},\end{aligned} \quad (7.1.52)$$

此外, 由 $\mathcal{L}(m,n)$ 两边的位移间断条件, 由公式 (7.1.10) 我们得到边界条件

$$\begin{aligned}&\alpha^+\phi^+(t) - \beta^+[t\overline{\phi'^+(t)} + \overline{\psi^+(t)}] - \nu^+ e_3 t\\ &= \alpha^-\phi^-(t) - \beta^-[t\overline{\phi'^-(t)} + \overline{\psi^-(t)}]\\ &\quad -\nu^- e_3 t + 2g(t), \quad t \in \mathcal{L}(m,n),\end{aligned} \quad (7.1.53)$$

这里, 我们已取

$$\alpha^\pm = \frac{\kappa^\pm}{\mu^\pm}, \quad \beta^\pm = \frac{1}{\mu^\pm}.$$

考虑到复应力函数 $\phi(z)$ 及表达式 $z\overline{\phi'(z)} + \overline{\psi(z)}$ 的双准周期性, 我们有

$$\left[\phi(z) + z\overline{\phi'(z)} + \overline{\psi(z)}\right]_{\Gamma_k} = \mathrm{i}F_k, \quad k=1,2. \qquad (7.1.54)$$

类似地, 对于弹性系统 (II) 我们有下列边界条件

$$F^\pm(\tau) - \overline{F^\pm(\tau)} = \mathrm{i}C_j^*(m,n), \quad \tau \in \gamma_j(m,n), \tag{7.1.55}$$

$$F^+(t) + \overline{F^+(t)} = F^-(t) + \overline{F^-(t)}, \quad t \in \mathcal{L}(m,n), \tag{7.1.56}$$

$$\mu^+\left[F^+(t) - \overline{F^+(t)}\right] = \mu^-\left[F^-(t) - \overline{F^-(t)}\right], \quad t \in \mathcal{L}(m,n), \tag{7.1.57}$$

$$\mu_z\left[F(z) - \overline{F(z)}\right]_{\Gamma_k} = |\omega_k|T_k, \quad k = 1,2, \tag{7.1.58}$$

这里 $C_j^*(m,n)$ 是任意固定常数.

事实上, 注意到 Kolosov 函数 (7.1.45) 和 (7.1.46), 不失一般性, 我们假定每个 $X_{1j} + \mathrm{i}X_{2j} = 0$, 则

$$\phi(z) = \phi_0(z), \quad \psi(z) = D(z)\phi'(z) - D(z)\phi'(0) + \psi_0(z). \tag{7.1.59}$$

由于其双周期性, 我们只需要考虑双准周期基本胞腔内的解 (路见可, 1986). 将方程 (7.1.59) 代入边界条件 (7.1.51)~(7.1.54), 有

$$\phi_0^\pm(\tau) + m(\tau)\overline{\phi_0'^\pm(\tau)} + \overline{\psi_0^\pm(\tau)} = f_{j0}^\pm(\tau) + C_j, \quad \tau \in \gamma_j, \tag{7.1.60}$$

$$\phi_0^+(t) + m(t)\overline{\phi_0'^+(t)} + \overline{\psi_0^+(t)} = \phi_0^-(t) + m(t)\overline{\phi_0'^-(t)} + \overline{\psi_0^-(t)}, \quad t \in L, \tag{7.1.61}$$

$$\alpha^+\phi_0^+(t) - \beta^+[m(t)\overline{\phi_0'^+(t)} + \overline{\psi_0^+(t)}] = \alpha^-\phi_0^-(t) - \beta^-[m(t)\overline{\phi_0'^-(t)} + \overline{\psi_0^-(t)}]$$
$$+ g_0(t), \quad t \in L, \tag{7.1.62}$$

$$\left[\phi_0(z) + m(z)\overline{\phi_0'(z)} - \overline{D(z)\phi_0'(z)} + \overline{\psi_0(z)}\right]_{\Gamma_k} = \mathrm{i}F_k, \quad k = 1,2, \tag{7.1.63}$$

其中

$$m(z) = z + \overline{D(z)} \tag{7.1.64}$$

是非解析的双周期函数 (Koiter, 1959),

$$f_{j0}^\pm(\tau) = f_j^\pm(\tau) + \overline{\phi_0'(0)D(\tau)},$$

$$g_0(t) = 2g(t) - (\beta^+ - \beta^-)\overline{\phi_0'(0)D(t)} + (\nu^+ - \nu^-)e_3 t.$$

7.1.4 第一基本问题的解法

为了求解边值问题 (7.1.60)~(7.1.63), 引入一个新的未知函数 $\omega(t) \in H, t \in L \cup \gamma$, 我们构造解的一般表达式为

$$\phi_0(z) = \frac{1}{2\pi\mathrm{i}}\int_{L\cup\gamma}\omega(t)\zeta(t-z)\mathrm{d}t + A_z z, \tag{7.1.65}$$

$$\psi_0(z) = -\frac{1}{2\pi i} \int_{L\cup\gamma} [\overline{\omega(t)} + \overline{m(t)}\omega'(t)]\zeta(t-z)dt$$
$$+ \frac{1}{2\pi i} \int_\gamma \overline{F(\tau)}\zeta(\tau-z)d\tau + B_z z, \qquad (7.1.66)$$

其中

$$A_z = \begin{cases} A^+, & \text{当 } z \in S_0^+, \\ A^-, & \text{当 } z \in S_0^-, \end{cases} \quad B_z = \begin{cases} B^+, & \text{当 } z \in S_0^+, \\ B^-, & \text{当 } z \in S_0^-. \end{cases}$$

通过分部积分, 我们有

$$\phi_0'(z) = \frac{1}{2\pi i} \int_{L\cup\gamma} \omega'(t)\zeta(t-z)dt + A_z. \qquad (7.1.67)$$

假定 (Lu, 1993)

$$\omega(a_j) = \omega(b_j) = 0, \quad j = 0, 1, \cdots, m-1, \qquad (7.1.68)$$

后面将证明该假定是可行有效的.

将方程 (7.1.65)~(7.1.67) 代入边界条件 (7.1.63) 的左边, 我们得到

$$[\phi_0(z) + z\overline{\phi_0'(z)} + \overline{D(z)\phi_0'(z)} - \overline{\psi_0(z)}]_{\Gamma_k}$$
$$= \frac{i\eta_k}{\pi} \int_{L\cup\gamma} \omega(t)dt + \frac{\overline{\eta_k}}{\pi i} \int_\gamma F(\tau)d\overline{\tau}$$
$$+ \frac{i\overline{\eta_k}}{\pi} \int_{L\cup\gamma} [\omega(t) + m(t)\overline{\omega'(t)}]d\overline{t}$$
$$- \frac{\omega_k}{\pi i} \int_{L\cup\gamma} \overline{\omega'(t)\eta(t)dt}$$
$$+ 4(\text{Re}A^+)\omega_k + 2\overline{B^+}\overline{\omega_k}. \qquad (7.1.69)$$

如果把 $\phi_0(z)$ 用 $\phi_0(z) + i\epsilon z + c$ 来代替, 这里, ϵ 是实常数, c 是复常数, 方程 (7.1.63) 左边没有改变, 因此, 应力状态将不会改变. 于是 A^+, B^+ 不能直接从由方程 (7.1.63) 和 (7.1.69) 得到的代数方程组求得. 需要给 (7.1.69) 中的 $\text{Re}A^+$ 添加 $\text{Im}A^+$ 来修改代数方程组 (李星, 1993a) 才可求得. 后面将证明

$$\text{Im}A^+ = 0. \qquad (7.1.70)$$

如果其解存在, 我们就可以得到下列改进的代数方程组

$$4A^+\omega_k + 2\overline{B^+}\overline{\omega_k}\frac{i\eta_k}{\pi} \int_{L\cup\gamma} \omega(t)dt - \frac{\omega_k}{\pi i} \int_{L\cup\gamma} \overline{\omega'(t)\eta(t)}d\overline{t}$$
$$+ \frac{i\overline{\eta_k}}{\pi} \int_{L\cup\gamma} [\omega(t) + m(t)\overline{\omega'(t)}]d\overline{t} + \frac{\overline{\eta_k}}{\pi i} \int_\gamma F(\tau)d\overline{\tau} = iF_k, \quad k = 1, 2. \qquad (7.1.71)$$

重写为
$$4A^+\omega_1 + 2\overline{B^+}\overline{\omega_1} = \frac{\eta_1}{\pi i}\int_{L\cup\gamma}\omega(t)\mathrm{d}t + \frac{\omega_1}{\pi i}\int_{L\cup\gamma}\overline{\omega'(t)\eta(t)}\mathrm{d}\bar{t}$$
$$+\frac{\overline{\eta_1}}{\pi i}\int_{L\cup\gamma}[\omega(t) + m(t)\overline{\omega'(t)}]\mathrm{d}\bar{t}$$
$$+\frac{\mathrm{i}\overline{\eta_1}}{\pi}\int_{\gamma}F(\tau)\mathrm{d}\bar{\tau} + \mathrm{i}F_1, \tag{7.1.72}$$
$$4A^+\omega_2 + 2\overline{B^+}\overline{\omega_2} = \frac{\eta_2}{\pi i}\int_{L\cup\gamma}\omega(t)\mathrm{d}t + \frac{\omega_2}{\pi i}\int_{L\cup\gamma}\overline{\omega'(t)\eta(t)}\mathrm{d}\bar{t}$$
$$+\frac{\overline{\eta_2}}{\pi i}\int_{L\cup\gamma}[\omega(t) + m(t)\overline{\omega'(t)}]\mathrm{d}\bar{t}$$
$$+\frac{\mathrm{i}\overline{\eta_2}}{\pi}\int_{\gamma}F(\tau)\mathrm{d}\bar{\tau} + \mathrm{i}F_2.$$

方程组 (7.1.72) 的系数行列式为

$$\begin{vmatrix} 4\omega_1 & 2\overline{\omega_1} \\ 4\omega_2 & 2\overline{\omega_2} \end{vmatrix} = 8(\omega_1\overline{\omega_2} - \omega_2\overline{\omega_1}) = -4\mathrm{i}S \neq 0, \tag{7.1.73}$$

其中

$$S = 2\mathrm{i}(\omega_1\overline{\omega_2} - \omega_2\overline{\omega_1}) \tag{7.1.74}$$

正好是双周期基本胞腔 P_{00} 的面积 (考虑到 $\mathrm{Im}(\omega_1) = 0$). 因此, 我们可以获得唯一的 A^+, B^+:

$$A^+ = \frac{1}{4S}\left\{2\left[\overline{\omega_1}F_2 - \overline{\omega_2}F_1\right] + \mathrm{i}\int_{\gamma}F(\tau)\mathrm{d}\bar{\tau} - \mathrm{i}\delta_2\int_{L\cup\gamma}\omega(t)\mathrm{d}t\right\}$$
$$-\frac{\mathrm{i}}{4S}\int_{L\cup\gamma}\left[\omega(t) + m(t)\overline{\omega'(t)}\right]\mathrm{d}\bar{t} + \frac{1}{4\pi\mathrm{i}}\int_{L\cup\gamma}\overline{\omega'(t)\eta(t)}\mathrm{d}\bar{t}, \tag{7.1.75}$$
$$\overline{B^+} = \frac{1}{2S}\left\{2\left[\omega_2 F_1 - \omega_1 F_2\right] + \mathrm{i}\overline{\delta_2}\int_{\gamma}F(\tau)\mathrm{d}\bar{\tau} - \mathrm{i}\int_{L\cup\gamma}\omega(t)\mathrm{d}t\right\}$$
$$-\frac{\mathrm{i}\overline{\delta_2}}{2S}\int_{L\cup\gamma}\left[\omega(t) + m(t)\overline{\omega'(t)}\right]\mathrm{d}\bar{t}.$$

由推广的 Plemelj 公式 (Koiter, 1959)

$$\widetilde{\Phi^\pm(t)} = \pm\frac{1}{2}\widetilde{\phi(t)} + \frac{1}{2\pi\mathrm{i}}\int_L\widetilde{\phi(\tau)}\zeta(\tau-t)\mathrm{d}\tau,$$

其中

$$\widetilde{\Phi(z)} = \frac{1}{2\pi\mathrm{i}}\int_L\widetilde{\phi(\tau)}\zeta(\tau-z)\mathrm{d}t.$$

令 $z \to t \in L$, 将方程 (7.1.65), (7.1.66) 代入 (7.1.61) 我们得到

$$A^+t + m(t)\overline{A^+} + \overline{B^+}\bar{t} = A^-t + m(t)\overline{A^-} + \overline{B^-}\bar{t}, \quad t \in L. \tag{7.1.76}$$

显然方程 (7.1.76) 的两边都是加法双准周期的, 于是, 其加数应该分别相等,

$$\begin{cases} A^+\omega_1 + \overline{B^+\overline{\omega_1}} = A^-\omega_1 + \overline{B^-\overline{\omega_1}}, \\ A^+\omega_2 + \overline{B^+\overline{\omega_2}} = A^-\omega_2 + \overline{B^-\overline{\omega_2}}. \end{cases} \tag{7.1.77}$$

因此, 考虑到 $\mathrm{Im}(\omega_2/\omega_1) > 0$, 立得

$$A^+ = A^-, \quad B^+ = B^-,$$

则方程 (7.1.61) 自动满足.

为方便, 我们记

$$A^+ = A^- = A, \quad B^+ = B^- = B. \tag{7.1.78}$$

令 $z \to t_0 \in \gamma$, 将方程 (7.1.65) 和 (7.1.66) 代入 (7.1.60), 利用推广的 Plemelj 公式, 考虑到方程 (7.1.68) 和 (7.1.78), 从其正负边值可得同一方程

$$\frac{1}{\pi\mathrm{i}}\int_{L\cup\gamma}\omega(t)\zeta(t-t_0)\mathrm{d}t - \frac{1}{2\pi\mathrm{i}}\int_\gamma \omega(t)\mathrm{d}\left[\log\frac{\sigma(t-t_0)}{\sigma(t-t_0)}\right]$$
$$-\frac{1}{2\pi\mathrm{i}}\int_\gamma \overline{\omega(t)}\mathrm{d}\left\{[m(t)-m(t_0)]\overline{\zeta(t-t_0)}\right\} + M_1[\omega(t),t_0] = N_1(t_0), \tag{7.1.79}$$

其中

$$M_1[\omega(t),t_0] = 2(\mathrm{Re}A)t_0 + \overline{Bt_0} + \overline{D(t_0)}\left[\overline{A} - \frac{1}{2\pi\mathrm{i}}\int_{L\cup\gamma}\overline{\omega'(t)\zeta(t)}\mathrm{d}\overline{t}\right] - C_j,$$

$$N_1(t_0) = \frac{1}{2\pi\mathrm{i}}\int_\gamma F(t)\overline{\zeta(t-t_0)}\mathrm{d}\overline{\tau} + \frac{1}{2}G(t_0).$$

将方程 (7.1.65) 和 (7.1.66) 代入 (7.1.62) 我们得到

$$\frac{1}{2}(\alpha^+ + \alpha^- + \beta^+ + \beta^-)\omega(t_0) + \frac{\alpha^+ - \alpha^-}{2\pi\mathrm{i}}\int_{L\cup\gamma}\omega(t)\zeta(t-t_0)\mathrm{d}t$$
$$+\frac{\beta^- + \beta^+}{2\pi\mathrm{i}}\int_{L\cup\gamma}\overline{\omega(t)}\mathrm{d}\left\{[m(t)-m(t_0)]\overline{\zeta(t-t_0)}\right\}$$
$$+\frac{\beta^- + \beta^+}{2\pi\mathrm{i}}\int_{L\cup\gamma}\omega(t)\overline{\zeta(t-t_0)}\mathrm{d}\overline{t} + M_2[\omega(t),t_0] = N_2(t_0), \tag{7.1.80}$$

其中

$$M_2[\omega(t),t_0] = (\alpha^+ - \alpha^-)At_0 + (\beta^- - \beta^+)\overline{Bt_0} - A(\beta^+ - \beta^-)m(t_0)$$
$$+(\beta^- - \beta^+)\left[\overline{A} - \frac{1}{2\pi\mathrm{i}}\int_{L\cup\gamma}\overline{\omega'(t)\zeta(t)}\mathrm{d}\overline{t}\right]\overline{D(t_0)},$$

$$N_2(t_0) = g(t_0) - \frac{\beta^+ - \beta^-}{2\pi\mathrm{i}}\int_\gamma F(\tau)\overline{\zeta(\tau-t_0)}\mathrm{d}\overline{\tau}.$$

于是, 方程 (7.1.79) 和 (7.1.80) 作为一个整体形成了 $L \cup \gamma$ 上的具 Weierstrass ζ 核的奇异积分方程, 相应的奇异积分算子的特征部分为

$$A(t_0)\omega(t_0) + \frac{B(t_0)}{\pi i}\int_{L\cup\gamma}\omega(t)\zeta(t-t_0)\mathrm{d}t, \tag{7.1.81}$$

其中

$$A(t_0) = \begin{cases} 0, & \text{当 } t_0 \in \gamma, \\ \alpha^+ + \alpha^- + \beta^+ + \beta^-, & \text{当 } t_0 \in L, \end{cases}$$

$$B(t_0) = \begin{cases} 1, & \text{当 } t_0 \in \gamma, \\ \alpha^+ - \alpha^- - \beta^+ + \beta^-, & \text{当 } t_0 \in L. \end{cases}$$

因为在 $L \cup \gamma$ 上 $A(t_0) \pm B(t_0) \neq 0$, 所以它是正则型奇异积分方程. 我们需要在 h_{2m} 类, 即要求 $\omega(a_j), \omega(b_j)$ 是有限的. 现在我们可以检验, 如果该方程 h_{2m} 类中有解, 则方程 (7.1.68) 的确是有效的. 事实上, 由于 $F(a_j) = F(b_j) = 0$, 所以, 表达式

$$\frac{1}{2\pi i}\int_{\gamma}F(t)\overline{\zeta(t-t_0)}\mathrm{d}\bar{t}$$

在 γ_j 的两个端点 $t_0 = a_j, b_j$ 处有界. 于是, 方程 (7.1.79) 的左边在点 $t_0 = a_j, b_j$ 处也有界. 然而, 方程 (7.1.79) 左边的积分除了下列项外是通常积分

$$\frac{1}{\pi i}\int_{L\cup\gamma}\omega(t)\zeta(t-t_0)\mathrm{d}t. \tag{7.1.82}$$

比较方程 (7.1.79) 两端可知, 积分项 (7.1.82) 应该在点 $t_0 = a_j, b_j$ 处有界. 因此 (7.1.68) 成立, 否则, (7.1.82) 便至少有对数阶奇异性.

由 (7.1.56) 我们得到

$$F^{\pm}(z) = I(z), \quad z \in S_0^{\pm}. \tag{7.1.83}$$

为了求解边值问题 (7.1.56)~(7.1.58), 我们构造改进的 Sherman 变换

$$I(z) = \frac{1}{2\pi i}\int_L i\Delta(t)\zeta(t-z)\mathrm{d}t + \frac{1}{2\pi i}\int_\gamma \Delta(t)\zeta(t-z)\mathrm{d}t + Ez, \tag{7.1.84}$$

这里 $\Delta(t)$ 是一个新的未知函数, E 是待定复常数.

将方程 (7.1.84) 代入 (7.1.58), 分离出 E 的实部与虚部, 我们得到关于新未知实常数 $\mathrm{Re}\,E$ 和 $\mathrm{Im}\,E$ 的代数方程组,

$$(\omega_k - \overline{\omega_k})\mathrm{Re}\,E + (\omega_k + \overline{\omega_k})\mathrm{Im}\,E = \frac{1}{4\mu^+}|\omega_k|T_k - \frac{1}{\pi i}\mathrm{Re}[\eta_k\Delta(t)], \quad k=1,2, \tag{7.1.85}$$

其系数行列式为

$$\begin{vmatrix} \omega_1 - \overline{\omega_1} & \mathrm{i}(\omega_1 + \overline{\omega_1}) \\ \omega_2 - \overline{\omega_2} & \mathrm{i}(\omega_2 + \overline{\omega_2}) \end{vmatrix} = S \neq 0. \tag{7.1.86}$$

如此, 考虑到方程 (7.1.43) 我们可以求解出唯一的 $\mathrm{Re}E$ 和 $\mathrm{Im}\,E$.

$$\begin{cases} \mathrm{Re}E = \dfrac{\mathrm{Im}\,\Delta(t)}{2S} + \dfrac{\mathrm{Re}[\mathrm{i}\delta_2\Delta(t)]}{2\pi S} + \dfrac{\mathrm{Re}(\omega_2)|\omega_1|T_1 - (\mathrm{Re}(\omega_1)|\omega_2|T_2}{\mu^+ S}\mathrm{i}, \\ \mathrm{Im}\,E = -\dfrac{\mathrm{Im}\,\Delta(t)}{2S} - \dfrac{\mathrm{Re}[\mathrm{i}\delta_2\Delta(t)]}{2\pi S} + \dfrac{\mathrm{Im}(\omega_2)|\omega_1|T_1 - (\mathrm{Im}(\omega_1)|\omega_2|T_2}{\mu^+ S}\mathrm{i}. \end{cases} \tag{7.1.87}$$

将方程 (7.1.84) 代入 (7.1.56), 可以观察到方程 (7.1.56) 自动满足. 于是, 将方程 (7.1.84) 代入 (7.1.57), (7.1.55), 我们分别得到

$$\Delta(t) + \frac{\mu^*}{2\pi\mathrm{i}} \int_L \Delta(t) \mathrm{d}\left[\log\frac{\sigma(t-t_0)}{\sigma(t-t_0)}\right] - \frac{\mu^*}{\pi}\int_\gamma \Delta(t)\mathrm{d}\log|\sigma(t-t_0)|$$
$$-2\mathrm{i}\mu^*\mathrm{Re}(Et) = 0 \tag{7.1.88}$$

和

$$\frac{1}{2\pi\mathrm{i}}\int_L \mathrm{i}\Delta(t)\mathrm{d}\left[\log\frac{\sigma(t-t_0)}{\sigma(t-t_0)}\right] + \frac{\mu^*}{\pi}\int_\gamma \Delta(t)\mathrm{d}\,\log|\sigma(t-t_0)|$$
$$-2\mathrm{i}\,\mathrm{Im}(Et) - \mathrm{i}c_j^* = 0, \tag{7.1.89}$$

其中

$$\mu^* = \frac{\mu^+ - \mu^-}{\mu^+ + \mu^-}. \tag{7.1.90}$$

方程 (7.1.88) 和 (7.1.89) 作为一个整体形成第二类 Fredholm 积分方程.

7.1.5 第一基本问题的可解唯一性

如果方程 (7.1.79) 和 (7.1.80) 有解 $\omega(t)$, 则, 通过由方程 (7.1.75) 求出的 A, B, 和由方程 (7.1.65) 和 (7.1.66) 求出的 $\phi_0(z)$, $\psi_0(z)$, 以及由方程 (7.1.45) 和 (7.1.46) 求出的 $\phi(z)$, $\psi(z)$, 可知 (7.1.70) 成立. 事实上, 考虑到修正的方程组 (7.1.71),

$$\left[\phi(z) + z\overline{\phi'(z)} + \overline{\psi(z)}\right]_{\Gamma_k} = \mathrm{i}\left[F_k - 4(\mathrm{Im}\,A)\omega_k\right], \quad k = 1, 2. \tag{7.1.91}$$

由 (7.1.20) 知, 双周期基本胞腔 P_{00} 的边界 $\Gamma_k(k=1,2)$ 上的外应力主矢量是 $F_k - 4(\mathrm{Im}\,A)\omega_k\ (k=1,2)$. 按照主力矩平衡原理, 有

$$\mathrm{Re}\left\{\int_\gamma [f^+(\tau) - f^-(\tau)]\mathrm{d}\overline{\tau} - 2\mathrm{i}[\overline{\omega_1}F_2 - \overline{\omega_2}F_1] + 8\mathrm{i}(\mathrm{Im}\,A)(\omega_2\overline{\omega_1} - \omega_1\overline{\omega_2})\right\} = 0. \tag{7.1.92}$$

7.1 具双周期裂纹的非均匀弹性体全平面应变第一基本问题

考虑到条件 (7.1.40), 我们得到

$$8(\operatorname{Im} A) \operatorname{Im}(\omega_2 \overline{\omega_1} - \omega_1 \overline{\omega_2}) = 0. \tag{7.1.93}$$

因为

$$8 \operatorname{Im}(\omega_2 \overline{\omega_1} - \omega_1 \overline{\omega_2}) = 4S \neq 0,$$

则

$$\operatorname{Im} A = 0. \tag{7.1.94}$$

因此, (7.1.70) 的确成立.

我们现在证明, 如果适当选择 (唯一) C_j ($j = 0, 1, \cdots, m-1$), 则方程 (7.1.79) 和 (7.1.80) 在 h_{2m} 是可解的. 类似文献 (Muskhelishvili, 1953), 我们只需证明方程 (7.1.79) 和 (7.1.80), 当 $f_j^{\pm}(\tau) = 0, g(t) = 0, e_3 = 0$, 即其齐次方程没有非平凡解. 也即, 如果 $\omega_0(t)$ 是该方程的任意一个解, 考虑到 $C_j = C_j^0$ ($j = 0, 1, \cdots, m-1$), 则 $\omega_0(t) = 0$ 在 $L \cup \gamma$ 上处处成立 (因此必须 $C_j^0 = 0$).

这种情况下显然 (7.1.40) 成立. 令 $\phi_0^0(z), \psi_0^0(z), \phi^0(z), \psi^0(z), A^0, B^0$ 分别是由方程 (7.1.65), (7.1.66), (7.1.45), (7.1.46) 及 (7.1.75) 确定的 $\phi_0(z), \psi_0(z), \phi(z), \psi(z), A, B$ 当 $\omega(t) = \omega_0(t)$ 时相应的值. 不难检验它们满足相应的边界条件 (7.1.51)~(7.1.54). 由唯一性定理 (Lu, 1993; Muskhelishvili, 1953), 弹性区域只可能有刚性平动, 即

$$\phi^0(z) = \mathrm{i}\epsilon_z z + c_z, \quad \psi^0(z) = -\overline{c_z}, \tag{7.1.95}$$

ϵ_z 是分区实常数

$$\epsilon_z = \begin{cases} \epsilon^+, & \text{当 } z \in S_0^+, \\ \epsilon^-, & \text{当 } z \in S_0^-, \end{cases}$$

c_z 是分区复常数

$$c_z = \begin{cases} c^+, & \text{当 } z \in S_0^+, \\ c^-, & \text{当 } z \in S_0^-. \end{cases}$$

由方程 (7.1.45), (7.1.46) 和 (7.1.95) 得到

$$\phi_0^0(z) = \phi^0(z) = \mathrm{i}\epsilon_z z + c_z, \quad \psi_0^0(z) = \psi^0(z) = -\overline{c_z}. \tag{7.1.96}$$

将方程 (7.1.96) 代入 (7.1.61) 我们得到等式

$$\epsilon^+ = \epsilon^-. \tag{7.1.97}$$

将方程 (7.1.96) 代入 (7.1.62) 我们有

$$\begin{cases} (\alpha^+ + \beta^+)\epsilon^+ = (\alpha^- + \beta^-)\epsilon^-, \\ (\alpha^+ + \beta^+)c^+ = (\alpha^+ + \beta^+)c^-. \end{cases} \tag{7.1.98}$$

考虑到公式 (7.1.65) 和 (7.1.66), 并注意到 (7.1.96), 有

$$\phi_0^0(z) = \mathrm{i}\epsilon_z z + c_z = \frac{1}{2\pi\mathrm{i}} \int_{L\cup\gamma} \omega_0(t)\zeta(t-z)\mathrm{d}t + A^0 z, \qquad (7.1.99)$$

$$\psi_0^0(z) = -\overline{c_z} = -\frac{1}{2\pi\mathrm{i}} \int_{L\cup\gamma} [\overline{\omega_0(t)} + \overline{m(t)}\omega_0'(t)]\zeta(t-z)\mathrm{d}t + B^0 z. \qquad (7.1.100)$$

当 $z \in S_0^+$, 考虑到 (7.1.99) 和 (7.1.100) 两边的双准周期性, 我们得到

$$A^0 = \mathrm{i}\epsilon^+, \quad B^0 = 0, \qquad (7.1.101)$$

$$\frac{1}{2\pi\mathrm{i}} \int_{L\cup\gamma} \omega_0(t)\mathrm{d}t = 0, \quad \frac{1}{2\pi\mathrm{i}} \int_{L\cup\gamma} [\overline{\omega_0(t)} + \overline{m(t)}\omega_0'(t)]\mathrm{d}t = 0. \qquad (7.1.102)$$

考虑到 (7.1.101), 由方程 (7.1.75) 我们可以得到

$$A^0 = 0. \qquad (7.1.103)$$

因此, 从方程 (7.1.101) 和 (7.1.97) 我们得到

$$\epsilon^+ = \epsilon^- = 0. \qquad (7.1.104)$$

利用 Plemelj 公式, 由方程 (7.1.99), 我们立即得到

$$\omega_0(t) = \phi_0^{0+}(t) - \phi_0^{0-}(t) = 0, \quad t \in \gamma \qquad (7.1.105)$$

和

$$\omega_0(t) = c^+ - c^-, \quad t \in L. \qquad (7.1.106)$$

将方程 (7.1.105), (7.1.106) 再代回方程 (7.1.99), (7.1.100) 我们得到

$$c_z = \frac{c^+ - c^-}{2\pi\mathrm{i}} \int_L \zeta(t-z)\mathrm{d}t, \quad -\overline{c_z} = \frac{\overline{c^+} - \overline{c^-}}{2\pi\mathrm{i}} \int_L \zeta(t-z)\mathrm{d}t. \qquad (7.1.107)$$

令方程 (7.1.107) 中的 $z = 0$, 可以得到

$$c^+ = 0. \qquad (7.1.108)$$

于是, 由方程 (7.1.98) 我们得到

$$c^- = 0. \qquad (7.1.109)$$

最后, 由方程 (7.1.105), (7.1.108), (7.1.109) 和 (7.1.106) 我们得到

$$\omega_0(t) \equiv 0, \quad t \in L \cup \gamma. \qquad (7.1.110)$$

7.1 具双周期裂纹的非均匀弹性体全平面应变第一基本问题

如果只需要求出应力分布, 我们可以对方程 (7.1.79), (7.1.80) 两端求导, 得到一个密度函数为 $\Omega(\tau) = \omega'(\tau)$ 的奇异积分方程, 该方程在 h_0 类中求解, 还要考虑附加条件

$$\int_{\gamma_j} \Omega(\tau)\mathrm{d}\tau = 0, \quad j = 0, 1, \cdots, m-1. \tag{7.1.111}$$

此时, 所得方程不包含任何未知待定常数, 简化了求解过程.

现在, 我们来证明方程 (7.1.88) 和 (7.1.89) 是唯一可解的. 为此, 我们应该证明在第一基本问题的齐次条件下 $\Delta_0(t) \equiv 0, t \in L \cup \gamma$. 类似文献 (Glingauss et al., 1975), 我们有

$$I(z) = I_z, \quad I_z = \begin{cases} I^+, & \text{当 } z \in S_0^+, \\ I^-, & \text{当 } z \in S_0^-, \end{cases} \tag{7.1.112}$$

其中 I^+, I^- 是常数.

将方程 (7.1.112) 代入 (7.1.56)~(7.1.57), 我们得到

$$\mathrm{Re}\, I^+ = \mathrm{Re}\, I^-, \tag{7.1.113}$$

$$\mu^+ \mathrm{Im}\, I^+ = \mu^- \mathrm{Im}\, I^-. \tag{7.1.114}$$

则, 考虑到 (7.1.84) 我们得到等式

$$I_z = \frac{1}{2\pi \mathrm{i}} \int_L \mathrm{i}\Delta_0(t)\zeta(t-z)\mathrm{d}t + \frac{1}{2\pi \mathrm{i}} \int_\gamma \Delta_0(t)\zeta(t-z)\mathrm{d}t + E^0 z. \tag{7.1.115}$$

注意到方程 (7.1.115) 两边的双周期性, 可得

$$\frac{1}{2\pi \mathrm{i}} \int_L \mathrm{i}\Delta_0(t)\mathrm{d}t + \frac{1}{2\pi \mathrm{i}} \int_\gamma \Delta_0(t)\mathrm{d}t = 0. \tag{7.1.116}$$

$$E_0 = 0. \tag{7.1.117}$$

沿 γ 上利用 Plemelj 公式, 由方程 (7.1.112) 和 (7.1.115) 立即得到

$$\Delta_0(t) = 0, \quad t \in \gamma. \tag{7.1.118}$$

沿 L 上利用 Plemelj 公式, 由方程 (7.1.112) 和 (7.1.115) 可以得到

$$\Delta_0(t) = I^+ - I^-, \quad t \in L. \tag{7.1.119}$$

将方程 (7.1.116)~(7.1.118), 代入 (7.1.115), 我们得到

$$I_z = \frac{I^+ - I^-}{2\pi} \int_L \zeta(t-z)\mathrm{d}t. \tag{7.1.120}$$

在方程 (7.1.120) 中令 $z = 0$, 立即得到

$$I^+ = 0. \tag{7.1.121}$$

将方程 (7.1.121) 代入 (7.1.113) 和 (7.1.114), 我们发现 $I^- = 0$. 于是, 由方程 (7.1.119) 我们有

$$\Delta_0(t) = 0, \quad t \in L. \tag{7.1.122}$$

因此, 考虑到方程 (7.1.118) 和 (7.1.122) 我们证明了

$$\Delta_0(t) \equiv 0, \quad t \in L \cup \gamma. \tag{7.1.123}$$

7.2 具双周期裂纹的非均匀弹性体全平面应变第二基本问题

7.2.1 全平面应变第二基本问题的提法和解法

全平面应变第二基本问题弹性体的模型如图 7.1.1, 其他记号同第 6 章. 记 $g_j^\pm(\tau) = u_j^\pm(\tau) + iv_j^\pm(\tau)$ 分别是裂纹 γ_j $(j = 0, 1, \cdots, m-1)$ 上点 τ 正负侧的位移. 假设 $g_j^\pm(\tau)$ 在 γ_j $(j = 0, 1, \cdots, m-1)$ 上充分光滑, 且 (Muskhelishvili, 1953)

$$u_j^+(a_j) = u_j^-(a_j), \quad u_j^+(b_j) = u_j^-(b_j), \quad j = 0, 1, \cdots, m-1,$$

$$v_j^+(a_j) = v_j^-(a_j), \quad v_j^+(b_j) = v_j^-(b_j),$$

或

$$g_j^+(a_j) = g_j^-(a_j), \quad g_j^+(b_j) = g_j^-(b_j).$$

由引理 7.1.1 我们知道当应力是双周期分布时位移一般情况下是双准周期分布的.

现在考虑具双周期裂纹非均匀弹性体全平面应变第二基本问题, 此时, 位移 $g_j^\pm(t) = u_j^\pm(t) + iv_j^\pm(t)$, $t \in \gamma_j$ $(j = 0, 1, \cdots, m-1)$ 及其双准周期加数 g_k $(k = 1, 2)$, 和位移 $w(t), t \in \gamma$, 及其双准周期加数 w_k $(k = 1, 2)$, 都给定. L 上的位移差 $g(t) = [u^+(t) + iv^+(t)] - [u^-(t) + iv^-(t)]$ 也给定. 应变 $e_3 =$ 常数. 而外应力主矢量 $X_{1j} + X_{2j}$ $(j = 0, 1, \cdots, m-1)$ 是未知待定常数. 当然, 它们应该满足 (7.1.28), 求解弹性平衡.

考虑到位移条件, 对于弹性系统 (I), 由公式 (7.1.10), 我们在 γ_j 及其周期合同上有边界条件

$$\kappa_j \phi^\pm(\tau) - \tau\overline{\phi'^\pm(\tau)} - \overline{\psi^\pm(\tau)} = 2\mu_j \left[g_j^\pm(\tau) + \nu_j e_3 \tau \right], \quad \tau \in \gamma_j, \quad j = 0, 1, \cdots, m-1. \tag{7.2.1}$$

作用于 $\mathcal{L}(m,n)$ 两侧的外应力应该平衡, 则由公式 (7.1.19)~(7.1.20), 有

$$\phi^+(t) + t\overline{\phi'^+(t)} + \overline{\psi^+(t)} = \phi^-(t) + t\overline{\phi'^-(t)} + \overline{\psi^-(t)}, \quad t \in L. \tag{7.2.2}$$

7.2 具双周期裂纹的非均匀弹性体全平面应变第二基本问题

此外，考虑 $\mathcal{L}(m,n)$ 两侧的位移间断，由公式 (7.1.10) 有边界条件

$$\alpha^+\phi^+(t) - \beta^+[t\overline{\phi'^+(t)} + \overline{\psi^+(t)}] = \alpha^-\phi^-(t) - \beta^-[t\overline{\phi'^-(t)} + \overline{\psi^-(t)}]$$
$$-(\nu^+ - \nu^-)e_3 t + 2g(t), \quad t \in L. \quad (7.2.3)$$

为了保证位移的双准周期性，有

$$\left[\kappa_z\phi(z) - z\overline{\phi'(z)} - \overline{\psi(z)}\right]_z^{z+2\omega_k} = 2\mu_z g_k, \quad k=1,2. \quad (7.2.4)$$

类似地，对于弹性系统 (II) 有

$$F^\pm(\tau) + \overline{F^\pm(\tau)} = w(t), \quad \tau \in \gamma_j, \quad j=0,1,\cdots,m-1, \quad (7.2.5)$$

$$F^+(t) + \overline{F^+(t)} = F^-(t) + \overline{F^-(t)}, \quad t \in L, \quad (7.2.6)$$

$$\mu^+\left[F^+(t) - \overline{F^+(t)}\right] = \mu^-\left[F^-(t) - \overline{F^-(t)}\right], \quad t \in L, \quad (7.2.7)$$

$$\left[F(z) + \overline{F(z)}\right]_z^{z+2\omega_k} = 2w_k, \quad k=1,2, \quad (7.2.8)$$

其中

$$\mu_j = \begin{cases} \mu^+, & \text{当 } \gamma_j \subset S_0^+, \\ \mu^-, & \text{当 } \gamma_j \subset S_0^-, \end{cases} \quad \kappa_j = \begin{cases} \kappa^+, & \text{当 } \gamma_j \subset S_0^+, \\ \kappa^-, & \text{当 } \gamma_j \subset S_0^-. \end{cases}$$

为了求解边值问题 (7.2.1)∼(7.2.4)，解的一般表示式可以构造为

$$\phi(z) = \frac{1}{2\pi i}\int_{L\cup\gamma}\omega(t)\zeta(t-z)\mathrm{d}t$$
$$+\frac{1}{\kappa_z+1}\sum_{j=0}^{m-1}A_j[\log\sigma(z-a_j)\sigma(z-b_j) - H_j(z)] + A_z z + C_j, \quad (7.2.9)$$

$$\psi(z) = \sum_{j=0}^{m-1}\frac{\kappa_j}{2\pi i}\int_{\gamma_j}\overline{\omega(t)}\zeta(t-z)\mathrm{d}t$$
$$-\frac{\kappa_z}{\kappa_z+1}\sum_{j=0}^{m-1}\overline{A_j}[\log\sigma(z-a_j)\sigma(z-b_j) - H_j(z)]$$
$$-\frac{1}{2\pi i}\int_L\overline{\omega(t)}\zeta(t-z)\mathrm{d}t - \frac{1}{2\pi i}\int_{L\cup\gamma}\overline{m(t)}\omega'(t)\zeta(t-z)\mathrm{d}t$$
$$+\frac{1}{2\pi i}\int_L\overline{H(t)}\zeta(t-z)\mathrm{d}t - \frac{1}{2\pi i}\int_\gamma\left[\overline{h^+(t)} - \overline{h^-(t)}\right]\zeta(t-z)\mathrm{d}t$$
$$+D(z)\phi'(z) - D(z)\phi'(0) + B_z z, \quad (7.2.10)$$

其中 $H(t)$ 是未知待定函数, C_j 和

$$A_j = -\frac{X_{1j} + \mathrm{i}X_{2j}}{4\pi}, \quad j = 0, 1, \cdots, m-1$$

是未知待定常数,

$$h^\pm(t) = 2\mu_j g_j^\pm(t), \quad t \in \gamma_j.$$

将方程 (7.2.9) 和 (7.2.10) 代入 (7.2.2) 和 (7.2.4) 我们得到

$$H(t_0) = Q(t_0) - \frac{2(\kappa^- - \kappa^+)}{(\kappa^+ - 1)(\kappa^- - 1)} \mathrm{Re}\left[q_1 \int_l Q(t)\mathrm{d}\bar{t}\right] t_0, \tag{7.2.11}$$

$$A^\pm = \frac{\kappa^\pm p_1^\pm - \overline{p_1^\pm}}{(\kappa^+)^2 - 1} + \frac{2\kappa^\pm \mathrm{Re}[q_1 \int_l H(t)\mathrm{d}\bar{t}]}{\kappa^- - 1}, \tag{7.2.12}$$

$$\overline{B^\pm} = p_2^\pm - q_2 \int_l H(t)\mathrm{d}\bar{t}, \tag{7.2.13}$$

其中

$$Q(t_0) = \frac{(\kappa^+ - \kappa^-)t_0}{(\kappa^+ + 1)(\kappa^- + 1)} \left\{\sum_{j=0}^{m-1} A_j [\log \sigma(t_0 - a_j)\sigma(t_0 - b_j) - H_j(t_0)]\right\}$$

$$+ \frac{(\kappa^+ - \kappa^-)t_0}{(\kappa^+ + 1)(\kappa^- + 1)} \left\{\sum_{j=0}^{m-1} \overline{A_j} \left[\overline{\zeta(t_0 - a_j)} + \overline{\zeta(t_0 - b_j)} - \overline{H_j'(t_0)}\right]\right\}$$

$$- \left(\frac{p_1^+ - \overline{p_1^+}}{\kappa^+ - 1} - \frac{p_1^- - \overline{p_1^-}}{\kappa^- - 1}\right) t_0,$$

$$p_1^\pm = \frac{1}{8\mathrm{i}S}\left[-\kappa^\pm \delta_1 \int_{L \cup \gamma} \omega(t)\mathrm{d}t + \sum_{j=0}^{m-1} \kappa_j \int_{\gamma_j} \mathrm{d}\bar{t} + \int_l \omega(t)\mathrm{d}\bar{t} + \int_{L \cup \gamma} m(t)\omega'(t)\mathrm{d}\bar{t}\right]$$

$$+ \frac{\mu^\pm(\overline{\omega_1}h_2 - \overline{\omega_2}h_1)}{2\mathrm{i}S} - \frac{1}{2\pi\mathrm{i}}\int_{L \cup \gamma} \overline{\omega'(t)\zeta(t)}\mathrm{d}\bar{t},$$

$$q_1 = -\frac{\delta_1}{8\mathrm{i}S},$$

$$p_2^\pm = \frac{1}{16\mathrm{i}S}\kappa^\pm \int_{L \cup \gamma} \omega(t)\mathrm{d}t$$

$$- \frac{1}{8\mathrm{i}S}\left[\sum_{j=0}^{m-1} \kappa_j \int_{\gamma_j} \omega(t)\mathrm{d}\bar{t} + \int_l \omega(t)\mathrm{d}\bar{t} + \int_{L \cup \gamma} m(t)\omega'(t)\mathrm{d}\bar{t}\right],$$

$$q_2 = -\frac{1}{8\mathrm{i}S}.$$

将从方程 (7.2.11), (7.2.12) 和 (7.2.13) 中得到的 $H(t)$, A_z 和 B_z 代入公式 (7.2.9) 和 (7.2.10), 则边界条件 (7.2.2) 和 (7.2.4) 将会自动满足.

7.2 具双周期裂纹的非均匀弹性体全平面应变第二基本问题

令 $z \to t_0 \in L$ 并将方程 (7.2.9) 和 (7.2.10) 代入 (7.2.3), 利用推广改进的 Plemelj 公式并考虑到 $\kappa^\pm \beta^\pm = \alpha^\pm$, 我们得到积分方程

$$(\alpha^+ + \alpha^- + \beta^+ + \beta^-)\omega(t_0) + \frac{\alpha^+ - \alpha^- + \beta^- - \beta^+}{\pi\mathrm{i}} \int_L \omega(t)\overline{\zeta(t-t_0)}\mathrm{d}\bar{t}$$

$$+ \frac{\beta^+ - \beta^-}{\pi\mathrm{i}} \int_L \omega(t)\mathrm{d}\left[\log\frac{\sigma(t-t_0)}{\overline{\sigma(t-t_0)}}\right]$$

$$+ \frac{\beta^+ - \beta^-}{\pi\mathrm{i}} \int_L \overline{\omega(t)}\mathrm{d}\left\{[m(t)-m(t_0)]\overline{\zeta(t-t_0)}\right\}$$

$$- M_3[\omega(t), t_0] = N_3(t_0), \qquad (7.2.14)$$

其中

$$M_3[\omega(t), t_0] = \frac{\beta^+ - \beta^-}{\pi\mathrm{i}} \sum_{j=0}^{m-1} \kappa_j \int_{\gamma_j} \omega(t)\overline{\zeta(t-t_0)}\mathrm{d}\bar{t}$$

$$+ 4\left(\frac{\beta^+}{\kappa^++1} - \frac{\beta^-}{\kappa^-+1}\right) \log|\sigma(t_0-a_j)\sigma(t_0-b_j) + H_j(t_0)|$$

$$+ 2\left(\frac{\beta^+}{\kappa^++1} - \frac{\beta^-}{\kappa^-+1}\right) \sum_{j=0}^{m-1} \overline{A_j}\left[\overline{\zeta(t_0-a_j)} + \overline{\zeta(t_0-b_j)} - \overline{H_j'(t_0)}\right],$$

$$N_3(t_0) = 4g(t_0) - \frac{\beta^+ - \beta^-}{\pi\mathrm{i}} \int_\gamma [h^+(t) - h^-(t)] \overline{\zeta(t-t_0)}\mathrm{d}\bar{t} + (\nu^+ - \nu^-)e_3 t_0.$$

令 $z \to t_0 \in \gamma$ 并将方程 (7.2.9) 和 (7.2.10) 代入 (7.2.1), 我们有

$$\kappa_j \omega(t_0) + \frac{\kappa_j}{2\pi\mathrm{i}} \int_{\gamma_j} \omega(t)\mathrm{d}\left[\log\frac{\sigma(t-t_0)}{\overline{\sigma(t-t_0)}}\right]$$

$$+ \sum_{k=0}^{m-1}{}' \frac{1}{2\pi\mathrm{i}} \left\{\kappa_j \int_{\gamma_k} \omega(t)\zeta(t-t_0)\mathrm{d}t - \kappa_k \int_{\gamma_k} \omega(t)\overline{\zeta(t-t_0)}\mathrm{d}\bar{t}\right\}$$

$$+ M_4[\omega(t), t_0] = N_4(t_0), \qquad (7.2.15)$$

这里 $\sum'$ 表示对所有 $k \neq j, k = 0, 1, \cdots, m-1$ 的求和, 且

$$M_4[\omega(t), t_0] = \frac{1}{2\pi\mathrm{i}}\left[\kappa_j \int_L \omega(t)\zeta(t-t_0)\mathrm{d}t - \int_L \overline{\omega(t)\zeta(t-t_0)}\mathrm{d}\bar{t}\right]$$

$$+ \frac{1}{2\pi\mathrm{i}}\left\{\int_L \overline{\omega(t)}\mathrm{d}\left\{[m(t)-m(t_0)]\overline{\zeta(t-t_0)}\right\}\right\}$$

$$+ \frac{2\kappa_j}{\kappa_j+1} \sum_{r=0}^{m-1} A_r \log|\sigma(t_0-a_r)\sigma(t_0-b_r) + H_r(t_0)|$$

$$- \frac{m(t_0)}{\kappa_j+1} \sum_{r=0}^{m-1} \overline{A_r}\left[\overline{\zeta(t_0-a_r)} + \overline{\zeta(t_0-b_r)} - \overline{H_r'(t_0)}\right],$$

$$N_4(t_0) = -\frac{1}{2\kappa_j\pi i}\int_\gamma \left[h^+(t) - h^-(t)\right]\overline{\zeta(t-t_0)\mathrm{d}t}$$
$$+\frac{1}{2\kappa_j}\left[h^+(t_0) + h^-(t_0)\right] + \nu_j e_3 t_0.$$

方程 (7.2.14) 和 (7.2.15) 作为一个整体形成了 $L\cup\gamma$ 上的正则型奇异积分方程. 我们将在 h_{2m} 类中求解, 即, 考虑到 (7.1.28), $X_{10} = -\sum_{j=1}^{m-1}X_{1j}$, $X_{20} = -\sum_{j=1}^{m-1}X_{2j}$, 正好有 $2m$ 个未知待定实常数: X_{1j}, $X_{2j}(j=1,\cdots,m-1)$, $\mathrm{Re}\,C$ 和 $\mathrm{Im}\,C$.

为了求解边值问题 (7.2.5)~(7.2.8), 我们构造其解的一般形式

$$F(z) = \frac{1}{2\pi i}\int_{L\cup\gamma} i\Delta(t)\zeta(t-z)\mathrm{d}t + Ez, \tag{7.2.16}$$

其中 $\Delta(t)$ 是未知实函数, E 是未知待定复常数.

将方程 (7.2.16) 代入 (7.2.8), 我们得到关于未知数 $\mathrm{Re}\,E$ 和 $\mathrm{Im}\,E$ 的方程组

$$\begin{cases} 2\mathrm{Re}(\omega_1)\mathrm{Re}\,E + 2\mathrm{Im}(\omega_1)\mathrm{Im}\,E = 2\{w_1 - \eta_1\mathrm{Re}[\delta^*(t)]\}, \\ 2\mathrm{Re}(\omega_2)\mathrm{Re}\,E + 2\mathrm{Im}(\omega_2)\mathrm{Im}\,E = 2\{w_2 - \eta_2\mathrm{Re}[\delta^*(t)]\}, \end{cases} \tag{7.2.17}$$

其系数行列式为

$$4\begin{vmatrix} \mathrm{Re}(\omega_1) & \mathrm{Im}(\omega_1) \\ \mathrm{Re}(\omega_2) & \mathrm{Im}(\omega_2) \end{vmatrix} = -S \neq 0.$$

因此, 我们可以唯一求出 $\mathrm{Re}\,E$ 和 $\mathrm{Im}\,E$.

$$\begin{cases} \mathrm{Im}\,E = \frac{1}{S}\{4\mathrm{Re}(\omega_2)w_1 - \mathrm{Re}(\omega_1)w_2 - \pi\mathrm{Im}[(\delta_2+1)\Delta^*(t)]\}, \\ \mathrm{Re}\,E = \frac{1}{\mathrm{i}S}\{4\mathrm{Re}(\omega_2)w_1 - \mathrm{Re}(\omega_1)w_2 - \pi\mathrm{iRe}[(\delta_2+1)\Delta^*(t)]\}. \end{cases} \tag{7.2.18}$$

令 $z \to t_0 \in L$ 将方程 (7.2.16) 代入 (7.2.6), 不难看出 (7.2.6) 是一致满足.

将方程 (7.2.16) 代入 (7.2.7) 和 (7.2.5), 利用 Plemelj 公式我们分别得到

$$\Delta(t_0) + \frac{\mu^*}{2\pi i}\int_{L\cup\gamma}\Delta(t)\mathrm{d}\left[\log\frac{\sigma(t-t_0)}{\overline{\sigma(t-t_0)}}\right] - 2\mu^*\mathrm{iRe}(Et_0) = 0, \tag{7.2.19}$$

$$\frac{1}{\pi i}\int_{L\cup\gamma}i\Delta(t)\mathrm{d}\log|\sigma(t-t_0)| + 2\mathrm{Re}(Et_0) = w(t_0). \tag{7.2.20}$$

方程 (7.2.19) 和 (7.2.20) 作为一个整体构成了一个 $L\cup\gamma$ 上的第二类 Fredholm 积分方程.

7.2.2 第二基本问题的可解唯一性

现在, 我们将证明方程 (7.2.14) 和 (7.2.15) 在 h_{2m} 类中唯一可解. 类似第 7.1.5 节, 我们只需证明, 在第二基本问题的齐次条件下 $\omega_0(t) \equiv 0, t \in L \cup \gamma$(因此 $X_{1j}^0 = X_{2j}^0 = 0$, Re C = Im C = $0, j = 0, 1, \cdots, m-1$), 从而 $g_j^\pm(t) = 0, t \in \gamma$, $g(t) = 0, t \in L$, 且 $e_3 = 0$.

令 $\phi^0(z), \psi^0(z), H^0(t), A_z^0, B_z^0$ 是由方程 (7.2.9)~(7.2.13) 确定的 $\phi(z), \psi(z), H(t), A_z, B_z$ 当 $\omega(t) = \omega_0(t)$ 时相应的值. 由齐次条件下第二基本问题的唯一性定理 (Lu, 1995; Muskhelishvili, 1953), 我们有

$$\phi^0(z) = c_z, \quad \psi^0(z) = \kappa_z c_z. \tag{7.2.21}$$

将方程 (7.2.21) 代入 (7.2.3) 我们获得

$$(\kappa^+ + 1)c^+ = (\kappa^- + 1)c^-. \tag{7.2.22}$$

由于此时 $\phi^0(z)$ 是单值函数, 由 (7.2.9) 和 (7.2.10) 我们得到等式

$$A_j^0 = X_{1j}^0 + \mathrm{i} X_{2j}^0 = 0, \tag{7.2.23}$$

$$c_z = \frac{1}{2\pi\mathrm{i}} \int_{L\cup\gamma} \omega_0(t)\zeta(t-z)\mathrm{d}t + A_z^0 z, \tag{7.2.24}$$

$$\kappa_z c_z = -\sum_{j=0}^{m-1} \frac{\kappa_j}{2\pi\mathrm{i}} \int_{\gamma_j} \overline{\omega_0(t)}\zeta(t-z)\mathrm{d}t$$
$$-\frac{1}{2\pi\mathrm{i}} \int_L \overline{\omega_0(t)}\zeta(t-z)\mathrm{d}t - \frac{1}{2\pi\mathrm{i}} \int_{L\cup\gamma} \overline{m(t)\omega_0'(t)}\zeta(t-z)\mathrm{d}t$$
$$+\frac{1}{2\pi\mathrm{i}} \int_L \overline{H^0(t)}\zeta(t-z)\mathrm{d}t + B_z^0 z. \tag{7.2.25}$$

比较方程 (7.2.24) 和 (7.2.25) 两边的双准周期加数, 我们得

$$\frac{1}{2\pi\mathrm{i}} \int_{L\cup\gamma} \omega_0(t)\mathrm{d}t = 0, \tag{7.2.26}$$

$$A_z^0 = B_z^0 = 0, \tag{7.2.27}$$

$$\sum_{j=0}^{m-1} \frac{\kappa_j}{2\pi\mathrm{i}} \int_{\gamma_j} \overline{\omega_0(t)}\mathrm{d}t - \frac{1}{2\pi\mathrm{i}} \int_L \overline{\omega_0(t)}\mathrm{d}t$$
$$+\frac{1}{2\pi\mathrm{i}} \int_{L\cup\gamma} \overline{m(t)\omega_0'(t)}\mathrm{d}t - \frac{1}{2\pi\mathrm{i}} \int_L \overline{H^0(t)}\mathrm{d}t = 0. \tag{7.2.28}$$

将方程 (7.2.26)~(7.2.28) 代入 (7.2.24) 和 (7.2.25), 利用 Plemelj 公式我们得到

$$\omega_0(t) = c^+ - c^-, \quad t \in L, \tag{7.2.29}$$

$$\omega_0(t) = 0, \quad t \in \gamma. \tag{7.2.30}$$

将方程 (7.2.29) 代入 (7.2.24), 并令 $z = 0 \in S_0^+$, 利用 Cauchy 定理我们获得

$$c^+ = 0.$$

于是, 由 (7.2.22) 得

$$c^- = 0.$$

因此, 由 (7.2.29) 便可得到

$$\omega_0(t) = 0, \quad t \in L. \tag{7.2.31}$$

考虑到 (7.2.30) 和 (7.2.31), 我们证明了

$$\omega_0(t) \equiv 0, \quad t \in L \cup \gamma. \tag{7.2.32}$$

运用第 7.1.5 节的方法, 也可以证明方程 (7.2.19) 和 (7.2.20) 唯一可解.

第 8 章 具双周期孔洞的非均匀弹性体全平面应变混合边值问题

8.1 Kolosov 函数

本章我们研究在 x_1, x_2 截面上具有任意形状双周期分布孔洞的非均匀弹性体全平面应变混合问题 (李星, 1992). 假定每个周期胞腔有两种不同各向同性材料, 分别具有弹性模数 $\kappa^\pm$ 和 Poisson 比 $\mu^\pm$, 两种材料中都有 m 个孔洞. 假定它们的界面是简单、光滑、不相交的封闭曲线 $\mathcal{L} \equiv L \pmod{2\omega_1, 2\omega_2}$, 取顺时针方向为正, 例如, 在周期基本胞腔 P_{00} 内, L 是两种材料的界面 (图 8.1.1), 孔洞的边界记为 $\gamma_j (j = 1, \cdots, m)$, 且记 $\gamma = \bigcup_{j=1}^{m} \gamma_j$, γ_j 是互不相交也没公共点的曲线, 在 L 的左侧的 γ_j 其正方向取顺时针方向, 在 L 的右侧的 γ_j 其正方向取逆时针方向. $\gamma_j (j = 1, \cdots, m)$ 的内域记为 S_0^j, P_{00} 中其余部分区域, 即由 L 和 Γ 所围除了 S_0^j 的区域记为 D, L 所围内域除了 S_0^j 的区域记为 D'. 记 $S = D \bigcup D'$, 为方便, 原点可选择在 D 中.

假定弹性体中的应力是双周期分布的. 孔洞边界上的外应力为 $X_{1n}(t) + iX_{2n}(t)$, 其合同点上也如此. 所谓的全平面应变混合问题是在部分 γ_j $(j \in I)$ 上已知外应力 $X_{1n}(t) + iX_{2n}(t)$, 在另一部分 γ_j $(j \in II)$ 上已知位移 $u_j(t) + iv_j(t) = h_j(t)$ 及其双准周期加数 h_k $(k = 1, 2)$(角标为 $I \bigcup II = \{1, 2, \cdots, m\}$ 的合同点上也如此), x_3 方向在 γ_{II} 上的位移 $w(t)$ 及其双准周期加数为 w_k $(k = 1, 2)$. 应变 $e_3 = $ 常数. 此外, 路径沿 L 的位移差已知为 $g(t) = [u^+(t) + iv^+(t)] - [u^-(t) + iv^-(t)], t \in L$, 求解弹性平衡.

由力的平衡原理和应力的双周期分布性, 有

$$\sum_{j \in I \cup II} (X_{1j} + iX_{2j}) = 0, \tag{8.1.1}$$

其中

$$X_{1j} + iX_{2j} = \int_{\gamma_j} [X_{1n}(t) + iX_{2n}(t)] ds,$$

$X_{1j} + iX_{2j}, j \in I$, 可已知, 因为 $X_{1n}(t) + iX_{2n}(t), t \in \gamma_j, j \in I$, 是已知的, 而 $X_{1j} + iX_{2j}, j \in II$, 是未知待定常数.

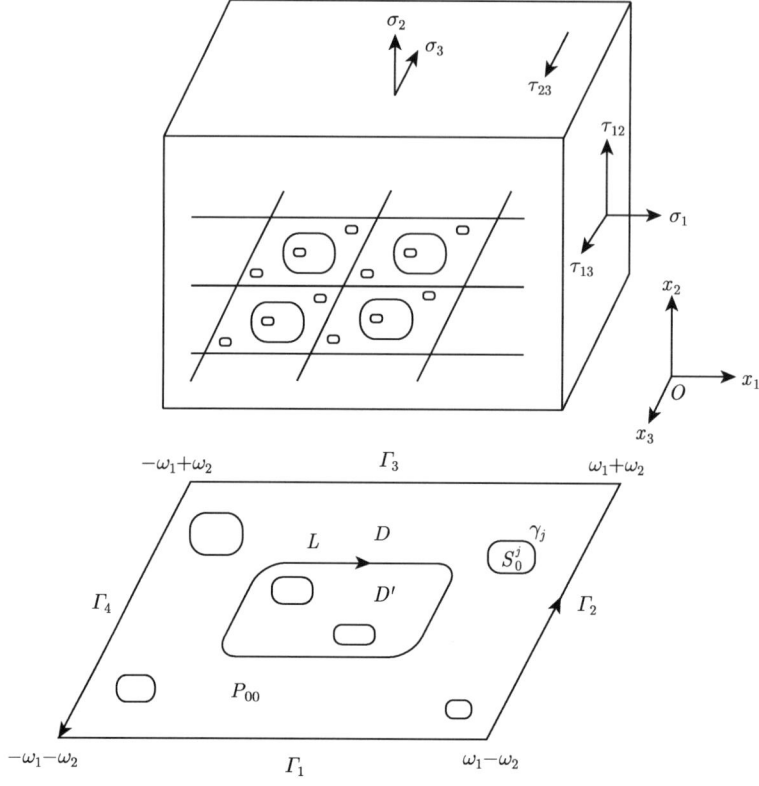

图 8.1.1　具双周期孔洞非均匀弹性体

记
$$f(t) = i\int_{t_0}^{t}[X_{1n}(t) + iX_{2n}(t)]\,ds, \quad t \in \gamma_I. \tag{8.1.2}$$

尽管应力和位移分量都是单值函数, 但对于多连通区域, 一般情况下复应力函数 $\phi(z)$ 和 $\psi(z)$ 可以是多值的. 然而, 我们可以通过构造下列 Kolosov 函数进而分离出 $\phi(z)$ 和 $\psi(z)$ 的多值部分

$$\phi(z) = -\frac{1}{2\pi(\kappa_z+1)}\sum_{j=0}^{m-1}[(X_{1j}+iX_{2j})\log\sigma(z-z_j)] + \phi_0(z), \tag{8.1.3}$$

$$\psi(z) = \frac{\kappa_z}{2\pi(\kappa_z+1)}\sum_{j=0}^{m-1}[(X_{1j}+iX_{2j})\log\sigma(z-z_j)] + \psi_0(z). \tag{8.1.4}$$

这里 $\phi_0(z)$ 和 $\psi_0(z)$ 是 S 中单值全纯函数,

$$\kappa_z = \begin{cases} \kappa^+, & z \in D, \\ \kappa^-, & z \in D'. \end{cases}$$

考虑到 (8.1.1), 也保证了分离出来的部分, 即, 方程 (8.1.3) 和 (8.1.4) 的右边的第一项是双周期函数, 因此, 不失一般性, 我们可以假定 γ_j ($j \in I$) 上无外应力主矢量.

8.2 全平面应变混合边值问题的提法

由孔洞边界上外应力条件, 从公式 (7.1.19)~(7.1.20) 和 (8.1.2) 我们可以得到

$$\phi(t) + t\overline{\phi'(t)} + \overline{\psi(t)} = f(t) + C_j(m,n), \quad t \in \gamma_j \subset \gamma_I \cup \Omega_{mn}. \tag{8.2.1}$$

作用于 $\mathcal{L}(m,n)$ 两侧的外应力应该平衡, 于是, 从公式 (7.1.19)~(7.1.20) 我们得到

$$\phi^+(t) + t\overline{\phi'^+(t)} + \overline{\psi^+(t)} = \phi^-(t) + t\overline{\phi'^-(t)} + \overline{\psi^-(t)}, \quad t \in L \cup \Omega_{mn}. \tag{8.2.2}$$

由 $\mathcal{L}(m,n)$ 两侧的位移间断条件, 从公式 (7.1.10) 我们得到边界条件

$$\alpha^+\phi^+(t) - \beta^+\left[t\overline{\phi'^+(t)} + \overline{\psi^+(t)}\right] = \alpha^-\phi^-(t) - \beta^-\left[t\overline{\phi'^-(t)} + \overline{\psi^-(t)}\right]$$
$$-(\nu^+ - \nu^-)e_3 t + 2g(t), \quad t \in L \cup \Omega_{mn}. \tag{8.2.3}$$

由孔洞边界的位移条件, 由公式 (7.1.10) 我们得到

$$\kappa_j \phi(t) - t\overline{\phi'(t)} - \overline{\psi(t)} = 2\mu_j \left(h_j(t) + \nu_j e_3 t\right), \quad t \in \gamma_j \subset \gamma_{II} \cup \Omega_{mn}, \tag{8.2.4}$$

$$\left[\kappa_z \phi(z) - z\overline{\phi'(z)} - \overline{\psi(z)}\right]_z^{z+2\omega_k} = 2\mu_z h_k, \quad k = 1, 2 \tag{8.2.5}$$

和

$$F^+(t) + \overline{F^+(t)} = F^-(t) + \overline{F^-(t)}, \quad t \in L \cup \Omega_{mn}, \tag{8.2.6}$$

$$\mu^+\left[F^+(t) - \overline{F^+(t)}\right] = \mu^-\left[F^-(t) - \overline{F^-(t)}\right], \quad t \in L \cup \Omega_{mn}, \tag{8.2.7}$$

$$F(t) - \overline{F(t)} = iC_j^*(m,n), \quad t \in \gamma_I \cup \Omega_{mn}, \tag{8.2.8}$$

$$F(t) + \overline{F(t)} = w(t), \quad t \in \gamma_{II} \cup \Omega_{mn}, \tag{8.2.9}$$

$$\left[F(z) + \overline{F(z)}\right]_z^{z+2\omega_k} = 2w_k, \quad k = 1, 2, \tag{8.2.10}$$

其中

$$\mu_z = \begin{cases} \mu^+, & z \in D, \\ \mu^-, & z \in D', \end{cases}$$

$$\kappa_k, \mu_k = \begin{cases} \kappa^+, \mu^+ & \text{当 } \gamma_k \text{ 是 } D \text{ 的 (部分) 边界}, \\ \kappa^-, \mu^- & \text{当 } \gamma_k \text{ 是 } D' \text{ 的 (部分) 边界}, \end{cases}$$

$$\alpha^\pm = \frac{\kappa^\pm}{\mu^\pm}, \quad \beta^\pm = \frac{1}{\mu^\pm}, \quad \kappa^\pm = 3 - 4\nu^\pm,$$

$\mu^\pm, \nu^\pm$ 分别是 D 和 D' 中材料的 Lamé 常数和 Poisson 比.

8.3 混合边值问题的解法

为了求解边值问题 (8.2.1)~(8.2.5), 记 $A_k = -(X_{1k} + \mathrm{i}X_{2k})/2\pi$, $k \in \mathit{II}$, 我们构造解的一般表达式

$$\phi(z) = \frac{1}{2\pi\mathrm{i}} \int_{L \cup \gamma} \omega(t) \left[\zeta(t-z) - \zeta(t)\right] \mathrm{d}t + \sum_{j \in I} b_j \zeta(z - z_j)$$

$$+ \frac{1}{\kappa_z + 1} \sum_{k \in \mathit{II}} A_k \log \sigma(z - z_k) + A_z z, \tag{8.3.1}$$

$$\psi(z) = \frac{1}{2\pi\mathrm{i}} \int_{\gamma_I} \left[\overline{\omega(t)}\mathrm{d}t + \omega(t)\mathrm{d}\bar{t}\right] \left[\zeta(t-z) - \zeta(t)\right]$$

$$- \frac{1}{2\pi\mathrm{i}} \int_{L \cup \gamma} \omega(t) \left[\bar{t}\mathscr{P}(t-z) - \rho_1(t-z)\right] \mathrm{d}t$$

$$- \frac{1}{2\pi\mathrm{i}} \int_L \left[\overline{\omega(t)}\mathrm{d}t - \omega(t)\mathrm{d}\bar{t}\right] \left[\zeta(t-z) - \zeta(t)\right]$$

$$- \sum_{k \in \mathit{II}} \frac{\kappa_k}{2\pi\mathrm{i}} \int_{\gamma_k} \overline{\omega(t)} \left[\zeta(t-z) - \zeta(t)\right] \mathrm{d}t$$

$$+ \frac{1}{2\pi\mathrm{i}} \int_{\gamma_{\mathit{II}}} \omega(t) \left[\zeta(t-z) - \zeta(t)\right] \mathrm{d}\bar{t}$$

$$- \frac{1}{2\pi\mathrm{i}} \int_L \overline{\omega(t)}\zeta(t-z)\mathrm{d}t + \sum_{j \in I} b_j \left[\zeta(z - z_j) + \rho_1(z - z_j)\right]$$

$$- \frac{\kappa_z}{\kappa_z + 1} \sum_{k \in \mathit{II}} A_k \log \sigma(z - z_k)$$

$$+ \frac{1}{2\pi\mathrm{i}} \int_L \overline{H(t)} \left[\zeta(t-z) - \zeta(t)\right] \mathrm{d}t + B_z z, \tag{8.3.2}$$

这里 b_j, $A^{\pm}$, $B^{\pm}$ 是未知待定常数,

$$b_j = \frac{1}{2\pi\mathrm{i}} \int_{\gamma_j} \left[\omega(t)\mathrm{d}\bar{t} - \overline{\omega(t)}\mathrm{d}t\right], \quad j \in I, \tag{8.3.3}$$

$$A_z, B_z = \begin{cases} A^+, B^+, & z \in D, \\ A^-, B^-, & z \in D', \end{cases}$$

$$\rho_1(z) = \sum_{mn}{}' \left\{ \frac{\overline{\Omega_{mn}}}{(z - \Omega_{mn})^2} - 2z \frac{\overline{\Omega_{mn}}}{(\Omega_{mn})^3} - \frac{\overline{\Omega_{mn}}}{(\Omega_{mn})^2} \right\}. \tag{8.3.4}$$

$\rho_1(z)$ 是具有如下性质的亚纯函数 (Filshtinsky, 1972; 1973)

$$\rho_1(z + 2\omega_k) - \rho_1(z) = 2\overline{\omega_k}\mathscr{P}(z) + 2r_k, \quad k = 1, 2. \tag{8.3.5}$$

8.3 混合边值问题的解法

$\mathscr{P}(z)$ 是 Weierstrass 椭圆 $\mathscr{P}$ 函数 (Chandra, 1985)

$$\mathscr{P}(z) = \frac{1}{z^2} + \sum_{m,n}{}' \left\{ \frac{1}{(z-\Omega_{mn})^2} - \frac{1}{\Omega_{mn}^2} \right\},$$

且有性质

$$\mathscr{P}(z) = \mathscr{P}(-z),$$
$$\mathscr{P}(z) = -\zeta'(z),$$

r_1 和 r_2 是已知常数且满足

$$r_2\omega_1 - r_1\omega_2 = \eta_1\overline{\omega_2} - \eta_2\overline{\omega_1} = -\frac{\pi \mathrm{i}}{2}\delta_2. \tag{8.3.6}$$

不难验证由方程 (8.3.1) 和 (8.3.2) 得到的函数 $\phi(z)$ 和表达式 $\overline{z\phi'(z) + \psi(z)}$ 的确都是双准周期的.

将方程 (8.3.1) 和 (8.3.2) 代入 (8.2.5) 我们得到关于未知待定常数 A_z 和 B_z 的代数方程组, 其系数行列式为

$$\begin{vmatrix} \omega_1 & -\overline{\omega_1} \\ \omega_2 & -\overline{\omega_2} \end{vmatrix} = -\frac{1}{2}\mathrm{i}S \neq 0.$$

所以, 我们可以唯一求得 A_z, B_z 如下,

$$A_z = \frac{\kappa_z R_z + \overline{R_z}}{\kappa_z^2 - 1}, \tag{8.3.7}$$

$$B_z = \frac{\mu_z(\omega_1 h_2 - \omega_2 h_1)}{2\mathrm{i}S} + \frac{\kappa_z b(\omega_2 - \omega_1)}{4\mathrm{i}S}$$
$$+ \frac{\kappa_z \pi}{4(\kappa_z+1)S}\sum_{k\in I\!I} A_k(z_k + \overline{z_k}\delta_2) + \frac{(\overline{b}-\overline{a})\pi\overline{\delta_2}}{8S}, \tag{8.3.8}$$

$$R_z = \frac{\mu_z(\overline{\omega_1}h_2 - \overline{\omega_2}h_1)}{2\mathrm{i}S} + \frac{\kappa_z b(\overline{\omega_2} - \overline{\omega_1})}{4\mathrm{i}S}$$
$$+ \frac{\kappa_z \pi}{4(\kappa_z+1)S}\sum_{k\in I\!I} A_k(\overline{z_k} + \delta_2 z_k) + \frac{(\overline{a}+\overline{b})\pi\overline{\delta_2}}{8S},$$

$$a = \sum_{k\in I\!I} \frac{\kappa_k}{\pi\mathrm{i}} \int_{\gamma_k} \overline{\omega(t)}\mathrm{d}t + \frac{1}{\pi\mathrm{i}}\int_{\gamma_{I\!I}}\omega(t)\mathrm{d}\bar{t}$$
$$- \frac{2}{\pi\mathrm{i}}\int_{\gamma_I}\omega(t)\mathrm{d}\bar{t} - \frac{1}{\pi\mathrm{i}}\int_L \overline{H(t)}\mathrm{d}t, \tag{8.3.9}$$

$$b = \frac{1}{\pi\mathrm{i}}\int_{\gamma_I}\left[\omega(t)\mathrm{d}\bar{t} - \overline{\omega(t)}\mathrm{d}t\right] - \frac{1}{\pi\mathrm{i}}\int_{L\cup\gamma}\omega(t)\mathrm{d}t. \tag{8.3.10}$$

令 $z \to t_0 \in L$, 考虑到 (8.3.7) 和 (8.3.8), 将方程 (8.3.1) 和 (8.3.2) 代入 (8.2.2), 利用 Plemelj 公式我们得到

$$H(t_0) = \frac{\operatorname{Im} \int_l F^*(t)\mathrm{d}\bar{t}}{4S}\left[\frac{\kappa^+ - \kappa^-}{(\kappa^- - 1)(\kappa^+ - 1)}\right]t_0 + F^*(t_0), \tag{8.3.11}$$

其中

$$F^*(t_0) = \frac{2(\kappa^+ - \kappa^-)}{(\kappa^- - 1)(\kappa^+ - 1)}\sum_{k\in II}\left\{\operatorname{Re}[A_k\log\sigma(t_0-z_k)] + t_0\overline{A_k\zeta(t_0-z_k)}\right\}. \tag{8.3.12}$$

令 $z \to t_0 \in \gamma_I$, 考虑到 (8.3.7), (8.3.8) 和 (8.3.11), 将方程 (8.3.1) 和 (8.3.2) 代入 (8.2.1), 利用 Plemelj 公式, 经过一系列推导我们得到第二类 Fredholm 积分方程

$$\begin{aligned}
&\omega(t_0) + \frac{1}{2\pi\mathrm{i}}\int_{\gamma_I}\omega(t)\mathrm{d}\left[\log\frac{\sigma(t-t_0)\overline{\sigma(t)}}{\sigma(t-t_0)\sigma(t)}\right] + \frac{1}{2\pi\mathrm{i}}\int_{\gamma_{II}}\omega(t)\left[\zeta(t-t_0) - \zeta(t)\right]\mathrm{d}t \\
&+ \frac{1}{\pi\mathrm{i}}\int_L\omega(t)\mathrm{d}\left[\log\left|\frac{\sigma(t-t_0)}{\sigma(t)}\right|\right] + \frac{1}{2\pi\mathrm{i}}\int_L H(t)\left[\overline{\zeta(t-t_0)} - \overline{\zeta(t)}\right]\mathrm{d}\bar{t} \\
&+ \sum_{k\in II}\frac{\kappa_k}{2\pi\mathrm{i}}\int_{\gamma_k}\omega(t)\left[\overline{\zeta(t-t_0)} - \overline{\zeta(t)}\right]\mathrm{d}\bar{t} \\
&+ \frac{1}{2\pi\mathrm{i}}\int_{L\cup\gamma}\overline{\omega(t)}\mathrm{d}\left\{\zeta_1(t-t_0) - (t-t_0)\left[\overline{\zeta(t-t_0)} - \overline{\zeta(t)}\right]\right\} \\
&+ \frac{t_0}{\kappa_j + 1}\sum_{k\in II}\overline{A_k\zeta(t_0-z_k)} + \frac{1}{2\pi\mathrm{i}}\int_{L\cup\gamma}\overline{\omega(t)\zeta(t)}\mathrm{d}t \\
&+ \frac{1}{\kappa_j + 1}\sum_{k\in II}A_k\left[\log\sigma(t_0-z_k) - \kappa_j\log\overline{\sigma(t_0-z_k)}\right] \\
&+ \sum_{j\in I}b_j\left[2\operatorname{Re}\overline{\zeta(t_0-z_j)} + \overline{\rho_1(t_0-z_j)} - t_0\overline{\mathscr{P}(t_0-z_j)}\right] + 2(\operatorname{Re}A_j)t_0 + \overline{B_j t_0} \\
&= f(t_0) + C_j, \quad t_0 \in \gamma_j \subset \gamma_I.
\end{aligned} \tag{8.3.13}$$

令 $z \to t_0 \in \gamma_{II}$, 将方程 (8.3.1) 和 (8.3.2) 代入 (8.2.4), 我们得到下列第二类 Fredholm 积分方程

$$\begin{aligned}
&\kappa_j\omega(t_0) + \frac{\kappa_j}{2\pi\mathrm{i}}\int_{\gamma_j}\omega(t)\mathrm{d}\left[\log\frac{\sigma(t-t_0)\overline{\sigma(t)}}{\sigma(t-t_0)\sigma(t)}\right] \\
&+ \sum_{\substack{k\neq j \\ k\in II}}\left\{\kappa_j\int_{\gamma_k}\omega(t)\left[\zeta(t-t_0) - \zeta(t)\right]\mathrm{d}t + \kappa_k\int_{\gamma_k}\omega(t)\left[\overline{\zeta(t-t_0)} - \overline{\zeta(t)}\right]\mathrm{d}\bar{t}\right\} \\
&+ \frac{1}{2\pi\operatorname{Re}}\int_{\gamma_I}\omega(t)\mathrm{d}\left[\log\frac{\sigma(t-t_0)\overline{\sigma(t)}}{\sigma(t-t_0)\sigma(t)}\right] - \frac{1}{\pi\mathrm{i}}\int_L\omega(t)\mathrm{d}\left[\log\left|\frac{\sigma(t-t_0)}{\sigma(t)}\right|\right]
\end{aligned}$$

8.3 混合边值问题的解法

$$-\frac{1}{2\pi i}\int_{L\cup\gamma}\overline{\omega(t)}\mathrm{d}\left\{\zeta_1(t-t_0)-(t-t_0)\overline{\zeta(t-t_0)}\right\}$$

$$+\frac{\kappa_j+1}{2\pi i}\int_{L\cup\gamma_I}\omega(t)\left[\zeta(t-t_0)-\zeta(t)\right]\mathrm{d}t+M_5[\omega(t),t_0]$$

$$=N_5(t_0),\quad t_0\in\gamma_j\subset\gamma_{I\!I}, \tag{8.3.14}$$

其中

$$M_5[\omega(t),t_0]=\kappa_j\sum_{k\in I}b_k\zeta(t_0-z_k)+\frac{t_0}{\kappa_j+1}\sum_{k\in I\!I}\overline{A_k\zeta(t_0-z_k)}$$

$$-t_0\sum_{j\in I}b_j\overline{\mathscr{P}(t_0-z_j)}+\frac{2\kappa_j}{\kappa_j+1}\sum_{k\in I\!I}A_k\log|\sigma(t_0-z_k)|$$

$$+(\kappa_j A_j+\overline{A_j})t_0+\overline{B_j t_0}-\frac{1}{2\pi i}\int_{L\cup\gamma}\overline{\omega(t)\zeta(t)}\mathrm{d}t,$$

$$N_5(t_0)=2\mu_j\left(h_j(t)+\nu_j e_3 t\right)-\frac{1}{2\pi\mathrm{Re}}\int_L H(t)\left[\overline{\zeta(t-t_0)}-\overline{\zeta(t)}\right]\mathrm{d}\bar{t}.$$

这里, 我们已经定义函数 $\zeta_1'(z)=\rho_1(z)$, $\zeta_1(0)=0$.

令 $z\to t_0\in L$, 将方程 (8.3.1) 和 (8.3.2) 代入 (8.2.3), 考虑到 $\kappa^{\pm}\beta^{\pm}=\alpha^{\pm}$, 我们得到下列奇异积分方程

$$(\alpha^++\alpha^-+\beta^++\beta^-)\omega(t_0)$$

$$+\frac{\alpha^+-\alpha^-+\beta^--\beta^+}{\pi i}\int_{L\cup\gamma}\omega(t)\left[\overline{\zeta(t-t_0)}-\overline{\zeta(t)}\right]\mathrm{d}\bar{t}$$

$$+\frac{\beta^+-\beta^-}{\pi i}\int_{L\cup\gamma_I}\omega(t)\mathrm{i}\left[\log\frac{\sigma(t-t_0)}{\overline{\sigma(t-t_0)}}\right]$$

$$+\frac{\beta^+-\beta^-}{\pi i}\int_{L\cup\gamma}\overline{\omega(t)}\mathrm{d}\left[\zeta_1(t-t_0)-(t-t_0)\overline{\zeta(t-t_0)}\right]$$

$$-\frac{\beta^--\beta^+}{\pi i}\left\{\sum_{k\in I\!I}\kappa_k\int_{\gamma_k}\omega(t)\left[\overline{\zeta(t-t_0)}-\overline{\zeta(t)}\right]\mathrm{d}\bar{t}-\int_{\gamma_{I\!I}}\omega(t)\left[\zeta(t-t_0)-\zeta(t)\right]\mathrm{d}t\right\}$$

$$-M_6[\omega(t),t_0]=N_6(t_0),\quad t_0\in L, \tag{8.3.15}$$

其中

$$M_6[\omega(t),t_0]=\frac{\beta^+-\beta^-}{\pi i}\int_{L\cup\gamma}\overline{\omega(t)\zeta(t)}$$

$$+2\left(\frac{\beta^-}{\kappa^-+1}-\frac{\beta^+}{\kappa^++1}\right)t_0\sum_{k\in I\!I}\overline{A_k\zeta(t_0-z_k)}$$

$$-(\beta^+-\beta^-)\sum_{j\in I}b_j\left[\overline{\zeta(t_0-z_j)}t_0-\overline{\mathscr{P}(t_0-z_j)}\right]-\overline{\rho_1(t_0-z_j)}$$

$$+4\left(\frac{\alpha^+}{\kappa^++1}-\frac{\alpha^-}{\kappa^-+1}\right)\sum_{k\in II}A_k\log|\sigma(t_0-z_k)|$$

$$+2(\alpha^+-\alpha^-)\sum_{j\in I}b_j\zeta(t_0-z_j)-2(\beta^+B^+-\beta^-B^-)\overline{t_0}$$

$$+2\left(\alpha^+A^+-\alpha^-A^--\beta^+\overline{A^+}+\beta^-\overline{A^-}\right)t_0,$$

$$N_6(t_0)=4g(t_0)-\frac{\beta^+-\beta^-}{\pi i}\int_L H(t)\overline{\zeta(t-t_0)}d\bar{t}+(\beta^+-\beta^-)H(t_0)+(\nu^+-\nu^-)e_3 t_0.$$

对于解的唯一性 (Lu, 1995; Muskhelishvili, 1953), 令

$$C_j=-\int_{\gamma_j}\omega(t)ds,\quad C_1=0,\quad t\in\gamma_j\subset\gamma_I. \tag{8.3.16}$$

于是, 方程 (8.3.13)~(8.3.15) 作为一个整体形成 $L\cup\gamma$ 上的具双周期核的正则型奇异积分方程.

为了求解边值问题 (8.2.6)~(8.2.10), 我们推广应用 Sherman 变换,

$$F(z)=\frac{1}{2\pi i}\int_{L\cup\gamma}i\Delta(t)\zeta(t-z)dt+Ez. \tag{8.3.17}$$

将方程 (8.3.17) 代入 (8.2.10) 我们可以唯一得到 $\mathrm{Re}E$ 和 $\mathrm{Im}E$ 仅是关于 $\Delta(t)$ 的泛函.

将方程 (8.3.17) 代入 (8.2.6), 显然 (8.2.6) 自动满足.

令 $z\to t_0\in L$, 将方程 (8.3.17) 代入 (8.2.7) 我们得到

$$\Delta(t_0)+\frac{\mu^*}{2\pi i}\int_{L\cup\gamma}\Delta(t)d\left[\log\frac{\sigma(t-t_0)}{\overline{\sigma(t-t_0)}}\right]-2\mu^*i\mathrm{Re}(Et_0)=0, \tag{8.3.18}$$

这里 μ^* 在 (7.1.90) 中给出.

令 $z\to t_0\in\gamma_j\subset\gamma_I$, 将方程 (8.3.17) 代入 (8.2.8) 我们得到

$$\Delta(t_0)+\frac{1}{2\pi i}\int_{L\cup\gamma}\Delta(t)d\left[\log\frac{\sigma(t-t_0)}{\overline{\sigma(t-t_0)}}\right]-2i\mathrm{Re}(Et_0)-C_j^*=0. \tag{8.3.19}$$

令 $z\to t_0\in\gamma_j\subset\gamma_{II}$, 将方程 (8.3.17) 代入 (8.2.9) 我们得到

$$\frac{1}{2\pi i}\int_{L\cup\gamma}\Delta(t)d\left[\log|\sigma(t-t_0)|\right]-2i\mathrm{Re}(Et_0)=-iW(t_0). \tag{8.3.20}$$

方程 (8.3.18)~(8.3.20) 形成第二类 Fredholm 积分方程.

8.4 混合边值问题的可解唯一性

首先, 我们证明方程 (8.3.13)~(8.3.15) 的唯一可解性. 为此, 我们只需要证明齐次方程没有非平凡解, 即, 当 $f(t) \equiv 0, h(t) \equiv 0, e_3 = 0$, 取 $C_j = C_j^0$, 则 $\omega_0(t) \equiv 0$ 在 $L \cup \gamma$ 上处处成立 (从而 $C_j^0 = 0$ 是必需的).

令 $\phi_0(z), \psi_0(z), b_j^0, A_z^0, B_z^0, a_0, b_0, H_0(t)$ 和 C_j^0 (为了唯一性, $C_1^0 = 0$) 是方程 (8.3.1)~(8.3.3), (8.3.7)~(8.3.11) 和 (8.3.16) 当 $\omega(t) = \omega_0(t)$ 时 $\phi(z), \psi(z), b_j, A_z, B_z, a, b, H(t)$ 和 C_j 相应的值. 不难验证它们满足齐次条件下 (且 $C_1^0 = 0$) 相应的混合边界条件 (8.2.1)~(8.2.5). 由唯一性定理 (Lu, 1995; Muskhelishvili, 1953), 我们有

$$\phi_0(z) = c_z, \quad \psi_0(z) = \kappa_z c_z. \tag{8.4.1}$$

由于 $C_1^0 = 0$, 则

$$C_j^0 = 0, \quad j = 2, \cdots, m \tag{8.4.2}$$

和

$$(\kappa^+ + 1)c^+ = (\kappa^- + 1)c^-. \tag{8.4.3}$$

由于 $\phi_0(z)$ 是单值函数, 从 (8.3.1) 可得到

$$A_k^0 = 0, \quad k \in I\!I. \tag{8.4.4}$$

因此, 我们由 (8.3.11) 发现 $H_0(t) = 0$. 这样,

$$c_z = \frac{1}{2\pi \mathrm{i}} \int_{L \cup \gamma} \omega_0(t) \left[\zeta(t-z) - \zeta(t)\right] \mathrm{d}t + \sum_{j \in I} b_j^0 \zeta(z - z_j) + A_z^0 z, \tag{8.4.5}$$

$$\begin{aligned}
\kappa_z c_z = {} & \frac{1}{2\pi \mathrm{i}} \int_{\gamma_I} \left[\overline{\omega_0(t)} \mathrm{d}t + \omega_0(t) \mathrm{d}\bar{t}\right] \left[\zeta(t-z) - \zeta(t)\right] \\
& - \frac{1}{2\pi \mathrm{i}} \int_{L \cup \gamma} \omega_0(t) \left[\bar{t}\mathscr{P}(t-z) - \rho_1(t-z)\right] \mathrm{d}t \\
& - \frac{1}{2\pi \mathrm{i}} \int_L \left[\overline{\omega_0(t)} \mathrm{d}t - \omega_0(t) \mathrm{d}\bar{t}\right] \left[\zeta(t-z) - \zeta(t)\right] \\
& - \sum_{k \in I\!I} \frac{\kappa_k}{2\pi \mathrm{i}} \int_{\gamma_k} \overline{\omega_0(t)} \left[\zeta(t-z) - \zeta(t)\right] \mathrm{d}t \\
& + \frac{1}{2\pi \mathrm{i}} \int_{\gamma_{I\!I}} \omega_0(t) \left[\zeta(t-z) - \zeta(t)\right] \mathrm{d}\bar{t} \\
& + \sum_{j \in I} b_j^0 \left[\zeta(z-z_j) + \rho_1(z-z_j)\right] + B_z^0 z.
\end{aligned} \tag{8.4.6}$$

由于方程 (8.4.5) 和 (8.4.6) 的等号右边是双准周期的, 方程 (8.4.5) 和 (8.4.6) 两边的双准周期加数应该分别相等. 于是得到

$$A_z^0 = 0, \quad B_z^0 = 0, \quad a_0 = 0, \quad b_0 = 0. \tag{8.4.7}$$

在 L 上由 (8.4.5) 应用推广的 Plemelj 公式, 可以得到 $C_1^0 = 0$,

$$\omega_0(t) = c^+ - c^-, \quad t \in L. \tag{8.4.8}$$

将 (8.4.8) 代回 (8.4.5) 和 (8.4.6), 通过分部积分, 我们得到等式

$$\begin{aligned}c_z =\ & \frac{1}{2\pi\mathrm{i}} \int_\gamma \omega_0(t) \left[\zeta(t-z) - \zeta(t)\right] \mathrm{d}t \\ & + \frac{c^+ - c^-}{2\pi\mathrm{i}} \int_L \left[\zeta(t-z) - \zeta(t)\right] \mathrm{d}t + \sum_{j\in I} b_j^0 \zeta(z - z_j),\end{aligned} \tag{8.4.9}$$

$$\begin{aligned}\kappa_z \overline{c_z} =\ & \frac{1}{2\pi\mathrm{i}} \int_{\gamma_I} \overline{\omega_0(t)} \mathrm{d}t \left[\zeta(t-z) - \zeta(t)\right] - \frac{1}{2\pi\mathrm{i}} \int_\gamma \omega_0(t) \zeta(t) \mathrm{d}\bar{t} \\ & - \frac{c^+ - c^-}{2\pi\mathrm{i}} \int_L \zeta(t) \mathrm{d}\bar{t} + \frac{1}{2\pi\mathrm{i}} \int_\gamma \omega_0 \rho_1(t-z) \mathrm{d}t \\ & - \frac{\overline{c^+} - \overline{c^-}}{2\pi\mathrm{i}} \int_L \left[\zeta(t-z) - \zeta(t)\right] \\ & - \sum_{k\in I\!\!I} \frac{\kappa_k}{2\pi\mathrm{i}} \int_{\gamma_k} \overline{\omega_0(t)} \left[\zeta(t-z) - \zeta(t)\right] \mathrm{d}t.\end{aligned} \tag{8.4.10}$$

函数

$$\chi_1(z) = c_z - \frac{c^+ - c^-}{2\pi\mathrm{i}} \int_L \left[\zeta(t-z) - \zeta(t)\right] \mathrm{d}t, \tag{8.4.11}$$

$$\begin{aligned}\chi_2(z) =\ & \kappa_z \overline{c_z} + \frac{c^+ - c^-}{2\pi\mathrm{i}} \int_L \zeta(t) \mathrm{d}\bar{t} \\ & - \frac{\overline{c^+} - \overline{c^-}}{2\pi\mathrm{i}} \int_L \left[\zeta(t-z) - \zeta(t)\right] \mathrm{d}t\end{aligned} \tag{8.4.12}$$

在 S_0 中全纯.

令 $z = 0$ ($0 \in D \subset S_0$) 且注意到原点位于 L 所围区域之外, 由 (8.4.11) 和 (8.4.12), 利用 Cauchy 定理得

$$\chi_1(z) = c^+, \quad \chi_2(z) = \kappa^+ \overline{c^+} + c^*, \tag{8.4.13}$$

这里

$$c^* = \frac{c^+ - c^-}{2\pi\mathrm{i}} \int_L \zeta(t) \mathrm{d}\bar{t}. \tag{8.4.14}$$

8.4 混合边值问题的可解唯一性

我们引入函数

$$\Phi_*(z) = \frac{1}{2\pi i} \int_\gamma \left[\omega_0(t) + \sum_{j \in I} b_j^0 \zeta(t - z_j) - c^+ \right] [\zeta(t-z) - \zeta(t)] \, dt$$

$$= \begin{cases} 0, & z \in S_0, \\ -i\phi_*(z), & z \in S_0^j, j \in I \cup II, \end{cases} \tag{8.4.15}$$

$$\Psi_*(z) = \frac{1}{2\pi i} \int_{\gamma_{II}} \left[\overline{\omega_0(t)} - \bar{t}\omega_0'(t) + \sum_{j \in I} b_j^0 \zeta(t-z_j) + e - c^* \right] [\zeta(t-z) - \zeta(t)] \, dt$$

$$- \sum_{k \in II} \frac{\kappa_k}{2\pi i} \int_{\gamma_k} \overline{\omega_0(t)} [\zeta(t-z) - \zeta(t)] \, dt$$

$$- \frac{1}{2\pi i} \int_{\gamma_{II}} [\bar{t}\omega_0'(t) + e^*][\zeta(t-z) - \zeta(t)] dt + Q(z)$$

$$= \begin{cases} 0, & z \in S_0, \\ -i\psi_*(z), & z \in S_0^j, j \in I \cup II, \end{cases} \tag{8.4.16}$$

其中

$$e = -\frac{1}{2\pi i} \int_{\gamma_I} \bar{t}\omega_0(t) \mathscr{P}(t) dt - \kappa^+ \overline{c^+},$$

$$e^* = \frac{1}{2\pi i} \int_{\gamma_{II}} \bar{t}\omega_0(t) \mathscr{P}(t) dt - \kappa^+ \overline{c^+},$$

$$Q(z) = \frac{1}{2\pi i} \int_\gamma \omega_0(t) \rho_1(t-z) dt + \sum_{j \in I} b_j^0 \rho_1(z - z_j).$$

于是

$$\Phi_*^-(t) = \frac{1}{i} \phi_*(t) = \begin{cases} \omega_0(t) + \sum_{r \in I} b_r^0 \zeta(t - z_r) - c^+, & t \in \gamma_j \subset \gamma_I, \\ \omega_0(t) - c^+, & t \in \gamma_j \subset \gamma_{II}, \end{cases} \tag{8.4.17}$$

$$\Psi_*^-(t) = \frac{1}{i} \psi_*(t)$$

$$= \begin{cases} \overline{\omega_0(t)} - \bar{t}\omega_0'(t) + \sum_{r \in I} b_r^0 \zeta(t - z_r) + e - c^*, & t \in \gamma_j \subset \gamma_I, \\ -\kappa_k \overline{\omega_0(t)} - \bar{t}\omega_0'(t) - e^*, & t \in \gamma_j \subset \gamma_{II}. \end{cases} \tag{8.4.18}$$

将 $\omega_0(t)$ 从 (8.4.17) 和 (8.4.18) 中消去，得到

$$\phi_*(t) + t\overline{\phi_*'(t)} + \overline{\psi_*(t)} = i \sum_{r \in I} b_r^0 \left[\overline{\zeta(t-z_r)} - \zeta(t - z_r) - t\overline{\mathscr{P}(t-z_r)} \right]$$

$$+ i(\bar{e} - \overline{c^*} + c^+), \quad t \in \gamma_j \subset \gamma_I, \tag{8.4.19}$$

$$\kappa_k \phi_*(t) - t\overline{\phi'_*(t)} - \overline{\psi_*(t)} = \mathrm{i}(\overline{e^*} + \kappa_k c^+ - \overline{c^*}), \quad t \in \gamma_j \subset \gamma_{I\!I}. \tag{8.4.20}$$

在 (8.4.19) 两边乘以 $\mathrm{d}t$ 再沿 $\gamma_j, j \in I$, 积分后得到等式

$$\int_{\gamma_j} \left[\overline{\phi_*(t)}\mathrm{d}t - \phi_*(t)\mathrm{d}\bar{t} \right] = \mathrm{i} \sum_{r \in I} b_r^0 \int_{\gamma_j} \left[\overline{\zeta(t-z_r)}\mathrm{d}t + \zeta(t-z_r)\mathrm{d}\bar{t} \right] - 2\pi b_r^0,$$
$$t \in \gamma_j \subset \gamma_I.$$

由于从 (8.3.3) 中确定的 b_r^0 是实常数, 故

$$b_r^0 = 0, \quad r \in I. \tag{8.4.21}$$

所以

$$\phi_*(t) + t\overline{\phi'_*(t)} + \overline{\psi_*(t)} = \mathrm{i}(\bar{e} - \overline{c^*} + c^+), \quad t \in \gamma_j \subset \gamma_I. \tag{8.4.22}$$

这恰好是第一基本问题在没有外应力情况下的边值问题. 根据第一基本问题的解的唯一性定理 (Lu, 1995; Muskhelishvili, 1953), 可知

$$\phi_*(z) = \mathrm{i}\epsilon_j z + c_j, \quad \psi_*(z) = -\overline{d_j}, \quad j \in I.$$

于是, 由 (8.4.17) 和 (8.4.21) 立即得到

$$\omega_0(t) = c^+ - \epsilon_j t + \mathrm{i}c_j, \quad t \in \gamma_j \subset \gamma_I. \tag{8.4.23}$$

将 (8.4.23) 代入 (8.3.3), 考虑到 (8.4.21) 可得

$$\epsilon_j = 0, \quad j \in I. \tag{8.4.24}$$

由 (8.4.22) 得到

$$c_j - d_j = \mathrm{i}(c^+ + \bar{e} - \overline{c^*}). \tag{8.4.25}$$

更进一步, 由 (8.4.17)~(8.4.18), (8.4.21)~(8.4.25) 得到

$$c_j = d_j = 0, \quad j \in I; \quad c^+ + \bar{e} - \overline{c^*} = 0. \tag{8.4.26}$$

由方程 (8.3.16), (8.4.2) 和 (8.4.3) 可得

$$c^+ = c^- = 0. \tag{8.4.27}$$

由 (8.4.23)~(8.4.27) 我们得到等式

$$\omega_0(t) = 0, \quad t \in \gamma_j \subset \gamma_I. \tag{8.4.28}$$

由 (8.4.8) 和 (8.4.27) 我们得到

$$\omega_0(t) = 0, \quad t \in L. \tag{8.4.29}$$

8.4 混合边值问题的可解唯一性

类似地, 考虑到 (8.4.20), 可导出

$$\omega_0(t) = 0, \quad t \in \gamma_j \subset \gamma_{I\!I}. \tag{8.4.30}$$

综上, 我们证明了

$$\omega_0(t) \equiv 0, \quad t \in L \cup \gamma. \tag{8.4.31}$$

为了证明第二类 Fredholm 积分方程 (8.3.18)~(8.3.20) 的解的存在唯一性, 考虑齐次条件 $w(t) = 0$ 下的齐次方程.

令 $\Delta_0(t)$ 是齐次方程的任意解, $F_0(z)$ 是函数 $F(z)$ 在齐次情况下相应的函数, 类似于文献 (Glingauss et al., 1975), 可得

$$F_0(z) = c_z^*, \tag{8.4.32}$$

其中

$$c_z^* = \begin{cases} c^{*+}, & z \in S_0, \\ c^{*-}, & z \in S_0^j, j \in I \cup I\!I, \end{cases}$$

$c^{*\pm}$ 是复常数.

由 (8.2.6) 和 (8.2.7) 得到

$$\operatorname{Re}(c^{*+}) = \operatorname{Re}(c^{*-}), \tag{8.4.33}$$

$$\mu^+ \operatorname{Im}(c^{*+}) = \mu^- \operatorname{Im}(c^{*-}). \tag{8.4.34}$$

由 (8.2.9) 和 (8.4.33) 得到

$$\operatorname{Re}(c^{*+}) = \operatorname{Re}(c^{*-}) = 0, \tag{8.4.35}$$

于是由 (8.3.17) 和 (8.4.32) 可得

$$\Delta_0(t) = 0, \quad t \in \gamma. \tag{8.4.36}$$

由 (8.3.17), (8.4.32) 和 (8.4.36) 我们得到等式

$$\operatorname{Im}(c_z^*) = \frac{1}{2\pi \mathrm{i}} \int_L \mathrm{i}\Delta_0(t)\zeta(t-z)\mathrm{d}t + E_0 z. \tag{8.4.37}$$

利用 Plemelj 公式得到

$$\mathrm{i}\Delta_0(t) = \mathrm{i}[\operatorname{Im}(c^{*-}) - \operatorname{Im}(c^{*+})], \quad t \in L. \tag{8.4.38}$$

考虑到 (8.4.37) 两边的双准周期性, 可以得到

$$\frac{1}{2\pi \mathrm{i}} \int_L \mathrm{i}\Delta_0(t)\zeta(t)\mathrm{d}t = 0, \quad E_0 = 0. \tag{8.4.39}$$

在 (8.4.37) 中令 $z=0$ 并考虑 (8.4.39), 得到

$$\mathrm{Im}(c^{*+}) = \frac{1}{2\pi\mathrm{i}} \int_L \mathrm{i}\Delta_0(t)\zeta(t)\mathrm{d}t = 0. \tag{8.4.40}$$

由 (8.4.34) 得到

$$\mathrm{Im}(c^{*-}) = 0. \tag{8.4.41}$$

于是由 (8.4.38) 知

$$\Delta_0(t) = 0, \quad t \in L. \tag{8.4.42}$$

最后, 由 (8.4.36) 和 (8.4.42) 我们证明了

$$\Delta_0(t) \equiv 0, \quad t \in L \cup \gamma. \tag{8.4.43}$$

第9章 具相对位移的双周期全平面应变的变态第二基本问题

9.1 变态第二基本问题的三种提法

对于非周期情况的具相对位移的第二基本问题路见可 (Lu, 1985) 给出了一种新提法. 本节内容主要取自于 Li 的论文 (2007), 给出具相对位移的双周期全平面应变变态第二基本问题的三种提法. 假设弹性体在 x_1, x_2 截面分布有双周期孔洞, 假设在双周期基本胞腔 P_{00} 中有 m 个孔洞, 其边界光滑且不相交, 记为 $L_j (j = 0, 1, \cdots, m-1)$, 且记, $L = \bigcup\limits_{j=0}^{m-1} L_j$, 其他每个周期胞腔中孔洞边界的合同曲线记为 $\mathcal{L}_j \equiv L_j (\bmod 2\omega_1, 2\omega_2)(j = 0, 1, \cdots, m-1)$. x_1, x_2 平面上双周期基本胞腔 P_{00} 中 L 的左手边和右手边区域分别记为 S_0 和 S_j^- (图 9.1.1). 选取原点在 S_0 中. 所谓的相对位移的全平面应变变态第二基本问题就是, L_j 上的位移 $g_j(t) = u_j(t) + \mathrm{i}v_j(t)(j = 0, 1, \cdots, m-1)$ 只是相对于某个刚性运动给定, 该刚性运动对于不同的曲线也相互不同, 要求求解弹性平衡. 即未知待定的实位移应该是 $g_j(t) + \mathrm{i}\alpha_j t + c_j'(j = 0, 1, \cdots, m-1)$, 这里 $\alpha_j (j = 0, 1, \cdots, m-1)$ 是未知待定实常数, 而 c_j' 是复常数. L_j 上 x_3 方向的位移 $w(t)$ 及其双准周期加数 $w_k(k = 1, 2)$ 都给定. 应变 e_3 是常数.

此外, 为了解的存在唯一性, L_j 上的外应力主矢量 $X_{1j} + \mathrm{i}X_{2j}$ 和主力矩 M_j 应该给定. 为明确, 假定 $\alpha_0 = 0$.

应力函数 $\phi(z)$ 和 $\psi(z)$ 在此情况下有下列表示式

$$\phi(z) = \frac{-1}{2\pi(\kappa+1)} \sum_{j=0}^{m-1} (X_{1j} + \mathrm{i}X_{2j}) \log \sigma(z - z_j) + \phi_0(z), \qquad (9.1.1)$$

$$\psi(z) = \frac{\kappa}{2\pi(\kappa+1)} \sum_{j=0}^{m-1} (X_{1j} - \mathrm{i}X_{2j}) \log \sigma(z - z_j) + \psi_0(z), \qquad (9.1.2)$$

这里 z_j 是位于 S_j 内任意位置的点, $\phi_0(z)$ 和 $\psi_0(z)$ 是 S_0 内单值全纯函数. $\phi(z)$ 和 $\psi(z)$ 的导函数如下

$$\Phi(z) = \frac{-1}{2\pi(\kappa+1)} \sum_{j=0}^{m-1} (X_{1j} + \mathrm{i}X_{2j}) \zeta(z - z_j) + \Phi_0(z), \qquad (9.1.3)$$

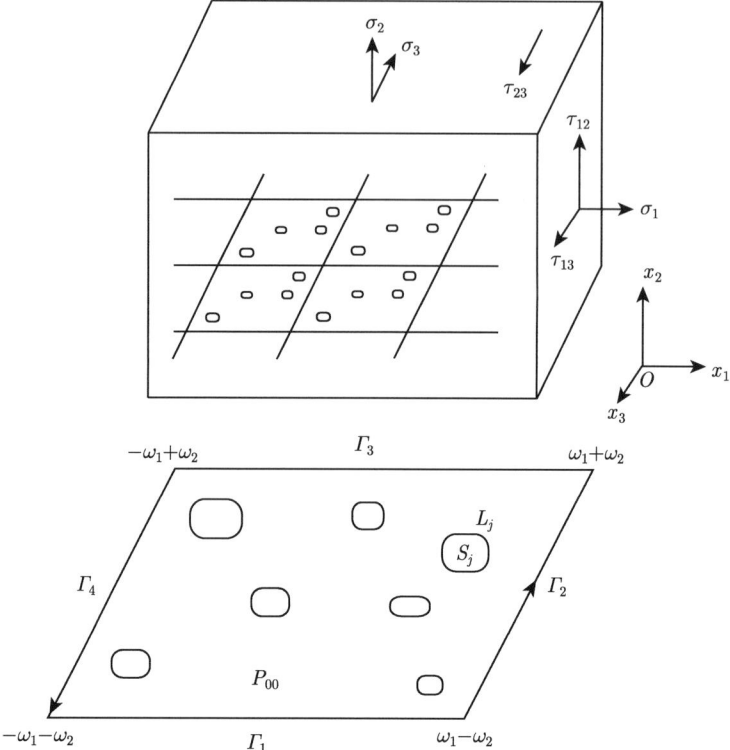

图 9.1.1 具双周期孔洞的弹性体

$$\Psi(z) = \frac{\kappa}{2\pi(\kappa+1)} \sum_{j=0}^{m-1} (X_{1j} - \mathrm{i} X_{2j}) \zeta(z-z_j) + \Psi_0(z). \tag{9.1.4}$$

由 (7.1.10), (9.1.1) 和 (9.1.2) 立即得到

$$\begin{aligned}2\mu(u+\mathrm{i}v) = &-\frac{\kappa}{\pi(1+\kappa)} \sum_{j=1}^{m} (X_{1j}+\mathrm{i}X_{2j}) \log|\sigma(z-z_j)| \\ &+ \frac{z}{2\pi(1+\kappa)} \sum_{j=1}^{m} (X_{1j}+\mathrm{i}X_{2j}) \overline{\log \zeta(z-z_j)} \\ &+ \kappa\phi_0(z) - z\overline{\phi_0'(z)} - \overline{\psi_0(z)} - 2\mu e_3 \nu z.\end{aligned} \tag{9.1.5}$$

于是有孔洞边界上的位移条件

$$\kappa\phi_0(t) - t\overline{\phi_0'(t)} - \overline{\psi_0(t)}] = 2\mu g^*(t) + \mathrm{i}\beta_j t + c_j, \quad t \in L_j, \tag{9.1.6}$$

其中

9.1 变态第二基本问题的三种提法

$$2\mu g^*(t) = 2\mu \left[g(t) + e_3\nu t\right] + \frac{\kappa}{\pi(1+\kappa)}\sum_{j=1}^{m}(X_{1j} + iX_{2j})\log|\sigma(z-z_j)|$$

$$-\frac{t}{2\pi(1+\kappa)}\sum_{j=1}^{m}(X_{1j}+iX_{2j})\overline{\log\zeta(z-z_j)}, \tag{9.1.7}$$

$$g(t) = g_j(t) + i\alpha_j t + c'_j, \quad t \in L_j$$

$$\beta_j = 2\mu\alpha_j, \quad c_j = 2\mu c'_j, \quad j = 0, 1, \cdots, m-1.$$

我们可以简化力矩条件. 事实上, 弧 $\widehat{AB}$ 上的外应力的主力矩可以表示为 (Muskhelishvili, 1953)

$$M_{\widehat{AB}} = \text{Re}\left[\chi(z) - z\psi(z) + |z|^2\phi'(z)\right]_A^B, \tag{9.1.8}$$

当弧 $\widehat{AB}$ 取为 S_0 中封闭曲线 C, 由于 $\phi'(z)$ 在 S_0 中单值, 立即得到

$$\begin{aligned}M_C &= \text{Re}\left[\chi(z) - z\psi(z)\right]_C \\ &= \text{Re}\int_C \frac{\mathrm{d}}{\mathrm{d}z}\left[\chi(z) - z\psi(z)\right]\mathrm{d}z \\ &= -\text{Re}\int_C z\psi'(z)\mathrm{d}z.\end{aligned} \tag{9.1.9}$$

由于我们对 L_j 上外应力的主力矩感兴趣. 在方程 (9.1.9) 中令 $C = L_j(j = 0, 1, \cdots, m-1)$. 将 (9.1.4) 代入方程 (9.1.9), 我们得到

$$\text{Re}\left\{\int_{L_j} t\left[\frac{\kappa}{2\pi(1+\kappa)}\sum_{j=0}^{m-1}(X_{1j} - iX_{2j})\zeta(t-z_j) + \psi'_0(t)\right]\mathrm{d}t\right\} = -M_j. \tag{9.1.10}$$

因为 $\psi_0(z)$ 在区域 S_0 中是单值的, 由分部积分法

$$\int_{L_j} t\psi'_0(t)\mathrm{d}t = -\int_{L_j}\psi_0(t)\mathrm{d}t.$$

更进一步, 由 (9.1.10)

$$\text{Re}\int_{L_j}\psi_0(t)\mathrm{d}t = M_j + \text{Re}\left[\frac{\kappa}{2\pi(1+\kappa)}\sum_{j=0}^{m-1}\int_{L_j}(X_{1j} - iX_{2j})t\zeta(t-z_j)\mathrm{d}t\right]. \tag{9.1.11}$$

我们知道

$$\zeta(z-z_j) = \frac{1}{z-z_j} + \zeta_0(z,z_j),$$

这里 $\zeta_0(z,z_j)$ 是全纯函数, 于是得

$$\text{Re}\int_{L_j}\psi_0(t)\mathrm{d}t = M_j + \frac{\kappa}{\kappa+1}\text{Im}[z_j(X_{1j}-iX_{2j})]. \tag{9.1.12}$$

这样，我们可以给出具相对位移的双周期全平面应变变态第二基本问题的三种提法.

第一种提法就是除上述条件, 还已知 $\Gamma_k(k=1,2)$ 上的外应力主矢量 F_k, 求解弹性平衡. 此时边界条件为

$$\textbf{(MDPP1)} \begin{cases} \kappa\phi_0(t) - t\overline{\phi_0'(t)} - \overline{\psi_0(t)} = 2\mu g^*(t) + \mathrm{i}\beta_j t + c_j, & t \in L_j, \\ \left[\phi_0(z) + z\overline{\phi_0'(z)} + \overline{\psi_0(z)}\right]_{\Gamma_k} = \mathrm{i}F_k, & k=1,2, \\ \mathrm{Re}\left[\int_{L_j} \psi_0(t)\mathrm{d}t\right] = M_j, & j=0,1,\cdots,m-1, \\ F(t) + \overline{F(t)} = w(t), & t \in L, \\ \left[F(z) + \overline{F(z)}\right]_{\Gamma_k} = w_k, & k=1,2. \end{cases} \quad (9.1.13)$$

第二种提法就是已知位移双准周期加数 g_1 和外应力主矢量 F_2, 求解弹性平衡. 此时边界条件为

$$\textbf{(MDPP2)} \begin{cases} \kappa\phi_0(t) - t\overline{\phi_0'(t)} - \overline{\psi_0(t)} = 2\mu g^*(t) + \mathrm{i}\beta_j t + c_j, & t \in L_j, \\ \left[\kappa\phi_0(z) - z\overline{\phi_0'(z)} - \overline{\psi_0(z)}\right]_{\Gamma_1} = 2\mu g_1, \\ \left[\phi_0(z) + z\overline{\phi_0'(z)} + \overline{\psi_0(z)}\right]_{\Gamma_2} = \mathrm{i}F_2, \\ \mathrm{Re}\int_{L_j} \psi_0(t)\mathrm{d}t = M_j, & j=0,1,\cdots,m-1, \\ F(t) + \overline{F(t)} = w(t), & t \in L, \\ \left[F(z) + \overline{F(z)}\right]_{\Gamma_k} = w_k, & k=1,2. \end{cases} \quad (9.1.14)$$

第三种提法就是已知位移双准周期加数 g_1 和 g_2, 求解弹性平衡. 此时边界条件为

$$\textbf{(MDPP3)} \begin{cases} \kappa\phi_0(t) - t\overline{\phi_0'(t)} - \overline{\psi_0(t)} = 2\mu g^*(t) + \mathrm{i}\beta_j t + c_j, & t \in L_j, \\ \left[\kappa\phi_0(z) - z\overline{\phi_0'(z)} - \overline{\psi_0(z)}\right]_{\Gamma_k} = 2\mu g_k, & k=1,2, \\ \mathrm{Re}\int_{L_j} \psi_0(t)\mathrm{d}t = M_j, & j=0,1,\cdots,m-1, \\ F(t) + \overline{F(t)} = w(t), & t \in L, \\ \left[F(z) + \overline{F(z)}\right]_{\Gamma_k} = w_k, & k=1,2. \end{cases} \quad (9.1.15)$$

9.2 变态第二基本问题的解法 (Li, 2007)

因为 $\phi(z)$ 和 $\psi(z)$ 的多值部分已经被分离出来, 为方便, 假定 $X_{1j} + \mathrm{i}X_{2j} = 0, j=0,1,\cdots,m-1$. 首先, 令 $\beta_j = 0, j=0,1,\cdots,m-1$. 我们考虑

$$\kappa\phi_{00}(t) - t\overline{\phi_{00}'(t)} - \overline{\psi_{00}(t)} = 2\mu g^*(t) + c_{j0}, \quad t \in L_j. \quad (9.2.1)$$

9.2 变态第二基本问题的解法

这是具相对平动位移的第二基本问题的边界条件. 构造 Sherman 变换

$$\phi_{00}(z) = \frac{1}{2\pi\mathrm{i}} \int_L \omega_0(t) \left[\zeta(t-z) - \zeta(t)\right] \mathrm{d}t + \sum_{j=0}^{m-1} b_j \zeta(z-z_j) + Az, \qquad (9.2.2)$$

$$\begin{aligned}\psi_{00}(z) =& \frac{1}{2\pi\mathrm{i}} \int_L \left\{ [\overline{(\omega_0(t)}\mathrm{d}t + \omega_0(t)\mathrm{d}\bar{t}] \left[\zeta(t-z) - \zeta(t)\right] \right\} \\ & - \frac{1}{2\pi\mathrm{i}} \int_L \omega_0(t) \left[\bar{t}\mathscr{P}(t-z) - \rho_1(t-z) \right] \mathrm{d}t \\ & + \sum_{j=0}^{m-1} b_j \left[\zeta(z-z_j) + \rho_1(z-z_j) \right] + Bz,\end{aligned} \qquad (9.2.3)$$

$$b_j = \frac{1}{2\pi\mathrm{i}} \int_{L_j} \left[\omega_0(t)\mathrm{d}\bar{t} - \overline{\omega_0(t)}\mathrm{d}t \right], \quad j = 0, 1, \cdots, m-1. \qquad (9.2.4)$$

然后, 分别考虑固定每个 k, $k = 1, \cdots, m-1$ 时的边值问题,

$$\kappa\phi_k(t) - t\overline{\phi_k'(t)} - \overline{\psi_k(t)} = \mathrm{i}\delta_{kj}t + c_{jk}, \quad t \in L_j, \quad j = 0, 1, \cdots, m-1, \qquad (9.2.5)$$

这里 δ_{kj} 是 Kronecker 符号,

$$\delta_{kj} = \begin{cases} 1, & k = j, \\ 0, & k \neq j. \end{cases}$$

此时, $\phi_k(z)$ 和 $\psi_k(z)$ 的表示式为

$$\phi_k(z) = \frac{1}{2\pi\mathrm{i}} \int_L \omega_k(t) \left[\zeta(t-z) - \zeta(t)\right] \mathrm{d}t + \sum_{j=0}^{m-1} b_j \zeta(z-z_j), \qquad (9.2.6)$$

$$\begin{aligned}\psi_k(z) =& \frac{1}{2\pi\mathrm{i}} \int_L \left\{ [\overline{\omega_k(t)}\mathrm{d}t + \omega_k(t)\mathrm{d}\bar{t}] \left[\zeta(t-z) - \zeta(t)\right] \right\} \\ & - \frac{1}{2\pi\mathrm{i}} \int_L \omega_k(t) \left[\bar{t}\mathscr{P}(t-z) - \rho_1(t-z) \right] \mathrm{d}t \\ & + \sum_{j=0}^{m-1} b_j \left[\zeta(z-z_j) + \rho_1(z-z_j) \right].\end{aligned} \qquad (9.2.7)$$

我们知道如果 (9.2.2) 和 (9.2.3) 是方程 (9.2.1) 和 (9.2.6) 的解, (9.2.7) 是方程 (9.2.5) 的解, 则

$$\begin{cases} \phi_0(z) = \phi_{00}(z) + \sum_{k=1}^{m-1} \beta_k \phi_k(z), \\ \psi_0(z) = \psi_{00}(z) + \sum_{k=1}^{m-1} \beta_k \psi_k(z), \\ C_j = C_{j0} + \sum_{k=1}^{m-1} C_{jk}, \quad j = 1, \cdots, m-1, \end{cases} \qquad (9.2.8)$$

将是 (9.1.6) 的解.

作为实例, 我们给出 (**MDPP2**) 的求解方法.

由 (9.1.14), (9.2.8), 有

$$\left\{\kappa\phi_{00}(z) - z\overline{\phi'_{00}} - \overline{\psi_{00}(z)} + \sum_{k=1}^{m-1}\beta_k\left[\kappa\phi_k(z) - z\overline{\phi'_k} - \overline{\psi_k(z)}\right]\right\}_{\Gamma_1} = 2\mu g_1, \quad (9.2.9)$$

$$\left\{\phi_{00}(z) + z\overline{\phi'_{00}} + \overline{\psi_{00}(z)} + \sum_{k=1}^{m-1}\beta_k\left[\phi_k(z) + z\overline{\phi'_k} + \overline{\psi_k(z)}\right]\right\}_{\Gamma_2} = \mathrm{i}F_2, \quad (9.2.10)$$

将 (9.2.2), (9.2.3), (9.2.6) 和 (9.2.7) 代入方程 (9.2.9) 和 (9.2.10), 得到

$$\begin{cases} (\kappa A - \overline{A})\omega_1 - \overline{B\omega_1} = \delta_1 + \mu g_1, \\ (A + \overline{A})\omega_2 + \overline{B\omega_2} = \delta_2 + \dfrac{1}{2}\mathrm{i}F_2, \end{cases} \quad (9.2.11)$$

其中

$$\delta_1 = \kappa b_0\eta_1 + \overline{a_0\eta_1} - \overline{b_0 r_1} + \sum_{k=1}^{m-1}\beta_k(\kappa b_k\eta_1 + \overline{a_k\eta_1} - \overline{b_k r_1}),$$

$$\delta_2 = b_0\eta_2 - \overline{a_0\eta_2} + b_0\overline{r_2} + \sum_{k=1}^{m-1}\beta_k(b_k\eta_2 - \overline{a_k\eta_2} + b_k\overline{r_2}),$$

$$a_0 = \frac{1}{\pi\mathrm{i}}\int_L \overline{\omega_0(t)}\mathrm{d}t, \quad a_k = \frac{1}{\pi\mathrm{i}}\int_L \overline{\omega_k(t)}\mathrm{d}t,$$

$$b_0 = \frac{1}{2\pi\mathrm{i}}\int_L\left[\omega_0(t)\mathrm{d}\bar{t} - \overline{\omega_0(t)}\mathrm{d}t\right], \quad b_k = \frac{1}{2\pi\mathrm{i}}\int_L\left[\omega_k(t)\mathrm{d}\bar{t} - \overline{\omega_k(t)}\mathrm{d}t\right].$$

对方程组 (9.2.11) 取复共轭, 我们得到一个关于未知数 A, $\overline{A}$, B 和 $\overline{B}$ 的代数方程组

$$\begin{cases} \kappa\omega_1 A - \omega_1\overline{A} - \overline{\omega_1}B = \delta_1 + \mu g_1, \\ \omega_2 A + \omega_2\overline{A} + \overline{\omega_2}B = \delta_2 + \dfrac{1}{2}\mathrm{i}F_2, \\ -\overline{\omega_1}A + \kappa\overline{\omega_1}\overline{A} - \omega_1 B = \overline{\delta_1} + \mu\overline{g_1}, \\ \overline{\omega_2}A + \overline{\omega_2}\overline{A} + \omega_2 B = \overline{\delta_2} - \dfrac{1}{2}\mathrm{i}\overline{F_2}. \end{cases} \quad (9.2.12)$$

方程组 (9.2.12) 的系数行列式为

$$\begin{vmatrix} \kappa\omega_1 & -\omega_1 & 0 & -\overline{\omega_1} \\ \omega_2 & \omega_2 & 0 & \overline{\omega_2} \\ -\overline{\omega_1} & \kappa\overline{\omega_1} & -\omega_1 & 0 \\ \overline{\omega_2} & \overline{\omega_2} & \omega_2 & 0 \end{vmatrix} = -\mathrm{i}\kappa S\mathrm{Re}(\omega_1\overline{\omega_2}) \neq 0, \quad (9.2.13)$$

9.2 变态第二基本问题的解法

因此, 可唯一求出 A 和 B,

$$A = \frac{\mathrm{i}\omega_1\overline{\omega_2}^2(\delta_1 + \mu g_1) - \kappa\omega_2\overline{\omega_1}^2\left(\mathrm{i}\delta_2 - \frac{1}{2}F_2\right)}{\kappa S \mathrm{Re}(\omega_1\overline{\omega_2})}, \tag{9.2.14}$$

$$B = \frac{\kappa\omega_1^2\overline{\omega_2}\left(\frac{1}{2}\overline{F_2} + \mathrm{i}\overline{\delta_2}\right) - \mathrm{i}\omega_2^2\overline{\omega_1}(\overline{\delta_1} + \mu\overline{g_1})}{\kappa S \mathrm{Re}(\omega_1\overline{\omega_2})}. \tag{9.2.15}$$

令 $z \to t_0 \in L$, 将 (9.2.2) 和 (9.2.3) 代入方程 (9.2.1), 利用推广的 Plemelj 公式, 得到

$$\kappa\omega_0(t_0) + \frac{\kappa}{2\pi\mathrm{i}}\int_L \omega_0(t)\mathrm{d}\left[\log\frac{\sigma(t-t_0)\overline{\sigma(t)}}{\sigma(t-t_0)\sigma(t)}\right]$$
$$+\frac{1}{2\pi\mathrm{i}}\int_L \overline{\omega_0(t)}\mathrm{d}\left[\zeta(t-t_0) - (t-t_0)\overline{\zeta(t-t_0)}\right]$$
$$+M_7[\omega_0(t), t_0] = N_7(t_0), \tag{9.2.16}$$

其中

$$M_7[\omega_0(t), t_0] = \frac{1}{2\pi\mathrm{i}}\int_L \overline{\omega_0(t)}\left[t\overline{\mathscr{P}(t-t_0)} - \overline{\rho(t-t_0)}\right]\mathrm{d}\bar{t}$$
$$+ \sum_{j=0}^{m-1} b_j\left[2\mathrm{Re}\overline{\zeta(t_0-z_j)} + \overline{\rho_1(t_0-z_j)} - t_0\overline{\mathscr{P}(t_0-z_j)} + (\kappa-1)\zeta(t_0-z_j)\right]$$
$$+ \int_{L_j}\omega_0(t)\mathrm{d}s + \kappa A t_0 - \overline{A}t_0 + \overline{B}t_0, \quad t_0 \in L,$$

$$N_7(t_0) = 2\mu\left[g(t_0) + e_3\nu t_0\right],$$
$$\zeta_0'(z) = -\rho(z), \quad \zeta_0(0) = 0,$$
$$g(t_0) = g_j(t_0), \quad t_0 \in L_j.$$

将公式 (9.2.6) 和 (9.2.7) 代入方程 (9.2.5), 得到

$$\kappa\omega_k(t_0) + \frac{\kappa}{2\pi\mathrm{i}}\int_L \omega_k(t)\mathrm{d}\left[\log\frac{\sigma(t-t_0)\overline{\sigma(t)}}{\sigma(t-t_0)\sigma(t)}\right]$$
$$+\frac{1}{2\pi\mathrm{i}}\int_L \overline{\omega_0(t)}\mathrm{d}\left[\zeta(t-t_0) - (t-t_0)\overline{\zeta(t-t_0)}\right]$$
$$+M_8[\omega_k(t), t_0] = N_8(t_0), \tag{9.2.17}$$

其中

$$M_8[\omega_k(t), t_0] = \frac{1}{2\pi\mathrm{i}}\int_L \overline{\omega_k(t)}\left[t\overline{\mathscr{P}(t-t_0)} - \overline{\rho(t-t_0)}\right]\mathrm{d}\bar{t}$$

$$+ \sum_{j=0}^{m-1} b_j \left[2\mathrm{Re}\overline{\zeta(t_0 - z_j)} + \overline{\rho_1(t_0 - z_j)} - t_0 \overline{\mathscr{P}(t_0 - z_j)} + (\kappa - 1)\zeta(t_0 - z_j) \right]$$

$$+ \int_{L_j} \omega_k(t)\mathrm{d}s + \kappa A t_0 - \overline{A}t_0 + \overline{B t_0}, \quad t_0 \in L,$$

$$N_8(t_0) = \mathrm{i}\delta_{kj} t_0.$$

作为方程 (8.3.14) 的一种特殊情况, 在取 $c_{00} = 0$ 且

$$c_{j0} = -\int_{L_j} \omega_0(t)\mathrm{d}s, \quad j = 1, \cdots, m - 1, \tag{9.2.18}$$

方程 (9.2.16) 有唯一解 $\omega_0^0(t)$. 于是, 由公式 (9.2.2), (9.2.3) 和 (9.2.18), 得到

$$\begin{cases} \phi_{00}(z) = \phi_{00}^0(z) + Az, \\ \psi_{00}(z) = \psi_{00}^0(z) + Bz, \\ c_{j0} = c_{j0}^0, \end{cases} \tag{9.2.19}$$

其中

$$\phi_{00}^0(z) = \frac{1}{2\pi\mathrm{i}} \int_L \omega_0^0(t) \left[\zeta(t - z) - \zeta(t) \right] \mathrm{d}t + \sum_{j=0}^{m-1} b_j^0 \zeta(z - z_j), \tag{9.2.20}$$

$$\psi_{00}(z) = \frac{1}{2\pi\mathrm{i}} \int_L \left\{ \left[\overline{(\omega_0^0(t)}\mathrm{d}t + \omega_0^0(t)\mathrm{d}\overline{t} \right] \left[\zeta(t - z) - \zeta(t) \right] \right\}$$

$$- \frac{1}{2\pi\mathrm{i}} \int_L \omega_0^0(t) \left[\overline{t}\mathscr{P}(t - z) - \rho_1(t - z) \right] \mathrm{d}t$$

$$+ \sum_{j=0}^{m-1} b_j^0 \left[\zeta(z - z_j) + \rho_1(z - z_j) \right], \tag{9.2.21}$$

$$b_j^0 = \frac{1}{2\pi\mathrm{i}} \int_{L_j} \left[\omega_0^0(t)\mathrm{d}\overline{t} - \overline{\omega_0^0(t)}\mathrm{d}t \right], \quad j = 0, 1, \cdots, m - 1. \tag{9.2.22}$$

类似地, 取 $c_{0k} = 0$ 且

$$c_{jk} = -\int_{L_j} \omega_k(t)\mathrm{d}s, \quad j = 1, \cdots, m - 1, \tag{9.2.23}$$

方程 (9.2.17) 有唯一解 $\omega_k^0(t)$.

由公式 (9.2.6), (9.2.7) 和 (9.2.23), 可以得到

$$\phi_k(z) = \phi_k^0(z), \quad \psi_k(z) = \psi_k^0(z), \quad c_{jk} = c_{jk}^0. \tag{9.2.24}$$

将 (9.2.8) 代入 (9.1.12), 考虑到 $X_{1j} = X_{2j} = 0$, 立即有

9.2 变态第二基本问题的解法

$$\operatorname{Re} \int_{L_j} [\psi_{00}(t) + \sum_{k=1}^{m-1} \beta_k \psi_k(t) \mathrm{d}t] = M_j, \quad j = 1, \cdots, m-1, \tag{9.2.25}$$

或重写为

$$\sum_{k=1}^{m-1} A_{jk} \beta_k = M_j - B_j, \quad j = 1, \cdots, m-1, \tag{9.2.26}$$

其中

$$A_{jk} = \operatorname{Re} \int_{L_j} \psi_k(t) \mathrm{d}t, \quad j, k = 1, \cdots, m-1, \tag{9.2.27}$$

$$B_j = \operatorname{Re} \int_{L_j} \psi_{00}(t) \mathrm{d}t, \quad j = 1, \cdots, m-1. \tag{9.2.28}$$

因为

$$\int_{L_j} Bt \mathrm{d}t = 0, \quad j = 1, \cdots, m-1, \tag{9.2.29}$$

于是, 所有 A_{jk}, B_j 是已知常数. 则 (9.2.26) 是关于未知数 β_k 的线性代数方程组. 现在, 我们证明方程 (9.2.26) 唯一可解. 事实上, 我们仅需证明矩阵 (A_{jk}) 是非奇异的即可. 为此, 我们考虑其次条件: $g_j(t) = 0$, $X_{1j}(t) + \mathrm{i} X_{2j}(t) = 0$, $M_j = 0$, $j = 0, 1, \cdots, m-1$. 此时, 实际位移为 $\mathrm{i}\alpha_j t + c'_j$. 由文献 (Muskhelishvili, 1953) 知, 考虑积分

$$J = \int_L (X_{1n} u + X_{2n} v) \mathrm{d}s, \tag{9.2.30}$$

其中

$$\begin{cases} X_{1n} = \sigma_1 \cos(n, x_1) + \sigma_{12} \cos(n, x_2), \\ X_{2n} = \sigma_{21} \cos(n, x_1) + \sigma_2 \cos(n, x_2). \end{cases} \tag{9.2.31}$$

由 Green 定理, 有经典公式 (Muskhelishvili, 1953)

$$J = \iint_{S_0} [\lambda(e_1 + e_2)^2 + 2\mu(e_1^2 + 2e_{12}^2 + e_2^2)] \mathrm{d}x_1 \mathrm{d}x_2. \tag{9.2.32}$$

在我们的情况下,

$$\begin{aligned}
J &= \int_L (X_{1n} u + X_{2n} v) \mathrm{d}s \\
&= \sum_{j=0}^{m-1} \int_{L_j} \{[-\alpha_j x_2 + \operatorname{Re}(c'_j)] X_{1n} + [\alpha_j x_1 + \operatorname{Im}(c'_j)] X_{2n}\} \mathrm{d}s \\
&= \sum_{j=0}^{m-1} \left[-\alpha_j \int_{L_j} (x_1 X_{2n} - x_2 X_{1n}) \mathrm{d}s + \operatorname{Re}(c'_j) \int_{L_j} X_{1n} \mathrm{d}s + \operatorname{Im}(c'_j) \int_{L_j} X_{2n} \mathrm{d}s \right] \\
&= \sum_{j=0}^{m-1} \left[-\alpha_j M_j + \operatorname{Re}(c'_j) X_{1j} + \operatorname{Im}(c'_j) X_{2j} \right]. \tag{9.2.33}
\end{aligned}$$

考虑上述齐次条件有
$$J = 0. \tag{9.2.34}$$

因为方程 (9.2.32) 的右手边的被积函数是正定的, 于是立即得到

$$e_1 = e_2 = e_{12} = 0. \tag{9.2.35}$$

这样, 此时仅有刚性位移, 由于已假定 $\alpha_0 = 0$. 所以此时不再有刚性转动. 因此, 所有 $\alpha_j = 0, j = 0, 1, \cdots, m-1$, 更进一步, 所有 $\beta_j = 2\mu\alpha_j = 0, j = 0, 1, \cdots, m-1$. 此即矩阵 (A_{jk}) 非奇异的, 因此可从方程组 (9.2.26) 获得唯一解 β_j $(j = 0, 1, \cdots, m-1)$.

将 $F(z)$ 置换为 (8.3.17), 只需把积分曲线 $L \bigcup \gamma$ 用 L 代替, 类似的方法我们可以求解 (**MDPP2**) 的后两组边值问题.

第10章 几类特别情况的封闭解

10.1 双周期拼接平面弹性问题的解析解

本节内容取自于李星论文 (1991a), 主要研究双周期拼接平面弹性问题的解析解. 通过变换, 可将原边值问题转化为双准周期边值问题, 然后, 利用双准周期边值问题的解得到该问题的一般封闭解. 作为一个实际算例, 即双周期圆形垫圈拼接平面弹性问题, 其精确解最终得到. 当我们固定其中一个周期, 即 $\omega_1 = a\pi$ 且令 $|\omega_2| \to \infty$ 当然不妨设 $\mathrm{Im}\left(\dfrac{\omega_2}{\omega_1}\right) > 0$, 于是我们顺便得到基本周期为 $a\pi$ 的单周期情况的精确解, 更进一步, 当双周期情况下令 $|\omega_1| \to \infty$ 和 $|\omega_2| \to \infty$, 或单周期情况下令 $a \to \infty$, 我们立即得到非周期情况的解, 该解与经典结果一致.

假定具有圆柱形孔洞的弹性体, 在其 x_1, x_2 截面上的圆孔呈双周期分布, 用相同材料的圆柱形楔子嵌入圆柱形孔洞中, 楔子与孔边恰好紧密接触而无缝隙. 于是, 在 x_1, x_2 截面上形成了双周期弹性垫圈问题的模型 (图 10.1.1). 其基本周期不妨设为 $2\omega_1, 2\omega_2$ 且 $\mathrm{Im}\left(\dfrac{\omega_2}{\omega_1}\right) > 0, \mathrm{Im}(\omega_1) = 0$. 弹性体的 x_1, x_2 截面上的双周期基本胞腔记为 P_{00}. 它的四个顶点为 $0, 2\omega_1, 2\omega_1 + 2\omega_2$ 和 $2\omega_2$. P_{00} 的边界记为 $\varGamma = \bigcup\limits_{i=1}^{4} \varGamma_i$, 其正向取逆时针方向. 记 $L = \bigcup\limits_{j=0}^{m-1} L_j$ 是 P_{00} 内弹性垫圈的截面边界, 其正向取为顺时针方向. 在双周期基本胞腔 P_{00} 内, 落在 L 左手、右手边的区域分别记为 S_0^+ 和 S_0^-, (图 10.1.1), $S_0^\pm$ 的集合及其双周期合同区域的并集分别记为 $S^\pm$. 假定 S^+ 和 S^- 是由相同材料组成的. 此时 L 上的位移间断函数为

$$g(t) = [u^+(t) + \mathrm{i}v^+(t)] - [u^-(t) + \mathrm{i}v^-(t)],$$

是已知的, 且假设 $g'(t) \in H(L)$. 此外, 在 x_1, x_2 平面的应力主矢量 F_k 在 $\varGamma_k$ 上, $k = 1, 2$, 也是已知的.

此时, 类似地, 有边界条件

$$\phi^+(t) + t\overline{\phi'^+(t)} + \overline{\psi^+(t)} = \phi^-(t) + t\overline{\phi'^-(t)} + \overline{\psi^-(t)}, \quad t \in \mathcal{L}(m, n), \qquad (10.1.1)$$

$$\kappa\phi^+(t) - t\overline{\phi'^+(t)} - \overline{\psi^+(t)} = \kappa\phi^-(t) - t\overline{\phi'^-(t)} - \overline{\psi^-(t)} + 2\mu g(t), \quad t \in \mathcal{L}(m, n), \qquad (10.1.2)$$

$$\left[\phi(z)+z\overline{\phi'(z)}+\overline{\psi(z)}\right]_{\Gamma_k}=\mathrm{i}F_k,\quad k=1,2. \tag{10.1.3}$$

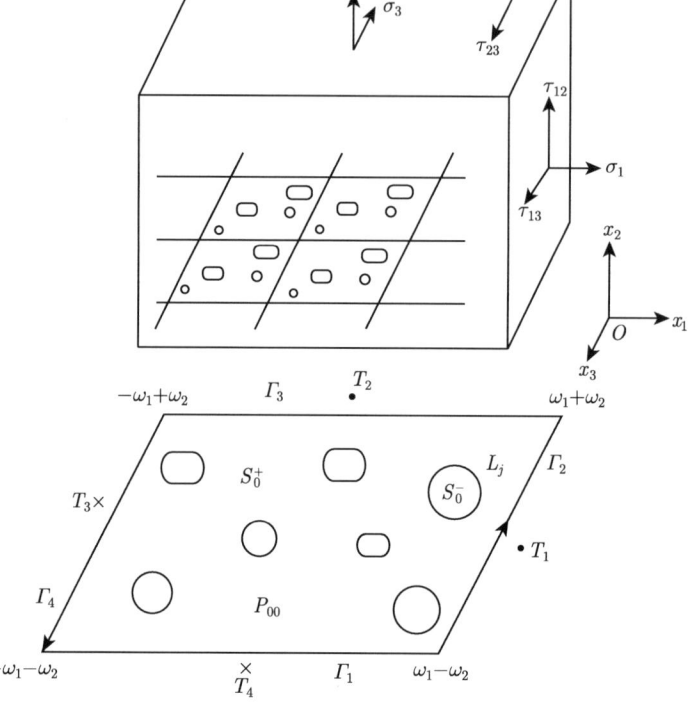

图 10.1.1 双周期弹性垫圈问题的模型

将边界条件 (10.1.1) 和 (10.1.2) 相加后, 考虑条件 (10.1.1) 的共轭, 我们立得最简单的 Riemann 跳跃边值问题

$$\phi^+(t)-\phi^-(t)=\frac{2\mu}{\kappa+1}g(t),\quad t\in\mathcal{L}(m,n), \tag{10.1.4}$$

$$\psi^+(t)-\psi^-(t)=-\left[\overline{\phi^+(t)}-\overline{\phi^-(t)}\right]-\bar{t}\frac{\mathrm{d}}{\mathrm{d}t}\left[\phi^+(t)-\phi^-(t)\right]$$
$$=\frac{2\mu}{\kappa+1}h(t),\quad t\in\mathcal{L}(m,n), \tag{10.1.5}$$

其中
$$h(t)=-\overline{g(t)}-\bar{t}g'(t).$$

对于双周期平面弹性问题, 运用引理 7.1.2, 为了获得双周期的解, 我们引入变换

$$\begin{cases}\phi(z)=\phi_0(z),\\ \psi(z)=D(z)\phi_0'(z)+\psi_0(z).\end{cases} \tag{10.1.6}$$

10.1 双周期拼接平面弹性问题的解析解

于是, $\phi_0(z)$ 和 $\psi_0(z)$ 两者都是双准周期函数. 其中, 记号 $D(z)$ 由 (7.1.48) 给定.

将变换 (10.1.6) 代入边界条件 (10.1.4) 和 (10.1.5) 我们便可得到双准周期 Riemann 边值问题

$$\phi_0^+(t) - \phi_0^-(t) = \frac{2\mu}{\kappa+1}g(t), \quad t \in \mathcal{L}(m,n), \tag{10.1.7}$$

$$\psi_0^+(t) - \psi_0^-(t) = \frac{2\mu}{\kappa+1}h(t) - D(t)\frac{\mathrm{d}}{\mathrm{d}t}\left[\phi_0^+(t) - \phi_0^-(t)\right]$$

$$= \frac{2\mu}{\kappa+1}h_0(t), \quad t \in \mathcal{L}(m,n), \tag{10.1.8}$$

其中

$$h_0(t) = -\overline{g(t)} - \overline{m(t)}g'(t), \tag{10.1.9}$$

且 $m(z)$ 由 (7.1.64) 给定.

将变换 (10.1.6) 代入边界条件 (10.1.3), 由于 $m(z)$ 和 $\phi_0'(z)$ 两者均是双周期函数, 于是有

$$\left[\phi_0(z) + \overline{\psi_0(z)}\right]_{\Gamma_k} = \mathrm{i}F_k, \quad k = 1, 2. \tag{10.1.10}$$

由引理 7.1.3, 我们不难获得 (10.1.7) 和 (10.1.8) 的一般解

$$\phi_0(z) = \begin{cases} \dfrac{\mu}{(\kappa+1)\pi\mathrm{i}} \int_L g(t)\zeta(t-z)\mathrm{d}t + C_1 z + \mathrm{C} + mg_1 + ng_2, & z = [z]_0 + \Omega_{mn} \in S^+, \\ \dfrac{\mu}{(\kappa+1)\pi\mathrm{i}} \int_L g(t)\zeta(t-z)\mathrm{d}t + C_1 z + \mathrm{C}, & z \in S^-, \end{cases} \tag{10.1.11}$$

$$\psi_0(z) = \begin{cases} \dfrac{\mu}{(\kappa+1)\pi\mathrm{i}} \int_L h_0(t)\zeta(t-z)\mathrm{d}t + C_2 z + \mathrm{C} + mg_1 + ng_2, & z = [z]_0 + \Omega_{mn} \in S^+, \\ \dfrac{\mu}{(\kappa+1)\pi\mathrm{i}} \int_L h_0(t)\zeta(t-z)\mathrm{d}t + C_2 z + \mathrm{C}, & z \in S^-, \end{cases} \tag{10.1.12}$$

这里 $[z]_0$ 表示点 z 在 P_{00} 中的双周期合同点, C 可以是任一固定常数.

将 (10.1.11) 和 (10.1.12) 代入边界条件 (10.1.10) 我们得

$$C_1 = \frac{1}{\mathrm{i}S}\left[\frac{\mu\delta_2}{\kappa+1}\int_L g(t)\mathrm{d}t - \frac{\mu}{2(\kappa+1)}\int_L \overline{h_0(t)}\mathrm{d}t + \mathrm{i}(\overline{\omega_1}F_2 - \overline{\omega_2}F_1)\right], \tag{10.1.13}$$

$$C_2 = \frac{1}{S}\left[\frac{\mathrm{i}\mu}{2(\kappa+1)}\int_L \overline{g(t)}\mathrm{d}t - \frac{\mathrm{i}\mu\delta_2}{\kappa+1}\int_L h_0(t)\mathrm{d}t + (\overline{\omega_2 F_1} - \overline{\omega_1 F_2})\right], \tag{10.1.14}$$

这里 S 是周期基本胞腔 P_{00} 的面积.

于是, 我们可以由 (10.1.11), (10.1.12) 和 (10.1.6) 立得 $\phi(z)$ 和 $\psi(z)$.

现在我们考虑一个特殊情况, 即双周期圆柱镶嵌全平面应变问题. 我们假设在双周期基本胞腔内仅有一个圆柱镶嵌体, 即在 x_1, x_2 截面上在 P_{00} 内仅有一个垫圈. L_0: $|z-b|=r$ 是该垫圈的边界 (图 10.1.2), 且

$$g(t) = -\epsilon \mathrm{e}^{\mathrm{i}\theta} = -\frac{\epsilon(t-b)}{r}, \quad t = b + r\mathrm{e}^{\mathrm{i}\theta} \in L_0. \tag{10.1.15}$$

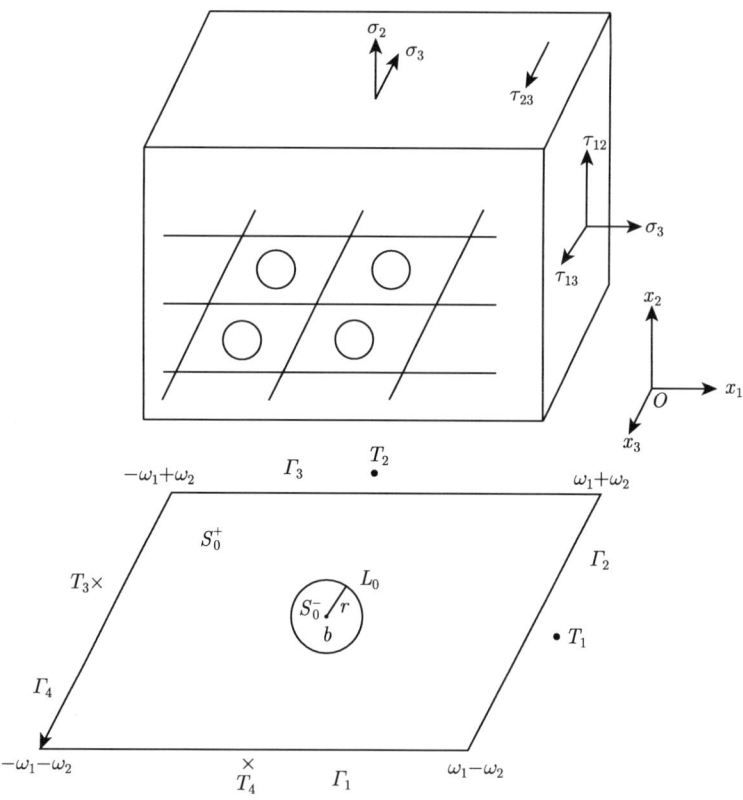

图 10.1.2 周期圆柱镶嵌全平面应变问题模型

因此, 由 (10.1.9) 和 (10.1.15) 我们得

$$h_0(t) = \frac{2r\epsilon}{t-b} + \left[\overline{b} + D(t)\right]\frac{\epsilon}{r}. \tag{10.1.16}$$

由 (10.1.11), (10.1.12) 和 (10.1.6) 我们得到忽略了常数平移的解为

$$\phi(z) = \begin{cases} C_1^0 z + mg_1 + ng_2, & z = [z]_0 + \Omega_{mn} \in S^+, \\ -\dfrac{2\mu\epsilon}{(\kappa+1)r}(z-b) + C_1^0 z, & z \in S^-, \end{cases} \tag{10.1.17}$$

10.1 双周期拼接平面弹性问题的解析解

$$\psi(z) = \begin{cases} -\dfrac{4\mu\epsilon r}{\kappa+1}\zeta(b-z) + C_2^0 z + mg_1 + ng_2, & z = [z]_0 + \Omega_{mn} \in S^+, \\ \dfrac{4\mu\epsilon r}{\kappa+1}\left[\dfrac{1}{z-b} + \zeta(b-z)\right] + C_2^0 z, & z \in S^-, \end{cases} \quad (10.1.18)$$

其中

$$C_1^0 = \frac{\mu}{(\kappa+1)S}\left[2\pi r\epsilon + \mathrm{i}(\overline{\omega_1}F_2 - \overline{\omega_2}F_1)\right],$$

$$C_2^0 = \frac{\mu}{(\kappa+1)S}\left[(\overline{\omega_2 F_1} - \overline{\omega_1 F_2}) - 4\pi\delta_2 r\epsilon\right].$$

为了与非周期的经典结果 (Muskhelishvili, 1953) 比较, 由于 $\zeta(-z) = -\zeta(z)$, 我们立刻得到 P_{00} 内的解

$$\phi(z) = \begin{cases} C_1^0 z, & z \in S_0^+, \\ -\dfrac{2\mu\epsilon}{(\kappa+1)r}(z-b) + C_1^0 z, & z \in S_0^-, \end{cases} \quad (10.1.19)$$

$$\psi(z) = \begin{cases} -\dfrac{4\mu\epsilon r}{(\kappa+1)}\zeta(z-b) + C_2^0 z, & z \in S_0^+, \\ \dfrac{4\mu\epsilon r}{\kappa+1}\left[\dfrac{1}{z-b} - \zeta(z-b)\right] + C_2^0 z, & z \in S_0^-. \end{cases} \quad (10.1.20)$$

现在, 我们探讨极限情况. 当 $\omega_1 = a\pi$, $\omega_2 \to \infty$ 时, 双周期基本胞腔 P_{00} 中区域 S_0^+ 将扩展成单周期带除了 S_0^- 以外的区域. 当 $\omega_1 \to \infty$, $\omega_2 \to \infty$ 时, 双周期基本胞腔 P_{00} 中区域 S_0^+ 将扩展成除了区域 S_0^+ 以外的非周期情况的整个平面. 在取极限的情况下令 $F_k = 0$, $k = 1, 2$, 即无穷远处无外应力. 考虑下列函数极限关系 (Chandra, 1985)

$$\lim_{\substack{\omega_1 = a\pi \\ |\omega_2| \to \infty}} \zeta(z) = \frac{1}{3a^2}z + \frac{1}{a}\cot\left(\frac{z}{a}\right), \quad (10.1.21)$$

$$\lim_{\substack{|\omega_1| \to \infty \\ |\omega_2| \to \infty}} \zeta(z) = \frac{1}{z}, \quad (10.1.22)$$

以及 (7.1.43) 和 (7.1.74) 我们得到

$$\lim_{\substack{\omega_1 = a\pi \\ |\omega_2| \to \infty}} C_1^0 = \lim_{\substack{\omega_1 = a\pi \\ |\omega_2| \to \infty}} C_2^0 = 0, \quad (10.1.23)$$

$$\lim_{\substack{|\omega_1| \to \infty \\ |\omega_2| \to \infty}} C_1^0 = \lim_{\substack{|\omega_1| \to \infty \\ |\omega_2| \to \infty}} C_2^0 = 0. \quad (10.1.24)$$

更进一步, 我们得到具圆垫圈单周期情况的解为

$$\phi(z) = \begin{cases} 0, & z \in S_0^+, \\ -\dfrac{2\mu\epsilon}{(\kappa+1)r}(z-b), & z \in S_0^-, \end{cases} \qquad (10.1.25)$$

$$\psi(z) = \begin{cases} -\dfrac{4\mu\epsilon r}{(\kappa+1)a}\left[\dfrac{1}{3a}(z-b) + \cot\left(\dfrac{z-b}{a}\right)\right], & z \in S_0^+, \\ \dfrac{4\mu\epsilon r}{\kappa+1}\left\{\dfrac{1}{z-b} - \dfrac{1}{a}\left[\dfrac{1}{3a}(z-b) + \cot\left(\dfrac{z-b}{a}\right)\right]\right\}, & z \in S_0^-, \end{cases} \qquad (10.1.26)$$

以及得到非周期圆垫圈的解为

$$\phi(z) = \begin{cases} 0, & z \in S_0^+, \\ -\dfrac{2\mu\epsilon}{(\kappa+1)r}(z-b), & z \in S_0^-, \end{cases} \qquad (10.1.27)$$

$$\psi(z) = \begin{cases} -\dfrac{4\mu\epsilon r}{\kappa+1}\dfrac{1}{z-b}, & z \in S_0^+, \\ o, & z \in S_0^-, \end{cases} \qquad (10.1.28)$$

这与经典结果 (Muskhelishvili, 1953) 完全一致.

当 $|\omega_1|$, $|\omega_2|$ 和 a 足够大，或 ϵ 足够小, 我们得到在某区域当 $\kappa = 2$, $\mu = 0.5$, $\epsilon = 0.01$, $b = \dfrac{1}{2} + \dfrac{1}{2}\mathrm{i}$ 和 $r = \dfrac{1}{4}$ 时上述三种情况, 即双周期、(单) 周期和经典 (非周期) 情况, 相同的位移分布如图 10.1.3~ 图 10.1.6.

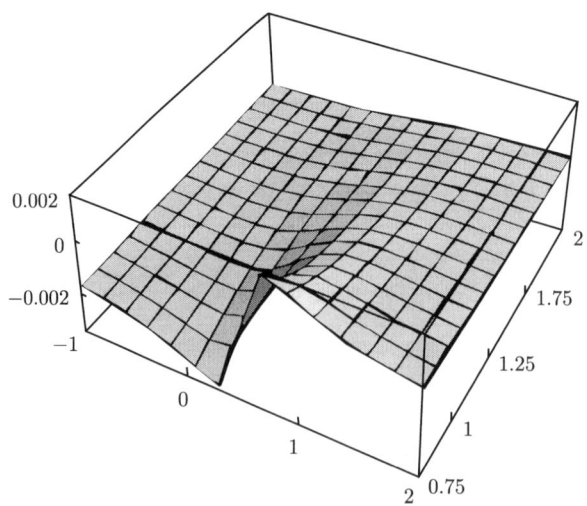

图 10.1.3 当 $-1 < x < 2$, $0.75 < y < 2$ 时 u 的位移

10.1 双周期拼接平面弹性问题的解析解

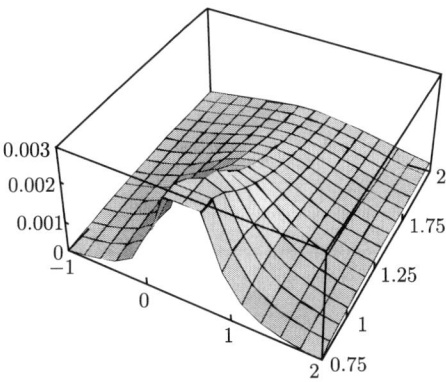

图 10.1.4　当 $-1 < x < 2,\ 0.75 < y < 2$ 时 v 的位移

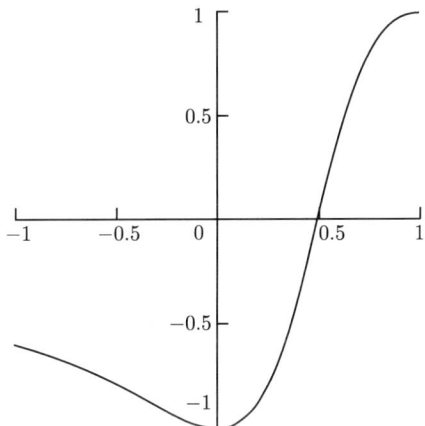

图 10.1.5　当 $-1 < x < 1,\ y = 0$ 时 u 的位移

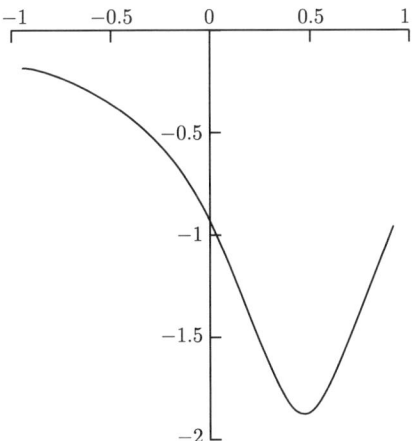

图 10.1.6　当 $-1 < x < 1,\ y = 0$ 时 v 的位移

10.2 双周期均匀柱体镶嵌对裂纹影响的全平面应变问题

本节内容主要取自于李星论文 (Li, 2001c), 研究双周期均匀柱体镶嵌对裂纹影响的全平面应变问题. 我们利用双周期和双准周期 Riemann 边值的解可以求得该问题的封闭形式的一般解.

假设弹性体中在 x_1, x_2 截面上既具有双周期孔洞又有双周期裂纹, 在孔洞中镶嵌相同材料的柱体. 基本周期为 $2\omega_1 = a - \mathrm{i}b, 2\omega_2 = a + \mathrm{i}b$ 且 $\mathrm{Im}\left(\dfrac{\omega_2}{\omega_1}\right) > 0$. 弹性体中 x_1, x_2 截面上的双周期基本胞腔 P_{00} 具有菱形形状. 其顶点为 $0, 2\omega_1, 2\omega_1 + 2\omega_2$ 和 $2\omega_2$. 基本胞腔 P_{00} 的边界记为 Γ, 正方向取为逆时针方向. 在 P_{00} 中有一个圆心为 a 的圆洞 (因此, P_{00} 中有一个垫圈) 和两条等长的关于 P_{00} 中心对称裂纹 γ_1 和 γ_2, (图 10.2.1). 我们记 $\gamma = \gamma_1 \bigcup \gamma_2$, 令 a_1, b_1, a_2, b_2 分别是裂纹端点:

$$a_2 = 2\omega_1 + 2\omega_2 - b_1, \quad b_2 = 2\omega_1 + 2\omega_2 - a_1.$$

L 的正方向取顺时针向. L 的左手边和右手边的弹性区域分别记为 S_0^+ 和 S_0^-.

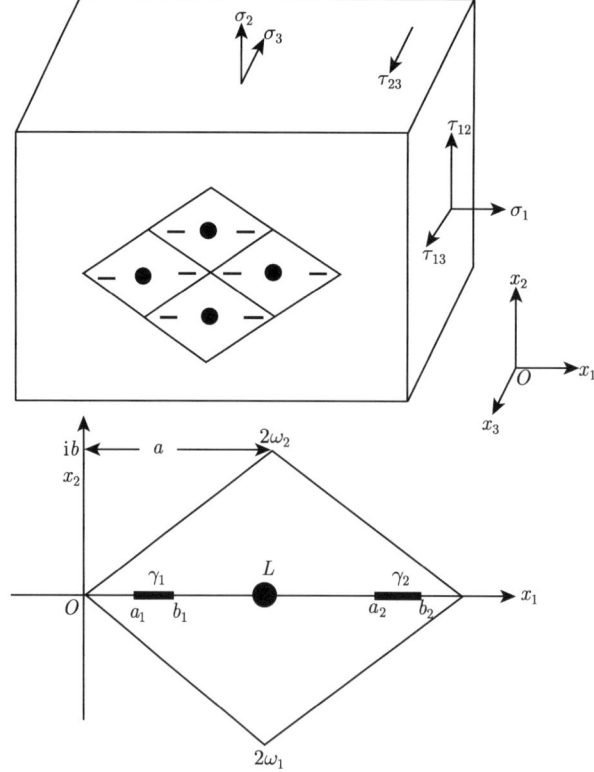

图 10.2.1 双周期镶嵌和裂纹的全平面应变问题

10.2 双周期均匀柱体镶嵌对裂纹影响的全平面应变问题

给定 L 两侧的位移间断

$$g(t) = [u^+(t) + iv^+(t)] - [u^-(t) + iv^-(t)], \tag{10.2.1}$$

应变 $e_3 =$ 常数, 裂纹面上的正应力给定为 $p(t)$, 剪应力为零. 此外, $\Gamma_k(k=1,2)$ 上的应力主矢量为 F_k, x_3 方向的剪应力为 $T_k, k=1,2$. 于是

$$\sigma_2(x, \pm 0) - i\tau_{12}(x, \pm 0) = -p(x), \quad x \in \gamma, \tag{10.2.2}$$

$$2\mu(u^+ + iv^+) - (u^- + iv^-) = g(t), \quad t \in L, \tag{10.2.3}$$

$p(t)\ (\in H)$ 是 γ 上的已知函数, $g(t)$ 是 L 上的已知函数, 且假定 $g'(t) \in H$.

$\sigma_1 + i\tau_{12}$ 和 $\sigma_2 - i\tau_{12}$ 可以由 $\Phi(z)$ 和 $\Psi(z)$ 表示 (Muskhelishvili, 1953),

$$\begin{cases} \sigma_1 + i\tau_{12} = \Phi(z) + \overline{\Phi(z)} - z\overline{\Phi'(z)} - \overline{\Psi(z)}, \\ \sigma_2 - i\tau_{12} = \Phi(z) + \overline{\Phi(z)} + z\overline{\Phi'(z)} + \overline{\Psi(z)}. \end{cases} \tag{10.2.4}$$

在这些条件下我们首先有下列边界条件,

$$\phi^+(t) + t\overline{\phi'^+(t)} + \overline{\psi^+(t)} = \phi^-(t) + t\overline{\phi'^-(t)} + \overline{\psi^-(t)}, \quad t \in L \bigcup \gamma, \tag{10.2.5}$$

$$\kappa\phi^+(t) - t\overline{\phi'^+(t)} - \overline{\psi^+(t)} = \kappa\phi^-(t) - t\overline{\phi'^-(t)} - \overline{\psi^-(t)} + 2\mu G(t), \ t \in L \bigcup \gamma, \tag{10.2.6}$$

$$\left[\phi(z) + z\overline{\phi'(z)} + \overline{\psi(z)}\right]_{\Gamma_k} = iF_k, \quad k = 1, 2. \tag{10.2.7}$$

$$F^+(t) + \overline{F^+(t)} = F^-(t) + \overline{F^-(t)}, \quad t \in L \bigcup \gamma, \tag{10.2.8}$$

$$\left[F^+(t) - \overline{F^+(t)}\right] = \left[F^-(t) - \overline{F^-(t)}\right], \quad t \in L \bigcup \gamma, \tag{10.2.9}$$

$$\mu\left[F(z) - \overline{F(z)}\right]_{\Gamma_k} = |\omega_k|T_k, \quad k = 1, 2, \tag{10.2.10}$$

其中

$$G(t) = 2\mu[u^+(t) + iv^+(t)] - [u^-(t) + iv^-(t)] = \begin{cases} g(t), & t \in L, \\ \omega(t), & t \in \gamma. \end{cases} \tag{10.2.11}$$

这里, $\omega(t)$ 是 γ 上的未知的位移间断函数.

从方程 (10.2.5) 和 (10.2.6), 经简单推导, 我们得到 Riemann 边值问题

$$\phi^+(t) - \phi^-(t) = \frac{2\mu}{\kappa+1}G(t), \quad t \in L \bigcup \gamma, \tag{10.2.12}$$

$$\psi^+(t) - \psi^-(t) = \frac{2\mu}{\kappa+1}h(t), \quad t \in L \bigcup \gamma, \tag{10.2.13}$$

其中

$$h(t) = \begin{cases} -\overline{g(t)} - \bar{t}g'(t), & t \in L, \\ -\overline{\omega(t)} - \bar{t}\omega'(t), & t \in \gamma. \end{cases} \tag{10.2.14}$$

为了得到双准周期 Riemann 边值问题, 考虑到应力分量的双周期性, 依然应用变换 (10.1.6). 将变换 (10.1.6) 代入边界条件 (10.2.12) 和 (10.2.13), 我们得到最简单的双准周期 Riemann 边值问题

$$\phi_0^+(t) - \phi_0^-(t) = \frac{2\mu}{\kappa+1} G(t), \quad t \in L \bigcup \gamma, \tag{10.2.15}$$

$$\psi_0^+(t) - \psi_0^-(t) = -\left\{ \left[\overline{\phi_0^+(t)} - \overline{\phi_0^-(t)} \right] + \overline{m(t)} \frac{\mathrm{d}}{\mathrm{d}t} \left[\phi_0^+(t) - \phi_0^-(t) \right] \right\}$$
$$= \frac{2\mu}{\kappa+1} h_0(t), \quad t \in L \bigcup \gamma, \tag{10.2.16}$$

这里, $\phi_0(z)$ 和 $\psi_0(z)$ 都是双准周期函数, 且

$$h_0(t) = \begin{cases} h_1(t) = -\overline{\omega(t)} - \overline{m(t)}\omega'(t), & t \in \gamma, \\ h_2(t) = -\overline{g(t)} - \overline{m(t)}g'(t), & t \in L. \end{cases} \tag{10.2.17}$$

我们得到方程 (10.2.15) 和 (10.2.16) 的解

$$\phi_0(z) = \phi_1(z) + \phi_2(z), \tag{10.2.18}$$

$$\psi_0(z) = \psi_1(z) + \psi_2(z), \tag{10.2.19}$$

其中

$$\phi_1(z) = \frac{\mu}{(\kappa+1)\pi\mathrm{i}} \int_\gamma \omega(t)\zeta(t-z)\mathrm{d}t, \tag{10.2.20}$$

$$\phi_2(z) = \frac{\mu}{(\kappa+1)\pi\mathrm{i}} \int_L g(t)\zeta(t-z)\mathrm{d}t, \tag{10.2.21}$$

$$\psi_1(z) = \frac{\mu}{(\kappa+1)\pi\mathrm{i}} \int_\gamma h_1(t)\zeta(t-z)\mathrm{d}t, \tag{10.2.22}$$

$$\psi_2(z) = \frac{\mu}{(\kappa+1)\pi\mathrm{i}} \int_L h_2(t)\zeta(t-z)\mathrm{d}t. \tag{10.2.23}$$

将公式 (10.2.18)~(10.2.23) 代入边界条件 (10.2.2), 考虑到位移的单值性, 我们有

$$\Phi_1^+(x) + \Phi_1^-(x) = p(x) - q(x), \quad x \in \gamma, \tag{10.2.24}$$

其中

$$q(x) = \Phi_2(x) + m'(x)\overline{\Phi_2(x)} + m(x)\overline{\Phi_2'(x)} - \overline{\Psi_2(x)}. \tag{10.2.25}$$

由公式 (10.2.21) 和 (10.2.23) 知, 这里的 $\varPhi_2(z) = \phi_2'(z)$ 和 $\varPsi_2(z) = \psi_2'(z)$ 此时已是已知函数.

考虑到 (10.2.20) 我们知道 $\phi_1(z)$ 是一个双准周期奇函数, 则 $\varPhi_1(z) = \phi_1'(z)$ 是一个双周期偶函数. 因此, (10.2.24) 是双周期偶函数 Riemann 边值问题. 我们可以求得其解为 (Chibrikova, 1956)

$$\varPhi_1(z) = \frac{1}{2\pi\mathrm{i}} X(z) \int_L \frac{[p(t) - q(t)] \mathscr{P}'(t) \mathrm{d}t}{X^+(t)[\mathscr{P}(t) - \mathscr{P}(z)]} + \frac{1}{2} X(z) [\iota_1 + \iota_2 \mathscr{P}(z)], \tag{10.2.26}$$

其中

$$X(z) = \{[\mathscr{P}(a_1) - \mathscr{P}(z)][\mathscr{P}(a_1) - \mathscr{P}(z)]\}^{\frac{1}{2}}, \tag{10.2.27}$$

$$\begin{cases} X^+(x) = \mathrm{i}\{[\mathscr{P}(a_1) - \mathscr{P}(x)][\mathscr{P}(a_1) - \mathscr{P}(x)]\}^{\frac{1}{2}}, & a_1 < x < b_1, \\ X^+(x) = -\mathrm{i}\{[\mathscr{P}(a_1) - \mathscr{P}(x)][\mathscr{P}(a_1) - \mathscr{P}(x)]\}^{\frac{1}{2}}, & a_2 < x < b_2. \end{cases} \tag{10.2.28}$$

由于关于 x_1, x_2 轴镜像对称性, $\mathscr{P}(z) = \overline{\mathscr{P}(z)}$, ι_1 和 ι_2 都是实的未知待定常数.

为了保证应力分量的双周期性, 附加条件 (10.2.7) 应该满足, 将 (10.1.6) 代入 (10.2.7), 我们得到

$$\left[\phi_0(z) + \overline{\psi_0(z)}\right]_{\Gamma_k} = \mathrm{i} F_k, \quad k = 1, 2. \tag{10.2.29}$$

积分 $\varPhi_1(z)$ 可得到 $\phi_1(z)$, 由 (10.2.16) 和 (10.2.18) 分别得到 $\phi_0(z)$ 和 $\psi_0(z)$, 于是, 从 (10.2.29) 求得常数 ι_1 和 ι_2. 将边界条件 (10.2.8) 和 (10.2.9) 相加可得

$$F^+(t) = F^-(t), \quad t \in \mathcal{L}(m,n),$$

于是由双准周期函数性质得其解为

$$F(z) = \begin{cases} C_3 z + C + mg_1 + ng_2, & z = [z]_0 + \Omega_{mn} \in S^+, \\ C_3 z + C, & z \in S^-. \end{cases} \tag{10.2.30}$$

将上式代入 (10.3.6) 得

$$C_3 = \frac{\overline{\omega_2}|\omega_1|}{\mu} T_1 - \frac{\overline{\omega_1}|\omega_2|}{\mu} T_2. \tag{10.2.31}$$

当在 P_{00} 中既没有孔洞又没有镶嵌, $e_3 = 0$, $F_k = 0$, $T_k = 0$, $k = 1, 2$, 常量荷载 p 作用于裂纹边缘, 我们得到 $\varPhi_1(z)$ 更为简洁的表示式

$$\varPhi_1(z) = \frac{p}{2} - \frac{pX(z)}{4}[\mathscr{P}(a_1) + \mathscr{P}(b_1) - 2\mathscr{P}(z)] + \frac{X(z)}{2}[\iota_1 + \iota_2 \mathscr{P}(z)], \tag{10.2.32}$$

点 a_1 处的应力强度因子的逼近表达式为

$$K_I = \lim_{x_1 \to a} \sqrt{2\pi(a_1 - x_1)}\sigma_2(x_1, 0)|_{x_1 < a_1}$$
$$\approx 2\lim_{x_1 \to a} \sqrt{2\pi(a_1 - x_1)}\Phi(x_1) = 2\lim_{x_1 \to a} \sqrt{2\pi(a_1 - x_1)}\Phi_1(x_1)$$
$$\approx -\sqrt{\frac{\pi}{2}} \frac{p[\mathscr{P}(a_1) - \mathscr{P}(b_1)] - 2\iota_1 - 2\iota_2 \mathscr{P}(a_1)}{\sqrt{-\mathscr{P}'(a_1)[\mathscr{P}(a_1) - \mathscr{P}(b_1)]}}, \quad (10.2.33)$$

其中

$$\iota_1^0 = \frac{1}{2}p\left\{\frac{\delta_1^0 \mathrm{Im} I_2 - \mathrm{i}\delta_2^0 \mathrm{Re} I_2}{\mathrm{Im} I_1 \mathrm{Re} I_2 - \mathrm{Re} I_1 \mathrm{Im} I_2} - [\mathscr{P}(a_1) - \mathscr{P}(b_1)]\right\}, \quad (10.2.34)$$

$$\iota_2^0 = p - \frac{1}{2}p\frac{\delta_1^0 \mathrm{Re} I_1 - \mathrm{i}\delta_2^0 \mathrm{Im} I_1}{\mathrm{Im} I_1 \mathrm{Re} I_2 - \mathrm{Re} I_1 \mathrm{Im} I_2}, \quad (10.2.35)$$

$$\delta_1^0 = (\omega_1 + \omega_2), \quad \delta_2^0 = (\omega_1 - \omega_2),$$

$$I_1 = \int_0^{\omega_1} X(z)\mathrm{d}z, \quad I_2 = \int_0^{\omega_1} \mathscr{P}(z)X(z)\mathrm{d}z,$$

这与已知结果完全一致 (Parton et al., 1982).

10.3 双周期非均匀柱体镶嵌的全平面应变问题

本节内容取自于李星论文 (Li, 2006b), 主要研究双周期柱体镶嵌非均匀弹性体全平面应变问题, 我们获得了其一般形式的封闭解. 作为实例, 即考虑双周期圆柱体镶嵌全平面应变问题, 我们又获得了其精确解. 当我们固定其一个周期, 即 $\omega_1 = a\pi$, 而令 $|\omega_2| \to \infty$ $\left(\mathrm{Im}\left(\frac{\omega_2}{\omega_1} > 0\right)\right)$, 我们获得基本周期为 $a\pi$ 的单周期情况下的精确解, 该解与已知的结果一致 (路见可, 1986), 更进一步, 我们在双周期情况下的解中令 $|\omega_1| \to \infty$ 和 $|\omega_2| \to \infty$, 或在单周期情况下的解中令 $a \to \infty$, 我们立即得到非周期情况下的精确解.

假设弹性体中具有双周期孔洞, 将不同的各向同性固体材料柱体 (但具有相同的弹性模数 μ) 镶嵌入孔洞. 所有记号同第 10.1 节.

在此情况下, 可以得到边界条件,

$$\phi^+(t) + t\overline{\phi'^+(t)} + \overline{\psi^+(t)} = \phi^-(t) + t\overline{\phi'^-(t)} + \overline{\psi^-(t)}, \quad t \in \mathcal{L}(m, n), \quad (10.3.1)$$

$$\kappa^+ \phi^+(t) - t\overline{\phi'^+(t)} - \overline{\psi^+(t)} = \kappa^- \phi^-(t) - t\overline{\phi'^-(t)} - \overline{\psi^-(t)}$$
$$+ 2\mu \left[g(t) + (\nu^+ - \nu^-)t\right], \quad t \in \mathcal{L}(m, n), \quad (10.3.2)$$

10.3 双周期非均匀柱体镶嵌的全平面应变问题

$$\left[\phi(z) + z\overline{\phi'(z)} + \overline{\psi(z)}\right]_{\Gamma_k} = \mathrm{i}F_k, \quad k = 1, 2. \tag{10.3.3}$$

$$F^+(t) + \overline{F^+(t)} = F^-(t) + \overline{F^-(t)}, \quad t \in \mathcal{L}(m, n), \tag{10.3.4}$$

$$\left[F^+(t) - \overline{F^+(t)}\right] = \left[F^-(t) - \overline{F^-(t)}\right], \quad t \in \mathcal{L}(m, n), \tag{10.3.5}$$

$$\mu\left[F(z) - \overline{F(z)}\right]_{\Gamma_k} = |\omega_k|T_k, \quad k = 1, 2. \tag{10.3.6}$$

类似 10.1 节, 由边界条件 (10.3.1) 和 (10.3.2), 我们有 Riemann 边值问题,

$$\phi^+(t) = \frac{\kappa^- + 1}{\kappa^+ + 1}\phi^-(t) + \frac{2\mu}{\kappa^+ + 1}\left[g(t) + (\nu^+ - \nu^-)t\right], \quad t \in \mathcal{L}(m, n), \tag{10.3.7}$$

$$\psi^+(t) - \psi^-(t) = -\left\{\left[\overline{\phi^+(t)} - \overline{\phi^-(t)}\right] + \bar{t}\frac{\mathrm{d}}{\mathrm{d}t}\left[\phi^+(t) - \phi^-(t)\right]\right\}, \tag{10.3.8}$$

将变换 (10.1.6) 代入边界条件 (10.3.7) 和 (10.3.8) 我们得到双准周期 Riemann 边值问题,

$$\phi_0^+(t) = \frac{\kappa^- + 1}{\kappa^+ + 1}\phi_0^-(t) + \frac{2\mu}{\kappa^+ + 1}\left[g(t) + (\nu^+ - \nu^-)t\right], \tag{10.3.9}$$

$$\psi_0^+(t) - \psi_0^-(t) = h_1(t), \quad t \in \mathcal{L}(m, n), \tag{10.3.10}$$

其中

$$h_1(t) = -\left\{\left[\overline{\phi_0^+(t)} - \overline{\phi_0^-(t)}\right] + \overline{m(t)}\frac{\mathrm{d}}{\mathrm{d}t}\left[\phi_0^+(t) - \phi_0^-(t)\right]\right\}. \tag{10.3.11}$$

由推论 7.1.1, 可以得到 (10.3.9) 和 (10.3.10) 的一般解:

$$\phi_0(z) = \begin{cases} \dfrac{\mu}{(\kappa^+ + 1)\pi\mathrm{i}}\displaystyle\int_L g(t)\zeta(t-z)\mathrm{d}t + C_4 z + C + mg_1 + ng_2, & z = [z]_0 + \Omega_{mn} \in S^+, \\ \dfrac{\mu}{(\kappa^- + 1)\pi\mathrm{i}}\displaystyle\int_L g(t)\zeta(t-z)\mathrm{d}t + e_3(\nu^+ - \nu^-)z + C_5 z + C, & z \in S^-, \end{cases} \tag{10.3.12}$$

$$\psi_0(z) = \begin{cases} \dfrac{1}{2\pi\mathrm{i}}\displaystyle\int_L h_1(t)\zeta(t-z)\mathrm{d}t + C_6 z + C + mg_1 + ng_2, & z = [z]_0 + \Omega_{mn} \in S^+, \\ \dfrac{1}{2\pi\mathrm{i}}\displaystyle\int_L h_1(t)\zeta(t-z)\mathrm{d}t + C_7 z + C, & z \in S^-. \end{cases} \tag{10.3.13}$$

将 (10.3.12) 和 (10.3.13) 代入边界条件 (10.1.10) 有

$$C_4 = \frac{1}{\mathrm{i}S}\left[\frac{\mu\delta_2}{\kappa^+ + 1}\int_L g(t)\mathrm{d}t - \frac{1}{2}\int_L \overline{h_1(t)}\mathrm{d}t + \mathrm{i}(\overline{\omega_1}F_2 - \overline{\omega_2}F_1)\right], \tag{10.3.14}$$

$$C_5 = \frac{1}{\mathrm{i}S}\left[\frac{\mu\delta_2}{\kappa^- + 1}\int_L g(t)\mathrm{d}t - \frac{1}{2}\int_L \overline{h_1(t)}\mathrm{d}t + \mathrm{i}(\overline{\omega_1}F_2 - \overline{\omega_2}F_1)\right], \tag{10.3.15}$$

$$C_6 = \frac{1}{S}\left[\frac{i\mu}{2(\kappa^++1)}\int_L \overline{g(t)\mathrm{d}t} - \mathrm{i}\delta_2\int_L h_1(t)\mathrm{d}t + (\overline{\omega_2 F_1} - \overline{\omega_1 F_2})\right], \tag{10.3.16}$$

$$C_7 = \frac{1}{S}\left[\frac{i\mu}{2(\kappa^-+1)}\int_L \overline{g(t)\mathrm{d}t} - \mathrm{i}\delta_2\int_L h_1(t)\mathrm{d}t + (\overline{\omega_2 F_1} - \overline{\omega_1 F_2})\right]. \tag{10.3.17}$$

这里, S 由 (7.1.74) 给出. 则我们可以从 (10.3.12), (10.3.13) 和 (10.1.6) 立即求出 $\phi(z)$ 和 $\psi(z)$.

类似地, 将边界条件 (10.3.4) 和 (10.3.5) 相加可得

$$F^+(t) = F^-(t), \quad t \in \mathcal{L}(m, n),$$

于是由双准周期函数性质得其解为

$$F(z) = \begin{cases} C_3 z + C + mg_1 + ng_2, & z = [z]_0 + \Omega_{mn} \in S^+, \\ C_3 z + C, & z \in S^-. \end{cases} \tag{10.3.18}$$

将上式代入 (10.3.6) 得

$$C_3 = \frac{\overline{\omega_2}|\omega_1|}{\mu}T_1 - \frac{\overline{\omega_1}|\omega_2|}{\mu}T_2. \tag{10.3.19}$$

例如, 对于平面弹性问题, 即 $e_3 = 0$, 当

$$\int_L g(t)\zeta(t-z)\mathrm{d}t = 0, \quad z \in S^-, \tag{10.3.20}$$

则 $\phi_0^-(z) \equiv 0$. 由 (10.3.9) 有

$$\phi_0^+(t) = \frac{2\mu}{\kappa^++1}g(t), \tag{10.3.21}$$

因此,

$$h_1(t) = \frac{2\mu}{\kappa^++1}\left[-\overline{g(t)} + \overline{m(t)}g'(t)\right] = \frac{2\mu}{\kappa^++1}h_0(t). \tag{10.3.22}$$

令人感兴趣的是我们观察到如此事实, 在把方程 (10.1.11) 和 (10.1.12) 与方程 (10.3.12) 和 (10.3.13) 比较后发现, 当 $z \in S^-$ (或 $z \in S^+$), $g(t)$ 满足 (10.3.20), 方程 (10.3.9)~(10.3.10) 有与方程 (10.1.7)~(10.1.8) 相类似的解, 只是 κ 被 κ^+(或 κ^-) 代替而已.

现在我们考虑双周期圆柱型镶嵌的全平面应变问题. 令 L_0 是圆 $|z-b| = r$, $g(t)$ 由 (10.1.15) 给出. 因此, 由 (10.1.9) 和 (10.1.15) 我们有

$$h_1(t) = \frac{2\mu}{\kappa^++1}\left\{\frac{2r\epsilon}{t-b} + [\overline{b} + \overline{D(t)}]\frac{\epsilon}{r}\right\}, \tag{10.3.23}$$

且条件 (10.3.20) 自动满足, 这样, 在忽略平移常数的情况下我们得其解.

10.3 双周期非均匀柱体镶嵌的全平面应变问题

$$\phi(z) = \begin{cases} C_1^0 z + mg_1 + ng_2, & z = [z]_0 + \Omega_{mn} \in S^+, \\ -\dfrac{2\mu\epsilon}{(\kappa^+ + 1)r}(z - b) + C_1^0 z, & z \in S^-, \end{cases} \quad (10.3.24)$$

$$\psi(z) = \begin{cases} -\dfrac{4\mu\epsilon r}{\kappa^+ + 1}\zeta(b - z) + C_2^0 z + mg_1 + ng_2, & z = [z]_0 + \Omega_{mn} \in S^+, \\ \dfrac{4\mu\epsilon r}{\kappa^+ + 1}\left[\dfrac{1}{z-b} + \zeta(b-z)\right] + C_2^0 z, & z \in S^-, \end{cases} \quad (10.3.25)$$

其中

$$C_1^0 = \frac{\mu}{(\kappa^+ + 1)S}\left[2\pi r\epsilon + \mathrm{i}(\overline{\omega_1}F_2 - \overline{\omega_2}F_1)\right],$$

$$C_2^0 = \frac{\mu}{(\kappa^+ + 1)S}\left[(\omega_2\overline{F_1} - \omega_1\overline{F_2}) - 4\pi\delta_2 r\epsilon\right].$$

于是, $F(z)$ 可以由 (10.3.18) 和 (10.3.19) 求得.

类似地, 对于平面弹性的双周期圆垫圈问题, 即 $T_k = 0$, $k = 1, 2$, 且 $e_3 = 0$, 我们立即得到其在 P_{00} 中的解,

$$\phi(z) = \begin{cases} C_1^0 z, & z \in S_0^+, \\ -\dfrac{2\mu\epsilon}{(\kappa^+ + 1)r}(z - b) + C_1^0 z, & z \in S_0^-, \end{cases} \quad (10.3.26)$$

$$\psi(z) = \begin{cases} -\dfrac{4\mu\epsilon r}{(\kappa^+ + 1)}\zeta(z - b) + C_2^0 z, & z \in S_0^+, \\ \dfrac{4\mu\epsilon r}{\kappa^+ + 1}\left[\dfrac{1}{z-b} - \zeta(z-b)\right] + C_2^0 z, & z \in S_0^-, \end{cases} \quad (10.3.27)$$

该解在极限情况下, 即当 $\omega_1 = a\pi$, $\omega_2 \to \infty$, 我们获得单周期圆垫圈问题的解

$$\phi(z) = \begin{cases} 0, & z \in S_0^+, \\ -\dfrac{2\mu\epsilon}{(\kappa^+ + 1)r}(z - b), & z \in S_0^-, \end{cases} \quad (10.3.28)$$

$$\psi(z) = \begin{cases} -\dfrac{4\mu\epsilon r}{(\kappa^+ + 1)a}\left[\dfrac{1}{3a}(z - b) + \cot\left(\dfrac{z-b}{a}\right)\right], & z \in S_0^+, \\ \dfrac{4\mu\epsilon r}{\kappa^+ + 1}\left\{\dfrac{1}{z-b} - \dfrac{1}{a}\left[\dfrac{1}{3a}(z - b) + \cot\left(\dfrac{z-b}{a}\right)\right]\right\}, & z \in S_0^-, \end{cases} \quad (10.3.29)$$

该解与已知结果完全一致 (路见可, 1986).

更进一步, 当 $\omega_1 \to \infty, \omega_2 \to \infty$, 我们又得到

$$\phi(z) = \begin{cases} 0, & z \in S_0^+, \\ -\dfrac{2\mu\epsilon}{(\kappa^+ + 1)r}(z - b), & z \in S_0^-, \end{cases} \tag{10.3.30}$$

$$\psi(z) = \begin{cases} -\dfrac{4\mu\epsilon r}{\kappa^+ + 1}\dfrac{1}{z - b}, & z \in S_0^+, \\ 0, & z \in S_0^-, \end{cases} \tag{10.3.31}$$

这是平面弹性经典 (非周期) 情况的圆垫圈问题的解.

参 考 文 献

常莉红, 崔江彦, 时朋朋. 2013. 正交弹性材料中双周期裂纹反平面问题的封闭解 [J]. 应用力学学报, 30(4): 475-479.

常莉红, 丁生虎, 李星. 2011. 压电材料中双周期裂纹的反平面应变问题 [J]. 宁夏大学学报: 自然科学版, 32(1): 18-21.

常莉红, 李星. 2006. 压电复合材料中双周期圆柱形夹杂的反平面问题 [J]. 宁夏大学学报: 自然科学版, 27(2): 165-168.

崔江彦, 李星, 张保文. 2014. 一维六方准晶材料中双周期裂纹反平面问题 [J]. 宁夏大学学报: 自然科学版, 35(4): 294-298.

李星. 1988a. 具有间断系数的双准周期和双周期 Riemann 边值问题 [J]. 宁夏大学学报: 自然科学版, 9(2): 18-23.

李星. 1988b. 不同材料具双周期孔洞的弹性平面焊接问题 [D]. 武汉: 武汉大学.

李星. 1989. 具有间断系数的双周期核奇异积分方程 [J]. 宁夏大学学报: 自然科学版, 10(2): 1-6.

李星. 1990. 带双周期裂缝与孔洞的弹性平面基本问题 [J]. 宁夏大学学报: 自然科学版, 11(2): 11-24.

李星. 1991a. 各向同性弹性平面中的双周期焊接问题 [J]. 宁夏大学学报: 自然科学版, 12(2): 2-7.

李星. 1991b. 具双周期孔洞的不同材料弹性平面焊接的第二基本问题 [J]. 高校应用数学学报 A 辑: 中文版, 6(4): 538-554.

李星. 1992. 三维各向同性材料带双周期孔洞的弹性焊接混合边值问题 [J]. 数学物理学报, (4): 137-146.

李星. 1993a. 双周期裂纹场不同材料弹性平面焊接问题 [J]. 数学物理学报, 13(2): 124-132.

李星. 1993b. 双周期裂纹场不同材料焊接的数学问题 [J]. 应用数学和力学, 14(12): 1085-1092.

李星. 1995. 双周期核奇异积分方程数值解法注记 [J]. 数学研究与评论, 15(2): 208-210.

李星. 2008. 积分方程 [M]. 北京: 科学出版社.

利特温秋克. 1982. 带位移的奇异积分方程与边值问题 [M]. 赵桢, 等译. 北京: 北京师范大学出版社.

林玉波. 1986. 非正则型乘法双准周期和双周期 Riemann 边值问题 [J]. 云南师范大学学报: 自然科学版 (2): 1-11.

林玉波. 1987. 关于乘法双准周期和双周期 Riemann 边值问题的简易解法 [J]. 云南师范大学学报: 自然科学版 (2): 6-10.

路见可. 1963. 周期 Riemann 边值问题及其在弹性力学中的应用 [J]. 数学学报, 13(3):343-388.

路见可. 1980. 开口弧段的双周期 Riemann 边值问题 [J]. 数学年刊 A 辑: 中文版, 1(2): 289-298.

路见可. 1981. 双准周期的 Riemann 边值问题 [J]. 数学物理学报,1(1): 13-30.

路见可. 1986. 双周期平面弹性理论中的复 Airy 函数 [J]. 数学杂志, 6(3): 319-329.

路见可. 2005. 平面弹性复变方法 [M]. 3 版. 武汉: 武汉大学出版社.

路见可. 2009. 解析函数边值问题教程 [M]. 武汉: 武汉大学出版社.

路见可, 蔡海涛. 1986. 平面弹性理论的周期问题 [M]. 长沙: 湖南科学技术出版社.

路见可, 钟寿国, 刘士强. 2007. 复变函数 [M]. 2 版. 武汉: 武汉大学出版社.

彭南陵, 王敏中. 2005. 具有孔洞的双周期热弹性平面问题的复势 [J]. 力学学报, 37(2): 175-182.

时朋朋, 李星. 2014. 含双周期裂纹的一维六方准晶电弹性全平面应变基本问题 [J]. 应用力学学报, 31(2): 251-256.

王小林. 1992. 复样条与 Riemann 边值问题的近似解 [J]. 数学杂志, 12(1): 113-116.

王竹溪, 郭敦仁. 1965. 特殊函数概论 [M]. 北京: 科学出版社.

徐耀玲, 蒋持平. 2003. 双周期圆柱形夹杂纵向剪切问题的精确解 [J]. 力学学报, 35(3): 265-271.

徐耀玲, 蒋持平. 2004. 双周期圆截面纤维复合材料平面问题的解析法 [J]. 力学学报, 36(5): 596-603.

张红星. 1993. 加乘法双准周期函数及其边值问题 [J]. 数学杂志, (3): 261-268.

郑可. 1986. 带位移的双周期 Riemann 边值问题 [J]. 数学物理学报, 6(4): 403-418.

郑可. 1987. 非正则型双周期 Riemann 边值问题 [J]. 数学杂志, 7(3): 291-300.

郑可. 1988. 双周期平面弹性基本问题 [J]. 数学物理学报, 8(1):95-104.

Мусхлишвили Н И. 1958. 数学弹性力学的几个基本问题 [M]. 赵惠元译. 北京: 科学出版社.

Atkinson K. 1972. The numerical evaluation of the Cauchy transform on simple closed curves[J]. SIAM Journal on Numerical Analysis, (9): 284-299.

Begehr H, Gilbert R P. 1992. Transformations, Transmutations, and Kernel Functions[M]. Harlow I:Longman.

Begehr H, Li X. 2001. Approximate solution of periodic Riemann boundary value problem for analytic functions[J]. Journal of Computational and Applied Mathematics, 134(1/2): 85-93.

Cai H T. 1996. An application of complex analysis to periodic movable loading problems[J]. Complex Variables Theory and Application, 30: 145-151.

Chandra Sekharan K. 1985. Elliptic Functions[M]. Berlin:Springer Verlag.

Chibrikova L I. 1956. On the Riemannboundary value problem for automorphic functions[J]. Uchenye Zapiski Kazan. Univ., 116(4): 59-109.

Delale F, Erdogan F. 1983. The crack problem for a nonhomogeneous plane[J]. J. Appl. Mech. Trans. ASME, 50: 609-614.

Erdogan F. 1963. Stress distribution in a nonhomogeneous elastic plane with cracks[J]. J. Appl. Mech. Trans. ASME, 30: 232-236.

Erdogan F. 1972. Fracture problems in composite materials[J]. J. Engng. Fract. Mech.4: 811-840.

Erdogan F. 1978. Mixed Boundary Value Problems in Mechanics[M]. Mechanics Today:Vol.4, ed. S. Nemat-Nasser. Oxford:Pergamon Press: 1-87.

Erdogan F. 1985. The crack problem for bonded nonhomogeneous materials under antiplane shear loading[J]. J. Appl. Mech. Trans. ASME:Ser. E, 52(4): 823-828.

Erdogan F, Murat O. 1995. Periodic cracking of functionally graded coatings[J]. Internat. J. Engng. Sci., 33(5): 2179-2195.

Filshtinsky L A. 1972. A doubly-periodic problem of the theory of elasticity for an isotropic medium weakened by congruent groups of arbitrary holes[J]. Prik. Mat. Mekh., 36(4): 682-690. (Russian)

Filshtinsky L A. 1973. Elastic theory of nonhomogeneous media from regular check[J]. Prik. Mat. Mekh., 37(2): 263-273.(Russian)

Fomin V M. 1998. Antiplane waves in an elastic medium with doubley periodic system of holes[J]. Prik. Mat. Mekh., 63(3): 479-488. (Russian)

Gakhov F D. 1990. Boundary Value Problems[M]. 2nd. New York: Dover Publications.

Galin L A. 1953. Contact Problem in the Theory of Elasticity[M]. Moscow: Gostekhizdat. (Russian)

Gilbert R P, Wendland W L. 1975. Analytic, generalized hyper analytic function theory and an application to elasticity[J]. Proc. Roy. Soc. Edinburgh, 73 A: 317-331.

Gladwell G M L. 1980. Contact Problems in the Classical Theory of Elasticity[M]. The Hague: Martinus Nijhoff.

Glingauss M G, Filshtinsky L A. 1975. Elastic theory on linear reinforced composite materials[J]. Prik. Mat. Mekh., 39(3): 537-546. (Russian)

Howland R C J. 1935. Stresses in a plate containing an infinite row of holes[J]. Proc. Royal Soc. London:Ser. A, 148: 471-491.

Ioakimidis N I, Theocaris P S. 1977. Array of periodic curvilinear cracks in an infinite isotropic medium[J]. Acta Mechanica, 28: 239-254.

Isida M. 1960. On some plane problems of an infinite plate containing aninfinite row of circular holes[J]. Bull. JSME, 10(3): 259-265.

Jiang C P, Xu Y L, Cheung Y K, Lo S H. 2004. A rigorous analytical method for doubly periodic cylindrical inclusions under longitudinal shear and its application[J]. Mechanics of Materials, 36: 225-237.

Karihaloo B L. 1979. Fracture of solids containing arrays of cracks[J]. Engng. Fract. Mech., 12: 49-77.

Koiter W T. 1959. Some general theorems on doubly-periodic and quasi-periodic functions[J]. Proc. Kon. Ned. Akad. Wt. Amsterdam:A, 157(2): 120-128.

Koiter W T. 1960. Stress Distrubion in An Infinite Elastic Sheet with A Doublyperiodic Set of Holes//Boundary Problem in Differential Equations[M]. Madison:The Univ. of Wisconsin Press: 191-213.

Krenk S. 1976. Periodic contact and crack problems in plane elasticity[J]. Let. Appl. Engng. Sci., 4: 343-353.

Kuznetsov E A. 1976. Periodic fundamental mixed problem of elastic theory for a half-plane[J]. Prik. Mekh., 12(9): 89-97. (Russian)

Li X. 1993. On the mathematical problem of composite materials with a doubly-periodic set of cracks[J]. Appl. Math. Mech., 14(12): 1143-1150.

Li X. 1997. A class of periodic Riemann boundary value inverse problem. Proceeding of the Second Asian Mathematical Conference. World Scientific: 397-400.

Li X. 2001a. Applications of Doubly Qusi-periodic Boundary Value Problems in Elasticity Theory[M]. Aachen: Shaker Verlag.

Li X. 2001b. Complete plane strain problem of a nonhomogeneous elastic body with a doubly-periodic set of cracks[J]. Zeitschrift für Angewandte Mathematik und Mechanik (ZAMM), 81(6): 377-391.

Li X. 2001c. The effect of a homogeneous cylindrical inlay on cracks in the doubly-periodic complete plane strain problem[J]. International Journal of Fracture, 109: 403-411.

Li X. 2006a. Spline approximate solution for doubly periodic Riemann boundary value pro-blem[J]. Complex Variables and Elliptic Equations, 51(8-11): 1047-1058.

Li X. 2006b. General solution for complete plane strain problem of a nonhomogeneous body with a doubly-periodic set of inlays[J]. Zeitschrift für Angewandte Mathematik und Mechanik (ZAMM), 86(9): 682-690.

Li X. 2007. Modified doubly-periodic second fundamental complete plane strain problem with relative displacements[J]. Journal of Applied Functional Analysis, 2(2): 99-114.

Li X, Li Z X. 1993. Effect of a periodic elastic gasket on periodic cracks[J]. Engng. Fract. Mech., 46(1): 127-131.

Li X, Shi P P. 2013. Complete plane strain problem of a one-dimentional hexagonal quasicrystals with a doubly-periodic set of cracks// X. Li. Integral Equations, Boundary Value Problems and Ralated Problems. World Scientific: 224-234.

Lu J K. 1982. The approximation of Cauchy-type integrals by some kinds of interpolatory splines[J]. Journal of Approximation Theory, 36(3): 197-212.

Lu J K. 1985. New formulations for the second fundamental problem in plane elasticity[J]. Appl. Math. Mech., 6(3):223-231.

Lu J K. 1993. Boundary Value Problems for Analytic Functions[M]. Singapore: World Scientific.

Lu J K. 1995. Complex Variables Methods in Plane Elasticity[M]. Singapore: World Scientific.

Lu J K, Erdogan F. 1998. A crack problem with a broken line interface[J]. Chin. Ann. of Math., 19B: 229-238.

Mandzavidze G F. 1983. Methods of the Theory of Analytic Functions in the Theory of Elasticity[M]//Lanckau E, Tutschke W. Complex Analysis Methods, Trends, and Applications. Berlin: Academie-Verlag: 280-295.

Mikhlin S G, Morozov N F, Pankshto M V. 1995. Integral Equations of the Theory of Elasticity[M]. Leipzig: Teubner, Stuttgart.

Muskhelishvili N I. 1953. Some Basic Problems of the Mathematical Theory of Elasticity[M]. Groningen: Noordhoff.

Muskhelishvili N I. 1992. Singular Integral Equations[M]. 2nd. New York: Dover Publications.

Nakhmein E L, Nuller B M. 1992. Periodic combined boundary value problems and their applications in elasticity theory[J]. Prikl. Mat. Mekh., 56(1): 95-104. (Russian)

Obolashvili E I. 1993. Mathematical Theory of Elasticity[M]. Tbilisi:Tbilisi State University. (Georgian)

Parton V Z, Perlin P I. 1982. Integral Equations in Elasticity[M]. Moscow: Mir Publishers.

Vekua I N. 1967. New Methods for Solving Elliptic Equations[M]. North-Holland Series in Appl. Math. Mech.Vol.1.Amsterdam:North-HollandPublishing Co..

Xu Y L, Lo S H, Jiang C P, Cheung Y K. 2007. Electroelastic behavior of doubly periodic piezoelectric fiber composites under antiplane shear[J]. International Journal of Solids and Structures, 44(3/4): 976-995.

Куришн Л М. 1968. Упруго-пластическая задача для плоскости ославленно йдваяко периодическо йсистемои круглмах отверси й. П. М. М. (3): 463-467.

Фильщитински й Л А. 1972. Двоякопериодичекая задача теории упругости дляизотропно йсреды[J]. ослабленн йконгруэнтными группам йпроизвалb ных отверсти й.П. М. М.(36): 682-690.

Панасюк В В. 1976. Распередегение напряжения около трещин В плаотинах И обогочках. киев«наукова думка». Акад. Наук. Усср Физ-Махан Ин-т, 443: 149-162.

索　引

B

边值问题　127
变态第二基本问题　147
不同材料　86

C

乘法双准周期 Riemann 边值问题　28
乘法双准周期函数　3
乘法准椭圆函数　3

D

带位移的双周期 Riemann 边值问题　26
第二类 Fredholm 积分方程　64
典则函数的逼近　46
叠加原理　108

E

二阶椭圆函数　7

F

反演问题　52
非均匀弹性体　106
非正则型　20
封闭曲线　23
辐角原理　6
复变方法　62
复应力函数　59

G

刚性位移　73
固体力学　86
广义 Plemelj 公式　19

广义乘法双准周期函数　4
广义乘法准椭圆函数　4
广义加法双准周期函数　4
广义加法准椭圆函数　4
广义应力问题　108

H

胡克定律　60
混合问题　85
混凝土力学　86

J

基本胞腔　4
基本平行四边形　4
奇函数　167
加法定理　8
加法双准周期 Riemann 边值问题　28
加法双准周期函数　3
加法准椭圆函数　3
间断系数　20
具相对位移　147
具相对位移的第二基本问题　85

K

开口弧段　28
孔洞　61

O

偶函数　167

P

平衡原理　74
平面弹性系统　108

Q

全纯函数 9
全平面应变 103
全平面应变第一基本问题 106, 116
全平面应变第二基本问题 126
全平面应变混合边值问题 132

S

三维弹性系统 108
双周期 Reimann 边值逆 (反) 问题 20
双周期 Riemann 边值跳跃问题 21
双周期 Riemann 边值问题 20
双周期非齐次 Riemann 边值问题 33
双周期复应力函数 61
双周期函数 3
双周期焊接问题 71
双周期核积分 19
双周期核奇异积分方程 49
双周期均匀柱体镶嵌 164
双周期裂纹场 102
双周期拼接平面弹性问题 157
双周期齐次 Riemann 边值问题 30
双周期弹性体 103
双周期亚纯函数 5
双准周期 Riemann 边值问题 26
双准周期核积分 18
双准周期核奇异积分方程 51
双准周期加数 10

T

弹性第二基本问题 68
弹性第一基本问题 61
弹性力学 60
弹性平衡 77
弹性平面焊接第一基本问题 86

弹性平面焊接第二基本问题 95
弹性体 73
调和方程 109
跳跃曲线 21
推广 Plemelj 公式 17
推广的Шерман变换 79
推广的双周期 Plemelj 公式 19
椭圆函数 3
椭圆函数的阶 5

W

外应力条件 135

X

协调方程 109

Y

亚纯函数 136
岩石力学 86
样条逼近解 40
样条插值 41

Z

正则型奇异积分方程 80
周期合同点 3
纵向位移问题 108
最大模原理 48

其他

Cauchy 奇异积分算子 43
Cauchy 主值积分 18
Goursat 公式 109
Hölder 条件 18
Jacobi 椭圆函数 7
Kolosov 函数 114, 132
Liouville 定理 114

索　引

Poisson 比　108
Sherman 变换　151
Weierstrass σ 函数　12
Weierstrass ζ 函数　10
Weierstrass ζ 核积分　17

Weierstrass 奇异积分算子　43
Weierstrass 椭圆函数 $\mathscr{P}(z)$　7
Young 模数　108
δ 基样条函数　42

《现代数学基础丛书》已出版书目

(按出版时间排序)

1. 数理逻辑基础(上册) 1981.1 胡世华 陆钟万 著
2. 紧黎曼曲面引论 1981.3 伍鸿熙 吕以辇 陈志华 著
3. 组合论(上册) 1981.10 柯 召 魏万迪 著
4. 数理统计引论 1981.11 陈希孺 著
5. 多元统计分析引论 1982.6 张尧庭 方开泰 著
6. 概率论基础 1982.8 严士健、王隽骧 刘秀芳 著
7. 数理逻辑基础(下册) 1982.8 胡世华 陆钟万 著
8. 有限群构造(上册) 1982.11 张远达 著
9. 有限群构造(下册) 1982.12 张远达 著
10. 环与代数 1983.3 刘绍学 著
11. 测度论基础 1983.9 朱成熹 著
12. 分析概率论 1984.4 胡迪鹤 著
13. 巴拿赫空间引论 1984.8 定光桂 著
14. 微分方程定性理论 1985.5 张芷芬 丁同仁 黄文灶 董镇喜 著
15. 傅里叶积分算子理论及其应用 1985.9 仇庆久等 编
16. 辛几何引论 1986.3 J.柯歇尔 邹异明 著
17. 概率论基础和随机过程 1986.6 王寿仁 著
18. 算子代数 1986.6 李炳仁 著
19. 线性偏微分算子引论(上册) 1986.8 齐民友 著
20. 实用微分几何引论 1986.11 苏步青等 著
21. 微分动力系统原理 1987.2 张筑生 著
22. 线性代数群表示导论(上册) 1987.2 曹锡华等 著
23. 模型论基础 1987.8 王世强 著
24. 递归论 1987.11 莫绍揆 著
25. 有限群导引(上册) 1987.12 徐明曜 著
26. 组合论(下册) 1987.12 柯 召 魏万迪 著
27. 拟共形映射及其在黎曼曲面论中的应用 1988.1 李 忠 著
28. 代数体函数与常微分方程 1988.2 何育赞 著
29. 同调代数 1988.2 周伯壎 著

30	近代调和分析方法及其应用	1988.6	韩永生	著
31	带有时滞的动力系统的稳定性	1989.10	秦元勋等	编著
32	代数拓扑与示性类	1989.11	马德森著	吴英青　段海鲍译
33	非线性发展方程	1989.12	李大潜　陈韵梅	著
34	反应扩散方程引论	1990.2	叶其孝等	著
35	仿微分算子引论	1990.2	陈恕行等	编
36	公理集合论导引	1991.1	张锦文	著
37	解析数论基础	1991.2	潘承洞等	著
38	拓扑群引论	1991.3	黎景辉　冯绪宁	著
39	二阶椭圆型方程与椭圆型方程组	1991.4	陈亚浙　吴兰成	著
40	黎曼曲面	1991.4	吕以辇　张学莲	著
41	线性偏微分算子引论(下册)	1992.1	齐民友	著
42	复变函数逼近论	1992.3	沈燮昌	著
43	Banach 代数	1992.11	李炳仁	著
44	随机点过程及其应用	1992.12	邓永录等	著
45	丢番图逼近引论	1993.4	朱尧辰等	著
46	线性微分方程的非线性扰动	1994.2	徐登洲　马如云	著
47	广义哈密顿系统理论及其应用	1994.12	李继彬　赵晓华　刘正荣	著
48	线性整数规划的数学基础	1995.2	马仲蕃	著
49	单复变函数论中的几个论题	1995.8	庄圻泰	著
50	复解析动力系统	1995.10	吕以辇	著
51	组合矩阵论	1996.3	柳柏濂	著
52	Banach 空间中的非线性逼近理论	1997.5	徐士英　李　冲　杨文善	著
53	有限典型群子空间轨道生成的格	1997.6	万哲先　霍元极	著
54	实分析导论	1998.2	丁传松等	著
55	对称性分岔理论基础	1998.3	唐　云	著
56	Gel'fond-Baker 方法在丢番图方程中的应用	1998.10	乐茂华	著
57	半群的 S-系理论	1999.2	刘仲奎	著
58	有限群导引(下册)	1999.5	徐明曜等	著
59	随机模型的密度演化方法	1999.6	史定华	著
60	非线性偏微分复方程	1999.6	闻国椿	著
61	复合算子理论	1999.8	徐宪民	著
62	离散鞅及其应用	1999.9	史及民	编著
63	调和分析及其在偏微分方程中的应用	1999.10	苗长兴	著

64	惯性流形与近似惯性流形	2000.1	戴正德 郭柏灵 著
65	数学规划导论	2000.6	徐增堃 著
66	拓扑空间中的反例	2000.6	汪 林 杨富春 编著
67	拓扑空间论	2000.7	高国士 著
68	非经典数理逻辑与近似推理	2000.9	王国俊 著
69	序半群引论	2001.1	谢祥云 著
70	动力系统的定性与分支理论	2001.2	罗定军 张 祥 董梅芳 编著
71	随机分析学基础(第二版)	2001.3	黄志远 著
72	非线性动力系统分析引论	2001.9	盛昭瀚 马军海 著
73	高斯过程的样本轨道性质	2001.11	林正炎 陆传荣 张立新 著
74	数组合地图论	2001.11	刘彦佩 著
75	光滑映射的奇点理论	2002.1	李养成 著
76	动力系统的周期解与分支理论	2002.4	韩茂安 著
77	神经动力学模型方法和应用	2002.4	阮炯 顾凡及 蔡志杰 编著
78	同调论——代数拓扑之一	2002.7	沈信耀 著
79	金兹堡-朗道方程	2002.8	郭柏灵等 著
80	排队论基础	2002.10	孙荣恒 李建平 著
81	算子代数上线性映射引论	2002.12	侯晋川 崔建莲 著
82	微分方法中的变分方法	2003.2	陆文端 著
83	周期小波及其应用	2003.3	彭思龙 李登峰 谌秋辉 著
84	集值分析	2003.8	李 雷 吴从炘 著
85	数理逻辑引论与归结原理	2003.8	王国俊 著
86	强偏差定理与分析方法	2003.8	刘 文 著
87	椭圆与抛物型方程引论	2003.9	伍卓群 尹景学 王春朋 著
88	有限典型群子空间轨道生成的格(第二版)	2003.10	万哲先 霍元极 著
89	调和分析及其在偏微分方程中的应用(第二版)	2004.3	苗长兴 著
90	稳定性和单纯性理论	2004.6	史念东 著
91	发展方程数值计算方法	2004.6	黄明游 编著
92	传染病动力学的数学建模与研究	2004.8	马知恩 周义仓 王稳地 靳祯 著
93	模李超代数	2004.9	张永正 刘文德 著
94	巴拿赫空间中算子广义逆理论及其应用	2005.1	王玉文 著
95	巴拿赫空间结构和算子理想	2005.3	钟怀杰 著
96	脉冲微分系统引论	2005.3	傅希林 闫宝强 刘衍胜 著
97	代数学中的Frobenius结构	2005.7	汪明义 著

98	生存数据统计分析	2005.12	王启华 著
99	数理逻辑引论与归结原理(第二版)	2006.3	王国俊 著
100	数据包络分析	2006.3	魏权龄 著
101	代数群引论	2006.9	黎景辉 陈志杰 赵春来 著
102	矩阵结合方案	2006.9	王仰贤 霍元极 麻常利 著
103	椭圆曲线公钥密码导引	2006.10	祝跃飞 张亚娟 著
104	椭圆与超椭圆曲线公钥密码的理论与实现	2006.12	王学理 裴定一 著
105	散乱数据拟合的模型方法和理论	2007.1	吴宗敏 著
106	非线性演化方程的稳定性与分歧	2007.4	马 天 汪宁宏 著
107	正规族理论及其应用	2007.4	顾永兴 庞学诚 方明亮 著
108	组合网络理论	2007.5	徐俊明 著
109	矩阵的半张量积:理论与应用	2007.5	程代展 齐洪胜 著
110	鞅与 Banach 空间几何学	2007.5	刘培德 著
111	非线性常微分方程边值问题	2007.6	葛渭高 著
112	戴维-斯特瓦尔松方程	2007.5	戴正德 蒋慕蓉 李栋龙 著
113	广义哈密顿系统理论及其应用	2007.7	李继彬 赵晓华 刘正荣 著
114	Adams 谱序列和球面稳定同伦群	2007.7	林金坤 著
115	矩阵理论及其应用	2007.8	陈公宁 著
116	集值随机过程引论	2007.8	张文修 李寿梅 汪振鹏 高勇 著
117	偏微分方程的调和分析方法	2008.1	苗长兴 张 波 著
118	拓扑动力系统概论	2008.1	叶向东 黄 文 邵 松 著
119	线性微分方程的非线性扰动(第二版)	2008.3	徐登洲 马如云 著
120	数组合地图论(第二版)	2008.3	刘彦佩 著
121	半群的 S-系理论(第二版)	2008.3	刘仲奎 乔虎生 著
122	巴拿赫空间引论(第二版)	2008.4	定光桂 著
123	拓扑空间论(第二版)	2008.4	高国士 著
124	非经典数理逻辑与近似推理(第二版)	2008.5	王国俊 著
125	非参数蒙特卡罗检验及其应用	2008.8	朱力行 许王莉 著
126	Camassa-Holm 方程	2008.8	郭柏灵 田立新 杨灵娥 殷朝阳 著
127	环与代数(第二版)	2009.1	刘绍学 郭晋云 朱 彬 韩 阳 著
128	泛函微分方程的相空间理论及应用	2009.4	王 克 范 猛 著
129	概率论基础(第二版)	2009.8	严士健 王隽骧 刘秀芳 著
130	自相似集的结构	2010.1	周作领 瞿成勤 朱智伟 著
131	现代统计研究基础	2010.3	王启华 史宁中 耿 直 主编

132　图的可嵌入性理论(第二版)　2010.3　刘彦佩　著
133　非线性波动方程的现代方法(第二版)　2010.4　苗长兴　著
134　算子代数与非交换 L_p 空间引论　2010.5　许全华、吐尔德别克、陈泽乾　著
135　非线性椭圆型方程　2010.7　王明新　著
136　流形拓扑学　2010.8　马　天　著
137　局部域上的调和分析与分形分析及其应用　2011.6　苏维宜　著
138　Zakharov 方程及其孤立波解　2011.6　郭柏灵　甘在会　张景军　著
139　反应扩散方程引论(第二版)　2011.9　叶其孝　李正元　王明新　吴雅萍　著
140　代数模型论引论　2011.10　史念东　著
141　拓扑动力系统——从拓扑方法到遍历理论方法　2011.12　周作领　尹建东　许绍元　著
142　Littlewood-Paley 理论及其在流体动力学方程中的应用　2012.3　苗长兴　吴家宏
　　　章志飞　著
143　有约束条件的统计推断及其应用　2012.3　王金德　著
144　混沌、Mel'nikov 方法及新发展　2012.6　李继彬　陈凤娟　著
145　现代统计模型　2012.6　薛留根　著
146　金融数学引论　2012.7　严加安　著
147　零过多数据的统计分析及其应用　2013.1　解锋昌　韦博成　林金官　编著
148　分形分析引论　2013.6　胡家信　著
149　索伯列夫空间导论　2013.8　陈国旺　编著
150　广义估计方程估计方程　2013.8　周　勇　著
151　统计质量控制图理论与方法　2013.8　王兆军　邹长亮　李忠华　著
152　有限群初步　2014.1　徐明曜　著
153　拓扑群引论(第二版)　2014.3　黎景辉　冯绪宁　著
154　现代非参数统计　2015.1　薛留根　著
155　三角范畴与导出范畴　2015.5　章　璞　著
156　线性算子的谱分析(第二版)　2015.6　孙　炯　王　忠　王万义　编著
157　双周期弹性断裂理论　2015.6　李　星　路见可　著